普通高等教育"十三五"规划教材

C 语言程序设计

——面向工程应用实践

（第 2 版）

牛连强　冯海文　侯春光　编著

电子工业出版社
Publishing House of Electronics Industry
北京·BEIJING

内容简介

本书全面介绍了 C 语言的语法知识和利用其进行程序设计的相关技术，包括 C 语言及程序设计的基础知识、数据组织、流程控制、函数封装、指针、字符串操作、构造数据类型及文件操作等。

在内容编排和结构组织上，本书力求精炼合理，难点概念合理分散，问题讲解简明生动，更重要的是将工程应用和强化实践能力的宗旨贯穿于每个部分。本书不同于一般的语法书籍，从基本习惯、说明案例至编程实战，都在不同程度上融入了工程元素，详细介绍了实际软件开发中的重点问题和注意事项，并说明哪些是工程应用中的合适技术，如何对代码进行不断的优化，使学习者能够进行"近距离"的工程应用知识学习。

本书可作为普通高等学校计算机科学与技术、软件工程、网络工程及其他相关专业 C 语言课程的教材，也适合 C 语言的初学者和相关培训机构使用。

图书在版编目 (CIP) 数据

C 语言程序设计：面向工程应用实践 / 牛连强，冯海文，侯春光编著. —2 版. —北京：电子工业出版社，2017.2
ISBN 978-7-121-30674-7

I. ①C… II. ①牛… ②冯… ③侯… III. ①C 语言—程序设计—高等学校—教材 IV. ①TP312.8

中国版本图书馆 CIP 数据核字 (2016) 第 311325 号

策划编辑：王羽佳
责任编辑：周宏敏
印　　刷：北京虎彩文化传播有限公司
装　　订：北京虎彩文化传播有限公司
出版发行：电子工业出版社
　　　　　北京市海淀区万寿路 173 信箱　　邮编：100036
开　　本：787×1092　1/16　印张：17.25　字数：510 千字
版　　次：2013 年 7 月第 1 版
　　　　　2017 年 2 月第 2 版
印　　次：2024 年 7 月第 7 次印刷
定　　价：43.00 元

凡所购买电子工业出版社图书有缺损问题，请向购买书店调换。若书店售缺，请与本社发行部联系，联系及邮购电话：(010) 88254888，88258888。

质量投诉请发邮件至 zlts@phei.com.cn，盗版侵权举报请发邮件至 dbqq@phei.com.cn。

本书咨询联系方式：(010) 88254535，wyj@phei.com.cn。

前　言

C语言以其独特的魅力吸引了众多的软件开发者，也被作为程序设计的一种基本语言来学习。它兼有高级语言和低级语言二者之长，代码简洁高效，功能强大。尽管以C语言为基础发展起来的C++、Java等语言已逐渐赶上甚至超过了C语言本身，但从实用性、易用性和学习的难度等多种角度看，C语言仍是不可多得的语言，而"C语言程序设计"也是大部分高校计算机及相关专业的必修课程。

十年前，本书第一作者应邀为辽宁省计算机基础教育学会编写了"C语言程序设计"教材，并在多所高校使用，取得了良好的教学效果。该书的主要目的是实现普及性的程序设计知识教育，并兼顾国家的程序设计等级考试。随着高校向工程化实用型人才培养目标的转化，以及企业对高校毕业生动手实践能力的要求，促使我们对以前的教材进行整理和修改，从面向工程、面向应用的观点出发，结合新的C语言标准重新编撰了此书。

与现存的普及性教材和程序设计技巧和实例类的书籍不同，本书的读者对象是高校的在读学生，重点是在掌握语言及程序设计的一般知识基础上，突出面向工程应用的知识积累和解决实际问题的能力培养，强化学习的实践性和实用性。因此，本书紧密围绕着上述目标进行组织，并体现了如下主要特点：

■ **精心安排的体系结构。** 尽管C语言本身是一种很小的语言，但设计一个完整程序所涉及到的知识点是很多的，且很多知识点存在着交叉、重叠。根据难点的合理拆分，知识点结合的紧密性以及完整项目与程序的组织原则等多种因素，确定了自己的体系结构，使前后内容自然衔接，循序渐进，也使读者能够更容易建立知识体系。

■ **采取面向工程和实际应用的原则。** 虽然掌握程序设计的基本方法是计算机语言教学的目的之一，但作为一本大学生使用的教材，应该充分考虑解决工程中的实际应用所面临的问题，要使其了解哪些是工程应该中应该使用的技术，怎样的程序更符合工程应用的要求，哪些问题在实际工作中必须避免，等等。因此，除了对相关知识增加质量上的评价外，本书对重点问题、工程应用经验、应特殊注意的事项等进行了详细总结和提炼，并以提示的方式贯穿于知识点的讲解过程。

■ **追求优秀的技术和高质量的程序。** 为了使学习更靠近应用，首先，强化有应用背景的材料，并据此对实用技术做透彻的讲解。其次，利用后续逐步展开的新技术，不断修正前面已设计的程序，提高其质量，引导学生学会用更合适的技术来解决实际问题。

本书的内容共分10章。第1章介绍程序设计的基本概念、常识以及C语言的初步知识，可完成对C语言、程序设计及设计环境的基本了解。第2章和第3章介绍数据、运算、输入/输出、顺序与分支流程控制，可满足设计简单但完整的C语言程序的要求。第4章介绍循环结构以及数组的基本应用方法，可以解决稍微复杂的实际问题。第5章介绍函数，能够较全面地了解C语言程序的组织结构和模块化的程序设计技术。第6章介绍指针，这是C语言"高级"能力的体现。第7章介绍字符串，这是应用广泛且能够体现C语言程序设计技巧的内容。第8章介绍利用指针访问数组的方法、动态内存管理、指向函数的指针以及类型识别与描述方法，集中讨论了几种与指针相关的复杂概念和技术。第9章介绍自定义的数据类型，包括枚举、结构体和共用体，使程序能够顺利描述复杂的对象，建立复杂的数据结构。第10章介绍文件操作，完成数据在内存与磁盘文件之间的交互。

本书提供电子课件、习题参考答案和程序代码等，请登录华信教育资源网免费注册下载（http://www.hxedu.com.cn）。

在内容讲解上，本书尽量做到简明扼要，重点突出，采用更直观和直接的方法解释复杂的概念，以使读者容易理解并认清问题的本质。为了辅助学习和强化实践，每章除了正常的例题和习题之外，还特别安排了一定数量的编程实战题目。同时，本书还简要介绍了几种主要的 C（C++）编程环境的使用方法，以便读者上机实习时选用。

我们希望本书能够高质量地满足工科学校计算机相关专业的教学需要，也特别希望读者能够不吝指出书中的缺点和错误，以便再版时能够加以改进。

作者的电子邮箱：niulq@sut.edu.cn。

编著者
2017 年 1 月

目　录

第1章 概 述

计算机与信息技术的快速发展与普及应用，使得更多的问题可用计算机得到有效的解决。越来越多的人希望了解与程序设计相关的知识和技术，以便利用程序更高效地处理自己工作中遇到的问题。本章简要介绍与程序设计和 C 语言有关的一些基础知识，说明 C 语言程序的基本结构框架，并完成设计简单 C 语言程序的环境准备。

1.1 程序设计基础

1.1.1 问题的求解过程

简单地说，用计算机程序处理一个问题，就是把解题的技术和方法描述成计算机可以执行的一系列操作，并实施这些操作步骤，通常需要包含如下过程：

① 分析问题，建立数学模型；
② 设计解决问题的方法，即设计算法；
③ 确定程序的流程；
④ 编制和调试程序；
⑤ 运行程序，得到结果。

上述过程的表述并不十分严格，也略显抽象，以下将通过一个例子来说明。

我国古代数学家张丘建在《算经》一书中提出了一个"百鸡问题"，描述为：鸡翁一值钱五，鸡母一值钱三，鸡雏三值钱一。以百钱买百鸡，问鸡翁、母、雏各几何？以下是为了在计算机上求解此问题所要经历的主要过程：

（1）建立数学模型

若用 x、y 和 z 分别表示鸡翁、母、雏的数量，可得到如下的数学关系：

$$\begin{cases} x+y+z=100 \\ 5x+3y+z/3=100 \end{cases}$$

这是一个不定方程。因为 x、y 和 z 都是整数，并有一定的取值范围，这就决定了用计算机来描述这些数据时所采用的数据类型，也确定了存储这些值所占用的存储空间大小。这两个等式建立了数据之间的关系，而这些相互依存的数据及其关系构成了数据结构。

（2）设计求解算法

此问题较简单，可以采用"穷举法"来解决。由于 x、y 和 z 都是 0～100 之间的整数，可以将(0,0,0)至(100,100,100)之间的任意一组整数值代入这两个等式进行测试。如果某一组值使二者都成立，就得到了原问题的一个解。很明显，这样的算法不适合手工计算，它说明了计算机求解算法与手算解法之间是有一定差异的，尽管存在简单的方法会更好。

（3）描述算法的流程

长期以来，人们使用了各种技术和工具来描述一个算法（程序）的轮廓，主要是说明实现该算法所要经历的操作步骤，包括伪语言、程序流程图、PAD 图，以及建模工具 UML（Unified Modeling Language，统一建模语言）图等。为了简单起见，本书中使用程序流程图作为描述工具。

（4）编制程序

这是学习计算机语言的主要目的。所谓计算机语言就是为了描述计算机操作步骤而制定的一整套标记符号、表达格式和语法规则。"程序"（Program）就是指为实现特定目标或解决特定问题而用计算机语言编写的命令序列集合，或者说是为实现预期目的而执行的一系列语句和指令，其核心是对数据的描述和处理。

计算机语言分为低级语言和高级语言两类。最低级的语言是机器语言，它能被计算机直接识别，而其他语言则不能。因此，几乎每一种语言都配有一个相应的"翻译"程序，称之为"编译程序"，用于将自己的代码翻译为机器指令。

目前仍在广泛使用的一种低级语言是汇编语言，它是通过直接将机器指令符号化后形成的语言，功能强，且代码效率高，但更接近于计算机硬件，编程困难，软件开发效率低，不易被非专业人员所接受。相比之下，高级语言是为了更好、更直观地描述算法，方便程序设计而发展起来的通用型语言，如 BASIC、FORTRAN、COBOL、PASCAL、C、C++、JAVA、C#和 PYTHON 等。高级语言的语法比较接近数学表达式描述，容易理解和编程。大部分高级语言支持结构化、模块化的程序设计方法，新兴高级语言还提供了对面向对象设计技术的支持，被广泛地用于科学计算和事务处理等诸多方面。

计算机程序可以大体上归结为系统程序和应用程序两大类。其中，"系统程序"是指为维持计算机和网络系统正常运行而设计的程序，典型的系统程序是操作系统中所包含的程序。相对地，"应用程序"是指为某些特殊目的和解决某些特定问题而编制的程序，如数据库管理、绘图、文字处理以及图像处理等。各种程序及其相关的技术文档的总称即为"软件"。

在解决一个问题时，原则上可以使用任何一种语言来编制程序，但每种语言都有自己的特性和适合的领域，所编制程序的效率也有较大差异。长期以来，人们期望能有一种既具有高级语言特点，又兼有低级语言的高效和强硬件操作能力的语言，这导致了 C 语言的诞生。

（5）运行程序

程序编制后，需要进行多方测试以修改其中存在的错误。测试和证实程序的正确性也是一个专门的技术领域。通常，需要使用多组数据集来运行程序进行观察，直到没有错误为止。确信程序无误后，再将其真正投入运行，得到所需结果。

1.1.2 算法及其描述

程序设计主要包括数据结构设计和算法设计。"数据结构"用于指定数据及其相互关系，"算法"则是对特定问题求解步骤的一种逻辑描述，二者密不可分。合适的数据结构可以高效地支持插入、查找和排序等基本操作，有利于简化算法的设计，而每种事务的顺利处理则要依赖有效的算法。

著名计算机科学家沃思（Niklaus Wirth，图灵奖获得者）曾经提出了一个公式，即"数据结构+算法=程序"。实际上，一个程序除了以上两个关键要素外，还应当采用适当的程序设计方法进行设计，并且用一种计算机语言来表示。因此，算法、数据结构、程序设计方法和语言工具是一个程序员必须具备的四个方面知识。

一些常用的基本数据结构和算法可以在"数据结构"、"算法设计与分析"等知识领域中找到，只有了解这些基础知识，才能借助它们构建更复杂有效的解题方法。在实际设计一个算法时需要注意到如下问题：

（1）有穷性

这是指一个算法必须在执行有限个步骤之后结束。

（2）确定性

任何算法的每一步必须被确切定义，不能出现模糊性、多义性或不确定性，对于相同的输入必须得到相同的结果。

（3）可行性

算法的每一步都是能够实现的，或者说是可操作的。

（4）有输出

在算法开始时，可以没有输入量或者有多个输入量，但算法执行完毕后，必须有一个或多个输出量。

设计一个好的算法通常要考虑到正确性、易读性、健壮性、高效率和低存储量等诸多方面的因素。由于本书以介绍语言的语法和程序构建方法为主要目的，较少涉及复杂的算法，一般也只是给出算法的简单流程或语言描述。

采用流程图描述算法时要使用一些标准化的符号。图 1.1 列出了国标 GB1526-89 所推荐的一套流程图标准化符号，这些符号与国际标准化组织 ISO 提出的流程图符号一致。

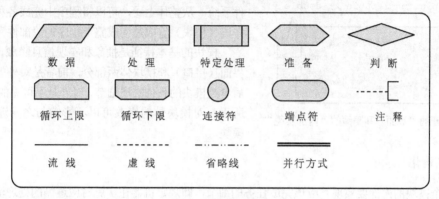

图 1.1 流程图符号

图 1.2 利用流程图描述了 1.1.1 节中的"百鸡问题"的求解算法。注意到流线的箭头画法为：若方向向右或向下，可以标出箭头也可以不标，否则必须标出箭头。开始和结束符号不是圆角矩形。此外，还可以采用循环符号来描述循环结构。

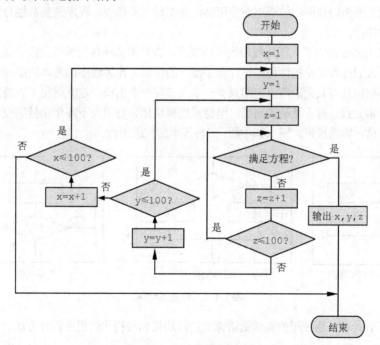

图 1.2 百鸡问题的流程图

1.1.3　模块化与结构化

在软件设计的发展过程中，模块化和结构化是已被证明的有效设计技术和方法。

1. 模块化

模块化的概念在计算机软件设计领域中已经沿用了 40 多年，是处理复杂问题所应采取的关键技术，也是使得软件能够被有效管理和维护所应具备的关键特性。

在一个复杂的软件中，任务被划分成若干个可单独命名和编址的部分，这些部分被称为"模块"，它们之间通过有目的的相互连接组成满足应用需要的软件系统。从整体上看，可以将程序中完成各种处理的程序段（模块）看成是构成整个程序的"部件"。

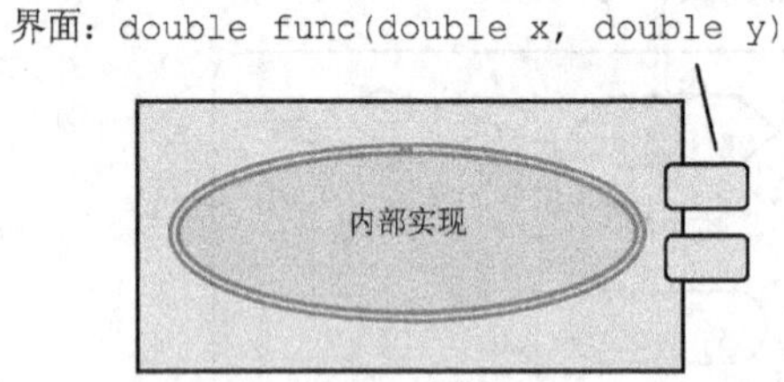

界面: `double func(double x, double y)`

内部实现

图 1.3　公开的"界面"和隐藏的"内部实现"

模块的基本特征是抽象和实现信息隐藏，分为模块界面（接口）和模块体两部分，前者是对外的"窗口"，后者是模块的具体实现细节，对外是不可见的，如图 1.3 所示。对模块体的修改可以不影响与之相连接的其他模块。

2. 结构化

在一个模块的内部要实现其应该完成任务的细节，即规定机器在实施时应遵循的处理流程。在软件设计发展的初期，程序中可以随意根据处理的需要确定流程的走向，从一个局部结构跳转到另一个局部结构，这种跳转称为"无条件转向"或"转移"。早期的高级语言如 BASIC 等就依赖这样的指令（语句）。

1963 年，一些计算机专家提出，程序中大量、无限制地使用无条件转移语句会使程序结构杂乱无章，各部分之间会因为转移语句的牵连而使可读性变差且不易修改，程序的复杂性与所用的无条件转向语句的数量成正比。

1966 年，C. Bohra 提出了"任何程序均可由顺序、选择和循环这三种结构组合而成"的观点并得到证明。由此，人们逐步对结构化程序设计有了统一的认识。作为程序的基本组成元素，顺序结构、选择结构和循环结构具有共同的特点，即只有一个入口和一个出口，这就避免了因随意转移流程的走向而破坏这些基本元素。对于复杂的问题，坚持采用模块化、自顶向下逐步求精的设计原则，可以使程序结构清楚易读，容易维护。图 1.4 说明了三种基本结构的流程。

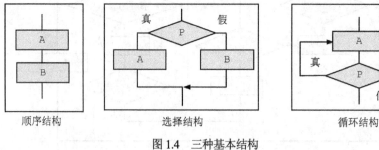

图 1.4　三种基本结构

目前，软件设计领域所使用的高级语言都支持模块化和结构化的程序设计方法。

1.2　C 语言及其特点

C 语言是国际上极为流行且被广泛应用的一种高级语言，既可用于编制系统软件，也可用来编写应用软件。

1.2.1　C 语言的产生和发展

C 语言起源于 ALGOL 60 语言。ALGOL 60 语言曾在 20 世纪 60 年代流行一时，但因距离系统硬件较远，难以编写系统软件而逐渐淡出程序设计领域。后来，该语言逐渐发展成二个分支，分别是 PASCAL 语言和 C 语言，且后者的发展速度相对较快。此分支的最初成果是英国剑桥大学在 1963 年研制出来的 CPL 语言，随之，由该校的马丁·理查德（Martin Ritchards）改进为 BCPL 语言并于 1967 年发表。BCPL 语言是一种无类型的系统程序语言，它的基本数据类型是机器字，使用较多的指针和地址运算，这与其他常见的各种高级语言有着明显的差异。1970 年，美国贝尔（Bell）实验室的肯·汤姆逊（Ken Thompson，UNIX 操作系统的主要研制者）以 BCPL 语言为基础，又发表了一种新的 B 语言，并用汇编语言和 B 语言写成了 UNIX 的初版。B 语言接近机器硬件，但较为简单，而且无常用的数据类型。为了克服 B 语言的局限性，C 语言应运而生。

C 语言是由贝尔实验室的丹尼斯·里奇（Dennis Ritchie）设计的，设计的初衷是为了更好地描述和实现 UNIX 操作系统。1973 年，肯·汤姆逊和丹尼斯·里奇合作，将 UNIX 的 90%以上的代码用 C 语言改写，形成了 UNIX 第 5 版，但此时的 C 语言并没有引起人们太多的注意。随着 C 语言的发展，1977 年出现了不依赖于具体机器的 C 语言编译文本，而 C 语言的真正定义是在 1978 年，在由布莱恩·科尼汉（Brian Kernighan）和丹尼斯·里奇（Dennis Ritchie）所著的 *The C Programming Language* 中被阐述清楚。这是一本影响深远的名著，实际上成了后来的 C 语言标准。

1983 年，美国国家标准化协会（ANSI）整理和扩充了当时的各种 C 语言版本，并制定了一个 C 语言标准，即 83 ANSI C。随后，在 1987 年对其做了重新修订，制定了 87 ANSI 标准 C。1989 年，ANSI 又公布了一个新的 C 语言标准 ANSI X3.159-1989，国际标准化组织 ISO 在 1990 年接受了该标准，使其正式成为国际标准 ISO/IEC 9899：1990，简称为 C90。随后，ISO 在 1995 年和 1999 年分别又对该标准进行过两次修订，为 C 语言增加了面向对象的特征，并命名为 ISO/IEC 9899：1999，简称为 C99。不过，由于通常的 C 语言编译器仅支持 C90，故本书的语法介绍也主要以 C90 标准为基础。

近年来的 C 语言发展十分迅速，以面向对象技术和 C 语言语法相结合的 C++语言在软件设计领域占有举足轻重的地位，其应用的广泛性也已逐渐超过了传统的 C 语言，但它更适合开发大型应用系统。在一些涉及硬件开发的系统和嵌入式应用中，C 语言仍具有重要地位并被广泛应用，传统的以汇编为开发语言的应用也基本由 C 语言取代。同时，作为了解程序设计技术的一种基础语言，C 语言也具有独特的优势，因为大量的新兴语言如 Java、C#等都由 C 语言发展而来，与 C 语言有着大量一致的语法现象和规则。因此，学好 C 语言和程序设计方法也将会为以后的进一步学习奠定良好的基础。

1.2.2　C 语言的主要特点

与其他高级语言相比，C 语言有诸多独到之处，主要可以归纳成如下一些特点。

1. 语言简洁、书写自由

C 语言是一种很小的语言，具有精心选择的控制结构和数据类型，摒弃了一切不必要的成分，从而使其规模缩减到最小，代码简洁而高效。C 程序的书写也几乎不受什么限制，可以在一行上书写多个语句，也可以把一个语句写在多个行上。当然，这种灵活性可能使程序缺少一种可以遵循的标准，因此，学习时应尽量注意程序书写的"规范性"，这一点可以根据本书所提供的示例程序去体会。

2．运算符丰富

运算符的多少体现了语言对数据的加工能力强弱。C语言提供了极为丰富的运算符，共34种（参见附录B），这使C语言可以直接实现其他语言中很多难以实现的运算，同时也提高了语句的能力。

3．数据类型丰富

C语言提供的多种数据类型使程序员可以灵活、方便地构造各种复杂的数据结构和设计适应各种问题的算法。表面上，C语言支持的数据类型与PASCAL语言接近，但C语言中的指针类型比PASCAL更灵活，也具有更强的操作能力。

4．结构化良好

C语言提供了典型的结构化控制语句，是理想的结构化语言，而且C语言用函数来组装程序，进而支持程序的模块化。

5．语法限制不严格

这是C语言存在争议的一个特点，这是因为，语法限制不严给程序设计带了灵活性，但也对程序的安全性有"不良"影响。例如，最为典型的数组超界问题就是语法限制不严的产物，不论程序使用了数组的多少元素，是否与定义吻合，C语言的编译器都不会给出错误通知，因为C编译器不做数组边界的检查。如果在设计时不能确保引用的正确性，超界的数组元素有可能导致灾难性的后果，使程序彻底崩溃。

6．硬件操作能力强

C语言具有低级语言所具有的特殊能力，体现在对内存地址的直接操作和位运算。通常，这是低级语言所具有的两种能力，以便更直接地操作机器硬件。作为高级语言的C也具有这两种能力，或者说具有低级语言的功能特征，因此有人称其为"中级语言"。

此外，从生成代码的效率来看，C程序明显优于其他高级语言。借助C语言的低级语言能力，一些程序员正在用它代替汇编语言来书写系统程序，这不仅使程序的研制周期得以缩短，也使程序具有较高的可移植性。

当然，上述特点只是使用者对C语言的一般性评价，更深刻的体会需要在进一步学习和比较之后才能得到。

1.3　C语言程序的基本结构

这里给出几个简单的C语言程序，目的是建立对C语言程序的感性认识，并能理解书中使用的程序结构。阅读时应注重代码后的正文解释，不必仔细研究程序代码中有关输入、输出函数的格式等细节，后续章节中会对这些内容做进一步的讨论。

例 1.1　在屏幕上输出"Hello world！"的C语言程序。

最简单的C程序仅由下面的代码实现：

```
void main( )
{
}
```

这是一个完整的 C 程序，仅由一个模块组成，但它不做任何工作。将其编译成可执行文件并运行时，只相当于做了一次空操作。

这个基本的程序框架也可以写成如下形式：

```
int  main( )
{
  return  0;
}
```

尽管此程序还不能输出题目要求的文字，但可以说明 C 语言程序的一些基本特征。

1. 由函数组成程序与 main 函数

C 程序是由函数组装而成的，一个完整的 C 程序中必须且只能有一个名字为 main 的函数，称作"主函数"。若程序简单，可以只由这一个函数构成完整的程序，此例即如此。不管组成一个 C 程序的函数有多少，总是从 main 函数的第一个语句开始执行。

2. 函数的基本结构

通常，每个函数名之前有一个数据类型，用来表示函数的值是什么类型。main 函数的数据类型可以是 void 或 int。一般应用中的 main 函数仅执行一些处理指令，不带回任何计算结果，可将其类型指定为 void。如果采用 int 作为函数的数据类型，可以将"return　0;"置于最后一行，其作用是向操作系统表明程序正常执行结束。为了避免引入过多的成分，本书主要使用第一种形式，即 void 类型的 main 函数。

代码中跟在数据类型之后的是函数名，除了 main 函数的名字为固定写法以外，其他函数都由设计者自己命名。每个函数名之后都要有一对圆括号，这是函数的标志。函数名和圆括号之后的部分称为"函数体"，置于括号{　}内，这是书写函数代码的地方，用于说明函数所要做的全部工作。

与一些简单的语言如 BASIC 等不同，无论组成程序的代码有多少，不能仅由语句构成 C 程序，必须将代码置于函数框架内。或者说，C 语言程序的基本组成单位是函数而非语句。

由于 C 语言对书写的要求并不严格，因此上述程序中的各部分也可以写在一行内，但这并不是一种可取的书写方式，如：

```
void  main( ) { }              /* 不可取的书写方式 */
```

下述程序在基本框架中增加了一个语句，使其能够按要求输出文字"Hello world!"。

```
#include <stdio.h>
void  main( )
{
  printf("Hello world!");         /* display a string. */
}
```

以下是程序中所添加内容的含义。

1. 输出语句

```
printf("Hello world!");
```

这是一次"库函数"调用。C 语言提供了大量预先设计的函数，以完成一些常见的事务性处理工作，如输入和输出等。只要了解它们的功能和使用方式（格式），就可以直接使用而不用自己去编写，这些函数称为"库函数"。此处的 printf 就是一个用于输出数据的库函数，这样的语句也称为"输出语句"。

2. 文件包含指令

```
#include <stdio.h>
```

添加此行代码是因为使用了库函数printf。通常，C语言要求对使用者声明函数的格式。这里的格式就是接口或界面。对于自己定义的函数，可以在第5章中了解说明方法，而对于每一个库函数，其格式都记录在系统提供的一个文件里。例如，函数printf的格式记录在文件stdio.h中，或者说printf函数定义于文件stdio.h。C语言允许使用命令#include <stdio.h>来对库函数printf进行声明，以便让编译器从文件stdio.h中查找并了解函数printf的格式。因此，了解每个库函数所属的文件（称为"头文件"）是必要的任务，并注意在程序开头加上如下代码，称为"头文件包含"：

```
#include  <头文件名>
```

如果几个库函数定义于同一个头文件，只要包含该文件一次就可以了。

★提示

stdio.h中的std、i和o分别来自单词**standard**、**input**和**output**，即标准输入输出；字符h来自单词**head**，故称为头文件或头部文件。

3. 注释

```
/*...*/
```

在这一对符号中间的内容称为"注释"。注释是对程序中的代码、变量等所做的说明，在程序编译时，编译器会舍弃注释而不做任何处理，执行时自然也不会引起任何机器操作。对程序的注释有助于提高程序的可读性，是帮助阅读者理解源程序代码的非常必要的部分。

C语言程序的注释非常灵活，可以在任何允许插入空格的地方插入注释，但正确的做法通常是用单独的行添加必要的注释，不严格要求时也可以加在行末。限于篇幅，本书的注释以中文形式在行末给出，用于解释所在行代码的功能、含义和应注意的事项。注意，应尽量以某种方式对齐注释，以便于阅读。

注释不可嵌套。

★工程

实际项目中通常这样对程序进行注释：

（1）在程序（文件）头，添加有关程序名、功能、作者、目的、用途、修改历史等的注释；

（2）在函数前，添加有关函数的功能、参数、返回值和副作用等的注释；

（3）在变量定义前（或后），说明变量的含义；

（4）在函数体开头，解释算法思路。

工程项目中一般对注释的方法有严格的要求，甚至对注释的数量也非常重视，因为一旦缺少注释，代码将很难理解和维护。另外，应该在编写程序的同时为代码添加适当的注释，而不是在项目开发结束后一次性地添加注释。总之，注释是软件的重要组成部分，而正确添加注释也是软件项目开发的重要工作之一。

通常，一个完整的程序总会包含数据输入、处理以及数据输出等几个部分。

例1.2 从键盘输入两个整数，输出它们的和。

```
#include <stdio.h>
void main( )
```

```
{
    int  x, y;                          /* 变量定义 */
    int  z;                             /* 变量定义 */
    scanf("%d,%d", &x, &y);             /* 输入两个整数，数据间以逗号分隔 */
    z = x+y;                            /* 求 x 和 y 的和，并存入 z */
    printf("sum = %d", z);              /* 输出结果，即 z 的值 */
}
```

此程序是一个简单的整数加法器，运行时可以接收用户输入的两个整数，计算并输出它们的和。此例反映了 C 程序中一个函数体内的主要结构，即：

```
{
    定义和声明部分
    可执行的操作部分
}
```

通常，所有变量定义应写在函数体的开头，后面的部分才是对它们的处理。

★ 工程

将不需要的代码暂时注释掉而不是删除，或许，一会儿又要使用它们。直到确信不使用时再彻底删除。

例 1.3 计算两个整数的最大值。

```
#include <stdio.h>
int  max(int  a, int  b);               /* 对函数 max 的格式说明 */
void  main( )
{
    int  a = 10, b = 20;
    int  m;
    m = max(a, b);                       /* 求 a 和 b 的最大值并存入 m */
    printf("%d", m);
}
int  max(int  a, int  b)
{
    int  t;
    t = (a>b ? a : b);
    return  t;
}
```

这是一个稍微复杂的例子，它由两个自定义函数 main 和 max 构成。其中，函数 max 可以求出任意两个整数的最大值，而 main 函数则利用 max 得到 10 和 20 的最大值。main 函数中有两个语句使用了其他函数：

```
m = max(a, b);
printf("%d", m);
```

一个函数使用另一个函数被称为"函数调用"。虽然这两次调用的函数分别是自定义函数 max 和库函数 printf，但处理方法是相同的。程序中的第二行是对函数 max 的格式声明，与第一行对 printf 进行格式声明代码的作用一致。

观察以上示例程序可以发现，除了函数的"头部"以外，组成函数的每一行代码之后都有一个分号，每个由分号结束的代码行就是一个"语句"，该分号是属于语句的必要成分，标志着语句结束。此外，在给出的示例中，我们尽可能使程序的格式美观、易读，这是初学者必须注意养成的良好习惯，尽管 C 语言本身无此要求。

★工程

　　程序的良好格式，如一致的缩进编排风格，是使你的程序具有可读性、使你能与他人合作的基础，有时它比解决问题本身还重要。

1.4　高级语言程序的处理过程

如前所述，用高级语言编制的程序并不是计算机能够直接识别并执行的指令集合，而是一个文本文件，称为"源程序"文件。为了能够运行它，必须将其转换为机器指令，实现这一转换的程序就是"编译程序"或"解释程序"。

编译和解释是指程序的两种执行方式，或者说是对源文件的处理方式。从理论上说，每种语言都可以采取这两种形式来处理，而实际上，一般高级语言只使用了其中的一种方式。早期的 BASIC 语言采用了解释方式，而 C 语言使用了编译方式。为此，两种系统分别提供了相应的解释器和编译器。

一个解释器逐行处理源程序。这就是说，解释器每次将一行源代码翻译成机器指令并执行，直到源程序全部处理完毕。此方式使程序的执行速度较慢，且离不开源程序。

一个编译器一次性读入整个源文件，并将其全部转换成机器指令组成的"可执行文件"，从而彻底脱离源程序并有较快的程序执行速度。具体实现时，源程序到可执行程序的转换通常由两个程序完成，其一是编译程序，用于直接处理源程序，生成一个二进制代码文件，称为"目标文件"。另一个是链接程序（或称为连接程序），它处理由编译程序所生成的目标文件，进而得到一个可执行文件。

在网络应用非常普及的今天，程序的可移植性变得非常重要。因此，一些语言如 JAVA、C#等采用了稍微不同的方式，它们将源程序编译并链接为一种与具体机器无关的中间代码文件而非可执行文件。当中间代码执行时，还需要借助一种特殊的软件将其翻译成机器指令才能执行，这种软件称为"虚拟机"。

在目前的 C 语言编程工具中，既存在着逐个步骤单独处理的系统，也有很多"集成化"的开发环境。例如，以下是分步骤编写并运行一个程序的主要过程。

1．编写源程序

可以使用任何一种字处理器（文本编辑程序）如 Notepad、Notepad++等输入程序代码，并保存到磁盘上，这就是源程序文件，不妨假定文件名为 max.c。

★提示

　　不同语言的源程序文件都以该语言的缩写为扩展名，C 语言的源程序文件的扩展名为 C。一个源程序文件的文件名要与实际功能相吻合，如 painter.c、graphics.c 等。

2．编译

系统可能单独提供编译程序和链接程序，如 tcc.exe（Turbo C）和 bcc.exe（C++ Builder），也可以提供一个程序，利用参数来表示编译和链接，如 gcc.exe（GNU 的 C 编译器）。以 tcc.exe 为例，简单的编译方式为：

```
prompt>tcc max.c↵
```

如果程序正确则会生成一个新文件 max.obj，此即目标文件。当编译器通知出错时，应该修改源程序，然后再重新编译。这里用 prompt 表示系统提示符。

3．链接

如果链接程序为 tlink.exe，简单的链接方式为：

```
prompt>tlink max.obj <其他>↙
```

这里的"其他"是指一些必须链接的函数库。在没有发生错误时会生成一个新文件 max.exe，这就是操作系统管理下的可执行文件。如果有错，仍须修改源程序并重新进行编译和链接。

4．运行

执行 max.exe 命令：

```
prompt>max↙
```

在出现文字光标提示时输入必要的数据：

```
10,20↙
```

程序执行并显示运算结果为 20，结束。

完整的程序处理过程参见图 1.5。不过，简述这些步骤的目的只是为了理解高级语言程序的一般处理过程，而实际上却很少这样做，原因是目前 Windows 系统中的 C 语言环境都是集成化的，所有步骤既可以分步也可以一步实现。

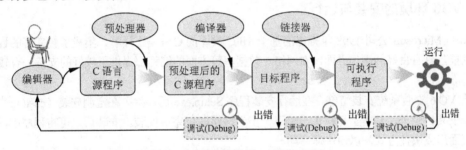

图 1.5　C 程序的编辑、编译与运行

1.5　利用 Visual C++ 6.0 环境编写和运行 C 语言程序

在 Windows 环境中，存在着多种编写 C 语言程序的集成化环境，称其为集成化环境是因为在该系统运行后，能够直接支持程序的编辑、编译、连接和运行，且提供了一定程度的程序调试功能。通常，这些 C 程序开发环境也都支持 C++程序的设计，甚至对 C++的支持更为全面。这里列出了一些主要的 C 语言开发环境。

（1）Turbo C 2.0 和 Borlan C++ 3.1

这是两款早期产品，是十分经典、高效的 C 语言开发环境，且集成了功能很强的程序调试功能。不过，它们工作在 DOS 环境下，界面美观程度和可调整性差，且 Turbo C 不支持鼠标操作，与当前流行的风格和用户的追求有一定程度的脱节，因而影响了它们的使用。

（2）DEV C++、Code::Blocks 与 C-Free

这是一些轻量级的 C/C++集成化开发环境，一般是开源或免费的。这些环境本身较小，通常不支持可视化的窗口程序开发，集成的额外功能少，非常适合初学者使用。尤其是 DEV C++，甚至支持单文件程序而不必构成一个项目。相对于那些大型的开发环境来说，这些环境的程序调试功能稍微弱一些。

（3）Visual 6.0 和 C++Builder 6.0

二者分别是 Microsoft 公司和 Borland 公司的早期产品，也是两款比较大型和完善的 C/C++开发环境，支持建立各种应用，如控制台程序、窗口应用程序、DLL 等。每种系统都集成了丰富的程序调试功能。

（4）Visual Studio

微软公司的重量级产品，有 2005、2008、2010、2012 和 2015 等多种版本。这些系统非常庞大，同时支持多种语言，包括 C 和 C++，更注重对网络应用开发的支持。

此外，还可以采用 Eclipse 等环境进行 C 程序开发。对于初学者，我们建议使用 DEV C++、Visual 6.0 或 C++ Builder 6.0。这些产品很少需要用户做额外的配置，可以减少用户的负担，尽快将注意力集中到语言的语法和程序设计技术上。同时，它们也是一些考试、竞赛时的指定开发环境。当然，尽管这些编程环境都基本遵循 ANSI 或 ISO 标准，但也存在一些细微差异，包括调试工具、库函数和变量的命名等。

本书中的所有程序均以控制台方式工作，称为控制台程序或 DOS 程序，这是指程序的运行仅限于"命令提示符"窗口的文本方式下，不涉及与标准 Windows 窗口程序和图形相关的操作。

这里简要介绍利用 Visual C++ 6.0（以下简称 VC 6）开发 C 语言程序的过程，但在附录中也介绍了 DEV C++ 与 C++ Builder 6.0 的使用方法。

1.5.1 VC6 环境的安装与运行

VC6 是 Microsoft 公司 1998 年推出的基于 MFC 类库的 C++编程环境，集成了较完善的程序设计与调试功能，具有良好的操作界面，对网络、数据库等方面的编程都提供了较好的支持，有较大的用户群。

标准 VC 6 安装系统安装简单。在运行安装程序 Setup.exe 后，除了在定制安装（custom）时需要指定一个安装目录外，基本上每次单击"下一步"按钮即可完成安装。安装后，可将程序中的 VC 6 拖曳到桌面形成快捷方式，以便快速启动。

双击桌面上的 VC 6 图标 ，运行该集成化环境，系统进入如图 1.6 所示的 VC 6 主窗口。

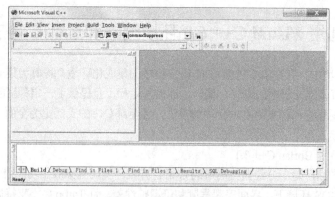

图 1.6   VC 6 的主界面

这是一个标准的 Windows 窗口菜单程序。窗口顶部是 VC 6 的主菜单栏，共包含 9 个菜单项，分别是：File（文件）、Edit（编辑）、View（查看）、Insert（插入）、Project（项目）、Build（构建）、Tools

（工具）、Window（窗口）和 Help（帮助）。每个菜单项都对应着一个子菜单，集成若干与菜单名相关的功能。在调试程序时，此菜单栏中还会增加一个 Debug（调试）菜单项。

主菜单栏的下面是快捷工具栏，排列着一些常用功能的快捷按钮。

窗口的左侧窗格是"项目工作间"（Workspace），用于显示项目中包含的文件、资源等信息。右侧窗格为视图区，显示被编辑的源程序文件。窗口下部窗格为信息提示区，用于显示编译、链接的结果，包括错误提示信息。

1.5.2　编制一个（控制台）源程序

1．创建项目

本质上，VC 6 是以多文档形式组织程序的，无论程序大小，都以完整项目的方式组织在一起。与一个项目有关的所有文档被存储在一个文件夹内。在处理一个项目时，VC 6 会打开一个工作间 Workspace。这样，每个工作间与项目形成对应关系，各工作间之间互不干扰。

为了简单，VC 6 也支持用户仅指定一个源程序，由系统生成缺省的项目。不过，这种以单独源文件组织程序的方式存在诸多限制，如系统不会为其创建文件夹、编译和运行要分步进行等。因此，我们建议以完整项目形式组织自己的程序。

选择菜单项 File→New，系统会弹出如图 1.7 所示的新项目创建窗口。在 Projects 页中单击选择一种项目后，系统会逐步引导和要求用户选择或输入一些必要的信息，进而生成与所选项目相关的缺省文档，这就是所谓的"向导（Wizard）"。此处选择 Win32 控制台类型的项目。

单击"Win32 Console Application"，在右侧的 Location（位置）域中输入或单击  图标选择一个文件夹，如"D:\VC6\MyProjects"。在 Project name（项目名称）域中输入一个项目名，如"HelloWorld"，单击"OK"按钮。此时，系统会弹出一个如图 1.8 所示的窗口，其中只有几个简单选项。在窗口中可以选择生成空的项目（An empty project），单击"Finish（完成）"按钮，系统会弹出一个窗口，显示根据前面用户的选择所生成的项目的简短提示，询问是否接受这些设置。单击"OK"按钮表示接受，系统自动生成一个称为 HelloWorld 的简单项目，并在左侧窗格中增加了一个 ClassView 页和 FileView 页。

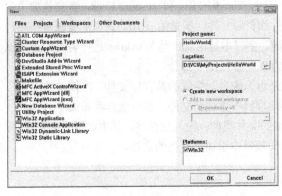

图 1.7　创建新项目对话框

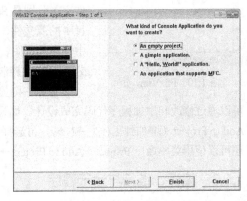

图 1.8　生成一个空的项目

重新选择菜单项 File→New，在图 1.7 的窗口中选择 File 页，单击 C++ Source File 选项，并在右侧的 File 域中输入源程序文件名如 main.c，单击"OK"按钮，系统生成一个空的源程序，返回工作间，并在窗口中间窗格打开编辑窗口，可以输入自己的程序，参见图 1.9。

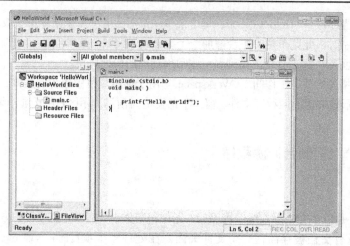

图 1.9　HelloWorld 项目的工作间

在上述步骤中，指定文件的扩展名为".c"是必要的，它保证我们创建一个 C 而非 C++程序。

在幕后，VC 6 生成了组成一个项目的最基本文档，并保存在 D:\VC6\MyProjects\HellowWorld 文件夹下，包括若干与项目有关的文件，如工作间描述文件（.dsw）、项目文件（.dsp）、选择信息文件（.ncb）和源程序文件 main.c，还包括一个文件夹 Debug，用于保存编译和连接所生成的 obj 和 exe 文件。

2．工作间与重新加载项目

在任何时候，都可以利用 File 菜单下的 Open Workspace 选项和 HelloWorld.dsw 文件重新打开工作间，加载已建立的项目。

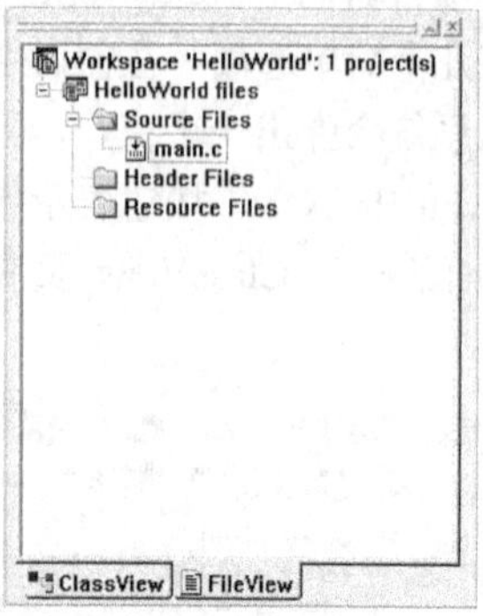

工作间左窗格含有两个页，均以树状的层次结构显示信息，可以单击"+"图标展开。其一是 ClassView，用于显示当前项目中所有类的信息以及外部函数和变量的信息，设计 C 语言程序时此处只有一个 main 函数（位于全局项 Globals 内）。另一个是 FileView 页，用于显示项目所包含的所有源文件信息。展开 HelloWorld files 树的分支后，包括三个文件夹，分别是 Source Files、Header Files 和 Resoure Files，各自包含了项目中的源文件、头文件和资源文件，参见图 1.10。这里的资源是指项目中使用的位图、加速键、字符串等信息，是 Windows 程序特有的组成部分，编写 C 控制台程序时不涉及这一部分。

图 1.10　FileView 页

窗口右侧显示的是由系统自动生成的源程序文件。在简单情况下，可以通过修改和添加程序代码完成设计。如果需要向项目中添加新文件，可以选择菜单命令 Project→Add to Project（增加到工程）→New，再选择所添加的文件类型，输入文件名，就生成了一个空文件，还可以使用菜单命令 Project→Add to Project→Files 向项目中添加已存在的文件。

1.5.3　编译、链接与运行程序

程序的编译、链接等命令集中在"Build（组建）"菜单中，如图 1.11 所示。

菜单中的第一项用来编译当前文件，第二项用于生成.exe 文件，包括编译和链接两个步骤。若程序中含有错误，系统会在下部的窗格中输出错误信息，可根据提示进行修改。在没有错误时，显示"HelloWorld.exe - 0 error(s), 0 warning(s)"形式的通知信息。通常，可以选择菜单命令"Execute HelloWorld.exe"直接运行程序，它包括了对程序的编译、链接和运行的全过程。

　　如果程序在输入或编辑后没有重新编译而直接选择运行，系统会弹出对话窗口询问是否构建（Build），单击"是"按钮即可。

　　一个程序运行后会出现控制台窗口，用户需要在此输入数据（如必要）。程序执行结束后，显示"Press any key to continue"的提示。按任意键后返回到 VC 6 主窗口。

图 1.11　Build 菜单

1.5.4　程序调试技术

　　除了最简单的错误可以直接观察发现外，更复杂的错误需要借助调试工具来找出。程序调试、纠错（Debug）是学习编程时必须掌握的重要技术，而任何一个优秀的程序设计环境也都会提供本节所介绍的调试工具与手段。

　　初始时，VC 6 的调试（Debug）功能集成在"Start Debug（开始调试）"菜单的子菜单中，参见图 1.12。利用子菜单中的前 3 项中的功能都可启动调试器，使程序进入调试状态。此后，这些功能和一些新增的功能被自动集中到一个新菜单"Debug（调试）"中，代替原来的 Build 菜单，如图 1.13 所示，其中的主要项目含义如表 1.1 所示。

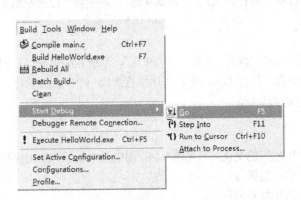

图 1.12　Build 菜单中的调试子菜单

图 1.13　Debug 菜单

表 1.1　主要的调试功能

菜单项	快捷键	功能
Go	F5	调试/继续运行
Step Over	F10	单步，不跟踪到函数内部
Step Into	F11	单步，跟踪到函数内部
Run to Cursor	Ctrl+F10	运行到光标所在行
Insert|Remove Breakpoint		设置/清除断点
	Ctrl+Shift+F9	清除所有断点
Stop Debugging	Shift+F5	结束调试

　　这里首先说明如下几个概念。

　　（1）调试状态

　　也可以称为跟踪状态，是指程序仅执行了部分代码，驻留在内存并且仍可继续执行的运行状态。此时，可以查询甚至修改变量的值。

　　（2）一行或一个语句

　　也可称为一步，这是指能够引发运算的一个可执行语句，不包括那些说明性质的语句。例如，下述语句不是可执行的：

```
    int  x;                              //说明性质的语句
    extern  float  f(float  x);          //说明性质的语句
```

当程序单步执行时，说明语句、括号、空行及注释等被跳过。

（3）变量及表达式的值

这是指程序执行到光标所在行之前的变量与表达式的当前值，与在此行直接使用输出语句输出的结果相同。

以下结合 Debug 菜单项说明其作用及调试方法。

1．部分执行程序并启动调试器

程序并非要一次性地执行完所有代码，调试者可以指定其执行到某处，即一个指定的行，也可以逐行执行程序代码。为了调试方便，应注意记住这些功能所对应的快捷键。

有两种常用方法使程序执行到指定位置并启动调试器。

（1）运行到光标处 Run to Cursor

此功能将使程序执行到光标所在行。首先，将文字光标移动到某行（该行应该是可执行语句）后选择此功能，则程序执行到该行暂停（但不包括当前行），进入"调试状态"，并在当前行的左侧显示一个黄色的箭头，表示暂停的位置。

（2）执行 Go

将文字光标移到某行，选择"Insert Breakpoint"功能，设置一个"断点"，系统在编辑窗口左侧显示一个红色圆点标记。用此方法可设置多个断点。执行 Go 命令，程序执行到第一个断点处暂停，进入"调试状态"，并在当前行的左侧显示黄色的箭头标志。

2．VC 6 的调试状态

在程序进入调试状态后，VC 6 窗口会产生相应的变化，参见图 1.14。图中新增加了一个由快捷键组成的 Debug 窗口，其功能与 Debug 菜单一致，包括：

① Restart：终止当前的调试过程，重新开始执行程序。

② Stop debugging：停止调试。

③ BreakExecution：终止程序运行，进入调试状态，一般用于终止一个无限循环。

④ Apply Code Changes：当源程序在调试过程中发生改变时，重新进行编译。

⑤ Show Next Statement：显示下一个将被执行的语句。

⑥ Step Into：单步执行，跟踪到函数体内部。

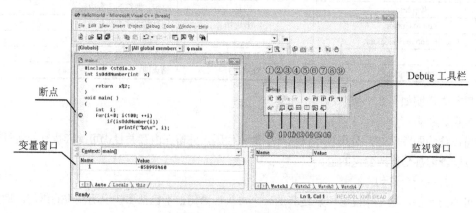

图 1.14　VC 6 的调试状态

⑦ Step Over：单步执行，不跟踪到函数体内部。

⑧ Step Out：从函数体内部跳出。

⑨ Run to Cursor：运行到光标所在位置。

⑩ QuickWatch：快速查看变量或表达式的值。

⑪ Watch：激活观察窗口，观察指定变量或表达式的值。

⑫ Variables：激活变量窗口，观察靠近断点处的变量值。

⑬ Register：激活寄存器窗口，观察当前运行点的寄存器内容。

⑭ Memory：激活内存窗口，观察指定内存地址的内容。

⑮ Call Stack：激活调用栈窗口，观察调用栈中还未返回的被调用函数列表。

⑯ Disassmbly：激活汇编代码窗口，显示被编译代码的汇编语言形式。

在默认情况下，启动调试器时会自动打开 Variables 窗口和 Watch 窗口。

3. 一般调试步骤

通常，在程序运行不能得到正确结果时，需要仔细观察代码中的主要变量，调试的基本做法是检查它们的值，逐渐缩小范围直至发现错误。因此，可以按如下过程进行调试。

① 将光标移到源程序的某一需要暂停的行，按 F9 键（Insert Breakpoint）在当前光标处增加一个断点。

② 按 F5 键（Go）开始调试程序，使其运行到断点位置暂停，进入调试状态。也可以不设置断点直接在某行处按 Ctrl+F10 键（Run to Cursor），使程序运行到当前行暂停。

③ 查看。在变量窗口观察到当前环境下涉及的各个变量的值，或者在监视窗口中输入变量和表达式以查看其当前值。

④ 按 F10 键（Step Over）和 F11 键（Step Into）单步执行，或者，按 F5 键执行到下一个断点，或者将光标移到一个新行按 Ctrl+F10 键使程序执行到光标处。反复使用这些功能，观察变量的值，找出程序中的错误。

⑤ 按 Shift+F5 键（Stop Debugging）停止调试。

1.5.5 简单的程序调试与纠错

掌握和熟练运用程序调试技术是一个循序渐进的过程，这里仅通过一些简单示例说明调试与纠错步骤，其中可能涉及目前尚未学到的知识，读者可以先行浏览，在后续学习时重新回顾这一部分内容并尽可能熟练运用这些方法。

1. 修正编译和链接时的错误

C 语言编译程序时指出的错误信息有两类，即 Warning（警告错误）和 Error（致命错误）。含有致命错误时不能通过编译，而警告错误一般是类型匹配问题或已定义的变量没有真正使用之类的错误，可以形成目标文件。作为示例，考察如下程序的编译和连接。

```
#include <stdio.h>
void main( )
{ int  x = 10, y;
  x = x+1;
  x = x-y;
  printf("%d", x);
  print("%d", y);
}
```

（1）编译错误

编译上述程序时，系统提示程序中含有错误，同时，在屏幕下部的信息窗格内显示错误信息，参见图 1.15。

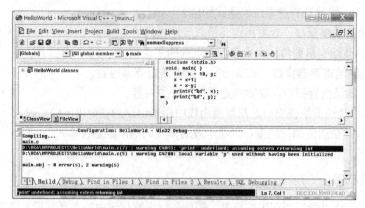

图 1.15　错误信息提示

双击任何一条错误信息，系统在此条信息所对应的出错位置显示一个箭头标志，并自动将文字光标移动到检测出错误的行，以方便修改。

此例中的第一个警告信息是指函数 print 的格式未知，假定其为 int 类型；第二个警告信息说明使用了未初始化的变量 y。

修正上述错误，形成如下代码并重新编译，生成 OBJ 文件。

```c
#include <stdio.h>
void  main( )
{  int  x = 10,  y = 5;
   x = x+1;
   x = x-y;
   printf("%d", x);
   print("%d", y);
}
```

（2）链接错误

构建 EXE 文件时，系统在信息窗格中显示如下错误信息：

main.obj : error LNK2001: unresolved external symbol _print

Debug/HelloWorld.exe : fatal error LNK1120: 1 unresolved externals

这是指标号 print 没有定义（实际是缺少字符 f）。修改此错误，重新进行编译和链接。

应该说，要尽量了解错误的类型和错误信息的含义，才能快速准确地排除编译、连接中出现的错误。

💡 提示

为弄懂错误的性质并予以修正，任何一个编程者都需要积极了解错误提示的含义，并努力积累正确处理相应错误的经验。

初学者最常出现的错误之一是遗漏了作为语句结束符的分号。如果系统提示错误为"missing ';' before 'do'"，其真实情况是在错误标志的前一行的末尾缺少了分号。

2. 跟踪调试

在程序通过编译和链接之后，如果运行结果不正确，除了仔细分析程序代码外，跟踪调试将是极为有效的。例如，以下是一个用于显示 1～10 共 10 个整数的程序：

```
#include <stdio.h>
void main( )
{ int  x = 0, k = 1;
  x = x+1;
  do
  { printf("%d", x+k);
    k = k+1;
  }while(k<10);
}
```

运行程序，输出的结果为 2～10，存在错误。由于程序代码较短，不妨检查一下循环。先将光标移到第 6 行，按 Ctrl+F10 键，使程序运行到光标所在行暂停，且处于调试状态。此时为第一次循环，可以在变量窗口查看 x、k 的值，均为 1。

在监视窗口内输入表达式 x+k 并查看其值，显示为 2，显然是错误的，因为第一次应该输出 1。选择 Go 执行完程序或按 Shift+F5 键结束调试，将 k 的初始值修改为 0。重新运行程序，显示的结果正确。

程序调试是一个复杂的过程，要根据程序运行的现象和经验判别出错的地点。为此，需要综合使用程序调试菜单中所提供的各种功能，基本思想就是逐步缩小存在错误的代码范围，直到最终发现错误为止。在此期间，设置断点、Go to cursor、Step into、Step over 变量和表达式查看都是十分有用的工具。在没有这些功能时，可以自己在程序中增加输出语句、暂停语句（如 getchar）等来帮助纠错。

1.6 习　　题

1-1　简述 C 语言的主要特点。

1-2　简述使用 Visual C++ 6.0 集成化环境编制并调试和运行一个程序的步骤。

1-3　编辑程序和编译程序有什么不同？

1-4　利用高级语言编制程序时需要经过哪些主要的处理步骤？

1-5　程序中的注释有什么作用？C 语言允许在何处插入注释？上机编写程序，体会可以插入注释的位置。上网搜索和了解一些软件公司关于注释的规定。

1-6　什么是算法？算法应该具有哪些主要特征？

1-7　简述模块化和结构化的含义。

1-8　什么是软件？软件和程序是等同的吗？

1-9　设计一个计算 1～100 之间的偶数的算法，并画出描述算法的流程图。

1-10　编制在屏幕上输出如下信息的程序并调试：

```
***************************
From Sea to Shining C.
***************************
```

1.7　编　程　实　战

E1-1　题目：熟悉上机环境

内容：验证示例程序 1.3。

目的：体会程序的编辑（输入、修改、存盘和加载）、编译、连接和运行过程。

E1-2　题目：注释的使用

内容：按书中的说明为示例程序 1.3 增加注释。

目的：体会允许插入注释的位置并理解应该如何添加注释。

E1-3　题目：程序纠错

内容：输入下面的程序，在机器上编译，观察显示的错误信息，并修正这些错误。

```
#include <stdio.h>
void  main( )
{
    int  x;
    x = 10;
    double  y = 1.5
    printf('result is:");  *display result*
    printf("%d, %lf", x, y);
}
```

目的：了解 C 语言程序的语句特性和注释方法，以及编译错误的修正方法。

E1-4　题目：程序编辑

内容：针对 E1-3 输入的程序，完成如下操作：

（1）生成一个项目，并将源程序保存为文件 MYTEST1.C。

（2）分别执行编译、生成可执行文件和运行 3 个步骤。

（3）将光标移到行首、行末、文件首、文件末；将"x=10"连接到上行末；将"*display result*"移动到下一行并与上行对齐；删除该行；恢复删除该行。上述各操作都可一键完成。

目的：熟悉文本编辑过程和技巧。

第 2 章　数据与运算

数据和对数据的操作是构成程序的最基本内容，数据及其相互间的关系构成了数据结构。对数据描述的正确与否将直接影响解决问题的算法的效率和复杂程度，对数据的处理方法则体现了解决此问题的算法，这是组成程序的两个基本要素。在计算机语言中，数据结构是以数据类型和存储属性为基础的，而算法的实现则依赖施加于数据结构上的各种运算。本章将围绕这两部分基本内容展开，详细介绍基本的数据类型、常见运算及其表达式。

2.1　标识符与关键字

程序需要用约定的字符集来描述，C 语言采用 ASCII 码中的可见字符构成字符集。

2.1.1　标识符

程序中的标识符（identifier）是编程者指定的一个字符序列，用来作为常量、变量、函数、数组和数据类型等的名字。指定标识符时要遵循的规则是：

由字母、数字或下画线组成，且第一个字符必须是字母或下画线而不是数字字符。

例如，winTop、student_name、Lotus123 是合法的标识符，但 Liu+Li、$123、x>y、213HZ 和 M.D.Jone 是错误的标识符。汉字也不能用作标识符。

通常，在设计一个标识符时，应该尽可能遵循一定的规则，又要使其意义明确，做到"见文知意"，否则会给程序的理解和维护带来困难。存在一些著名的有效命名方法，如：

（1）pascal 命名法

用多个单词组成，标识符中的每一个单词的首字母大写，其余小写，如 AverageHeight。通常，自定义数据类型名应采用 pascal 命名法。

（2）骆驼（驼峰）命名法

该方法用多个单词组成标识符，在仅有一个单词时小写，由多个单词组合而成时第一个单词小写，其余单词的首字母大写，如 myCarWindow、subMenu。喜欢这种命名风格的程序员很多。通常，变量和函数名应采用骆驼命名法。

（3）匈牙利命名法

Microsoft 公司经常采用一种由一个匈牙利程序员发明的命名方法：用几个由小写字母组成的字符串代表某种数据类型（如 n 表示整数，l 表示长整数，lpsz 表示字符串等）作为前缀，其他单词首字母大写，如 nLeft、lParam、lpszLocation 分别表示整型、长整型和字符串类型的量。这种表示方法可以很容易辨别一个量的数据类型，从而有利于保证其被正确使用。在 Windows 环境下编程时最好对此命名法有所了解。

通常，一些简单的标识符如循环控制变量等可以采用 k、m 等字母表示。考虑到篇幅和授课的原因，本书在实例程序中尽量使用较简短的名字作为标识符。

> ★ **工程**
>
> 认真选择标识符作为名字，使其反映名字的意义而非实现方式。

在指定一个标识符时应注意如下问题：

①　C 语言区分字母的大小写，标识符中的大小写字母是不同的字符，如 dMax 和 dmax 是两个不同的标识符。

②　虽然 C 语言允许标识符长度可达 255 个字符，但仅前 31 个字符有效（文件间共享的函数名和全局变量名一般更短，这些名字称为"外部名"，仅前 7 个字符有效），应注意不同的系统或版本都有不同要求。当然，尽管一个名字过短会影响阅读和理解，但过长的名字也不合适，如 This_Is_A_ Higher_Temperature。

✤**工程**
　　避免类似的名字，且保持常用、局部名字较短，不常用名字可以稍长。

③　不能使用保留字（关键字）作为自定义标识符。例如，不能将关键字 case 作为一个变量名使用。
④　尽量不要使用下画线开头的标识符，以免与系统中预先定义的一些标识符冲突。

✤**工程**
　　命名习惯中最重要的是保持风格一致，string_value 和 stringValue 是不应该同时出现的不同命名风格。

2.1.2　关键字

关键字也称"保留字"，是一种语言中预先约定的用于固定用途的名字，不能作为用户标识符使用。例如，char 是表示字符型的关键字，不能作为用户自定义变量、函数等的名字。表 2.1 列出了 C 语言的 32 个关键字。

表 2.1　C 语言的关键字

auto	double	int	struct
break	else	long	switch
case	enum	register	typedef
char	extern	return	union
const	float	short	unsigned
continue	for	signed	void
default	goto	sizeof	volatile
do	if	static	while

不同版本的 C 语言可能会增加少量的特殊关键字，在实际设计程序之前，应大致了解常用的关键字，以避免与自定义标识符冲突。

✤**工程**
　　本书中不会专门介绍的一个关键字是 volatile。这是一个修饰词，用于告知编译器它所修饰的变量可能会被意外地改变，因此，要求优化器在用到它时必须每次重新读取它的值，而不是使用保存在寄存器里的备份。通常，执行硬件操作会用到它，如访问并行设备的硬件寄存器、中断服务子程序中访问的非自动变量以及多线程中由几个任务共享的变量等。

2.2　数　据　类　型

C 语言提供了丰富的数据类型，可以容易地描述和构造各种复杂的数据结构。C 语言是一种强类型语言，程序中所有使用的数据都必须有一个固定的数据类型。数据类型对数据的存储和使用具有决定性的影响，它的作用表现在：

（1）决定数据表示方式

一个数据在机器内可以采取定点和浮点两种表示方法，由系统根据数据类型确定。

（2）存储空间

不同类型的数据在存储时所占用的字节数不同，进而数据的取值范围也不相同。例如，一个字符类型数据占用 1 字节空间并以定点方式存储，因此，其取值范围通常在–128～+127 之间。

事实上，C 语言的标准中并没有规定数据所占用的存储空间数，不同 C 语言版本和系统中会存在一些差异。

（3）影响运算

数据的类型还影响到其所能够参加运算的种类以及运算后的结果。例如，整型数据可以参加位运算而浮点型数据不允许，浮点数运算 3.0/2.0 的结果是 1.5，而整数运算 3/2 结果为 1，都是因为数据类型不同所致。

概括地说，C 语言的数据类型可按图 2.1 进行分类。

图 2.1 中的基本类型也称为简单类型、固有类型或内置类型，构造类型可称为组合类型。基本类型是语言本身直接支持的数据类型，构造类型则是编程者根据需要由基本类型组合而成的类型。本章只介绍主要的几种基本类型，包括整型、实型和字符型，其余的数据类型在后续章节中介绍。

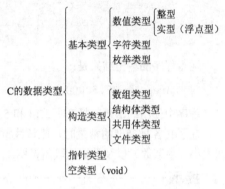

图 2.1　C 语言的数据类型

程序中使用的数据分为常量和变量。"常量"也称为常数，是指在程序运行过程中值不可改变的数据。常量的类型由系统依据其书写形式（字面值）来确定，并为其分配相应的存储空间。"变量"是值可以改变的量，这是指可以找到数据在内存中的存储位置并改变它。变量需要在使用前明确给出类型说明。

2.3　常　　量

2.3.1　直接常量与符号常量

C 语言的常量可分为两大类，即直接常量和符号常量。"直接常量"是指直接写明的常数，也称"字面值常量"（因为它们可以用值来称呼），"符号常量"是用符号表示的常量。

1. 直接常量

这是书写在程序中的直接常数，如 10、–5 表示整型常量，3.5、–1.25E5 表示浮点型常量，而'A'、'#'表示字符型常量等。直接常量是最简单的一类常量。

2. 符号常量

有时，使用直接常量不能明确表示出数据的含义。例如，当程序中出现 3.14 时，很难直接确定其是否表示圆周率π。为此，C 允许使用符号（标识符）来表示一个常量，目的是使其意义更明确，减轻阅读和维护的难度。

C 语言主要有两种类型的符号常量，分别是宏定义常量和枚举常量。对于这些常量，在使用之前必须先行说明。此处仅以宏常量为例，简要说明其用法。如

```
#define  PI  3.14
```

上述说明形式称为"宏定义"，对这些内容的详细讨论可参考 5.7 节，此处不必深究其形式。在上述定义之后，程序中出现的 PI 就是代表常数 3.14 的符号常量。

```
#include <stdio.h>
#define  PI  3.14
void  main( )
{
  double  r = 5.0;
  double  area;
  area = PI * r * r;              /* 计算面积并存入变量 area */
  printf("Area is %lf", area);    /* 显示面积的值 */
}
```

运行程序的输出结果是：

```
Area is 78.500000
```

程序中使用的常量包括 PI、3.14 和 5.0。

在了解各种类型的常量时，应该注意掌握数据的表现形式（书写方式）、存储方式、占用存储空间大小（字节数）以及数据的取值范围。

> ★ **提示**
>
> 　　很多常用的数学常数已在 math.h 中定义过，只要包含此头文件就可以直接使用，不必自己重新定义。这些常数包括 M_PI（π）、M_E（e）、M_LOG2E（$\log_2^e$）和 M_SQRT2（$\sqrt{2}$）等。

2.3.2　整型常量

最常见的整型常量称为普通整型常量，即整数。特殊情况下，可以在整数之后加后缀构成长整型常量和无符号整型常量。整型常量以定点方式存储，可以容易地判别取值范围。

1. 普通整型常量

一般可直接称为整型常量，共有 3 种表现形式。

（1）十进制常量

如 125、–34、+5 和 0 等，这是最常见的一类整数。

（2）十六进制常量

以 0x 或 0X 开头，由 0～9 和 a～f 共 16 个字符组成的整数，如 0x23、–0xA0、0x2bf 等，其中的 a～f 对应十进制的 10～15，大小写均可。十六进制数以 16 为基数（或者说进位标准），可按下例方式将其转换成十进制整数：

$$0x3b2 = 3 \times 16^2 + 11 \times 16^1 + 2 \times 16^0 = 946$$

（3）八进制常量

以数字 0 开头，由 0～7 共 8 个字符组成的整数，如 032、–027 等。注意 8 以上的数字字符不能出现在八进制整数中，如 0284 是一个错误的常量。八进制以 8 为基数，可以按下例方式转换为十进制整数：

$$0324 = 3 \times 8^2 + 2 \times 8^1 + 4 \times 8^0 = 212$$

普通整型常量用 2 个字节以定点方式存储（C++环境下占 4 字节），最高位表示符号（1 指负数，0 指正数），当每个二进制数据位皆为 1 时是其极限值，故取值范围为−32768～+32767。使用超界的数据将得不到正确的结果。例如，下面的语句显示的结果为 0：

```
printf("%d", 65536);
```

提示

　　"定点整数"是指小数点约定在最右边的二进制位之外，即没有小数部分。一般而言，最右边的位是最低位，最左边的位是最高位。

2. 长整型常量

在一个整数后面加上后缀"L"可说明其为长整数，大小写均可，但大写字母更容易辨认。例如，30L、−0x23aL、0543L、−50l 都是合法的长整型常量。

长整型数据不论数值大小都占 4 字节存储空间，可以表示更大的数。例如，36 和 36L 在数值大小上虽然没有区别，但存储时占用的字节数不同。

还可以在整数后加后缀"U"说明其为无符号整数，如 0xffU、42u。此时的最高位表示数据而不是符号。

提示

　　定点数的极限值已经在头文件 limits.h 中定义为符号常量，如 INT_MIN、INT_MAX、LONG_MIN 和 LONG_MAX 等，可以直接采用这些符号表示最小整数和最大整数。

2.3.3　字符型常量与字符串常量

1. 字符型常量

C 语言因面向系统软件而产生，使其具有很强的字符及字符串操作能力，也使字符型的常量表现多样。通常，利用单引号将一个字符括起来构成一个字符常量，如'A'、'8'、'&'和'␣'等，最后一个字符是空格字符，或称空白字符。

字符型量占用一个字节（8 个二进制位）的存储空间，与表现形式无关，并以定点方式存储其 ASCII 码值。事实上，计算机中所使用的各种字符或文字都需要进行编码，即赋予每个文字或字符唯一的二进制值，其中，对常用西文字符普遍采用 ASCII 编码（美国信息交换标准码，American Standard Code for Information Interchange）方式，参见附录 A。尽管编码时采用的是二进制形式，为了叙述清楚一般都将其转换为十进制整数来描述，称其为字符的 ASCII 码值。例如，字符'0'的 ASCII 码值为 48，字符'A'为 65，'a'为 97 等。因此，字符'A'的存储内容和形式可描述如下：

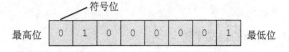

很明显，字符型量与整型量的存储基本一致，只是字符数据占用更少的存储空间。因此，在 C 语言中，字符型量可被认为并用作"短的整型"量，且这种相似性使字符与整型经常被混用。例如：

```
printf("%c", 65);
printf("%d", 'A');
```

这两个语句分别将整数用作字符和将字符用作整数，显示结果为 A 和 65。

字符常量的表现形式包括以下几种。

（1）'字符'形式

这是前文提到的表示方式。一般用于表示可直接从键盘输入的字符，如'd'、'|'、'%'和'7'等。这是最常见的表示方式，一目了然。

（2）转义字符

一些字符通常起控制作用，其值较小，处于 ASCII 码表的前部，一般不能直接从键盘输入。此时，要采用'\字符'方式来表示，并称其为"转义字符"，如'\n'、'\t'等。主要的转义字符见表 2.2。

表 2.2　转义字符

字符书写形式	ASCII 码值	功　　能
\a	7	响铃
\b	8	光标退格，即左移一字符位
\f	12	走纸换页
\n	10	光标换行，即光标移到下行首位置
\r	13	回车符
\t	9	制表符，使光标向右跳格
\v	11	使光标垂直移到下行
\\	22	反斜线字符
\'	39	单引号字符
\"	34	双引号字符

例如，'\n'是一个较常用的字符，表示光标换行。如果需要将一个数据放在下一行的开头显示，可以采用如下方式：

```
printf("\nHello!");
```

此语句的功能是在屏幕光标所在行（当前行）的下一行开头显示字符串"Hello!"。由于'\n'中的 n 已经不再表示字符 n，故称为转义字符。

★提示

部分转义字符如'\v'、'\f'等在微机上已不起控制作用，很少使用。字符'\r'与'\n'是不同的字符，后者才能起到控制光标移到下行开头的作用。

表 2.2 中的最后 3 个字符是因为字符"\"、"'"和"""分别被用于转义标志、字符限界符以及字符串限界符，为了防止混淆，要采用转义方式。例如，若要输出字符"\"，不能使用下面的形式：

```
printf("%c", '\');
```

正确的写法是：

```
printf("%c", "\\");
```

（3）十六进制 ASCII 码表示的转义字符

可以将一个字符的 ASCII 码值转换成两位以内的十六进制形式，并冠以"\x"（注意 x 小写）及限界的单引号来表示此字符。例如，字符 A 的 ASCII 码值是 65，转换到十六进制后为 41，故字符常量'A'也可以表示为'\x41'。字符常量'\n'的 ASCII 码为 10，可表示成'\x0a'。此类形式在表示处于 ASCII 码表的后半页的扩展字符时比较方便。例如，字符常量'β'的 ASCII 码值为 225，故可以表示为'\xe1'。

当数值的位数不足时前面可补 0，也可不补。例如，常量'\x0a'与'\xa'含义相同。

（4）八进制 ASCII 码表示的转义字符

类似地，可以使用以 "\" 符号开头的不超过 3 位的八进制 ASCII 码值表示一个字符。在少于 3 位时，前面可以补 0，也可以不补。例如，字符'!'的 ASCII 码值为 33，可用'\41'或'\041'来表示此字符。

> **提示**
>
> 　由于 ASCII 码只有 256 个，其值为 0～255，用十六进制表示为 00～FF，用八进制表示为 000～777。因此，2 位十六进制数或 3 位八进制数可以完全表示这 256 个字符。

利用上述两种方法可以表示 ASCII 码表中的所有字符，但应注意不能直接采用十进制整数构成转义字符。

> **提示**
>
> 　用单引号和 ASCII 码表示字符时，十进制是无效的。例如，'\81'属于错误的写法，而'\41'被自动视为八进制整数，其十进制值为 33。

上述讨论说明了字符型常量的基本表示形式。当然，在书写单个字符时，还可以直接用整数（ASCII 码）来表示一个字符。

2. 字符串常量

很多场合需要将多个字符作为一个整体使用。为此，要将字符序列用双引号限界，进而形成一个整体并称为 "字符串常量"。例如，"Hello Tom!"是一个字符串常量。此时，双引号中的所有内容都是该字符串的一部分，也包括转义字符。例如，"\nInput　data:"、"One\tTwo"都是正确的字符串，系统可以正确地解释包含于字符串中的转义字符。例如，考虑下述语句：

```
printf("One\tTwo\nThree");
```

此语句会产生如下的输出结果：

```
One□□□□□Two
Three
```

其中，单词 One 和 Two 之间有一个制表符，由字符'\n'控制光标定位到下一行的开头，再显示 Three。制表符'\t'是一个特殊的字符，用于控制光标定位到下一个制表站，且两个制表站之间一般相隔 8 个字符位。

字符串所占用的存储空间大小与其长度有关，字节数等于它所包含的字符个数加 1。存储时，对应于每个字符的字节中存放该字符的 ASCII 码值，而多余的一个字节中存放一个特殊字符'\0'。例如，字符串"ONE\tTWO"的存储情况如下：

O	N	E	\t	T	W	O	'\0'
79	78	69	9	84	87	79	0

字符常量'\0'是 ASCII 码表中的第一个字符，其 ASCII 码值为 0，称为 "空字符"。事实上，从字符串的存储可以发现，C 语言不存储字符串的长度。在操作一个字符串时，要从头处理每一个字符，直到遇到字符'\0'为止。因此，字符'\0'是字符串的结束标志，一般称为 "字符串结束符"。

应该注意字符常量与字符串常量的区别。例如，'A'是一字符常量，而"A"是一字符串常量，它们的存储形式分别为：

'A':　| 65 |　　　　　"A":　| 65 | 0 |

程序设计中允许使用一个特殊的字符串""，它由连续的两个双引号组成，称为"空字符串"。虽然空字符串不包含任何有用的字符，但占用一个字节，保存字符串结束符'\0'。

字符串也可以简称为"串"。

★ **提示**

> 我国的汉字（中文字符）也有标准字符集，称为 GB2312，属于大字符集，因为汉字个数多。其中，每个字符采用 16 位编码，不能直接用字符型的量来表示，但可以表示成字符串，如"汉"。

例 2.1 说明下述常量中的哪一个是不合法的。

(a) '\2'　　　　　(b) ""　　　　　(c) ''　　　　　(d) "\483"

显然，(b)和(d)是字符串常量，(a)和(c)是字符常量。选项(a)是一个普通的八进制转义字符，ASCII 码值是 2。(b)是空字符串。选项(d)中的字符串"\483"是值得注意的，初看起来它是一个八进制转义序列，但因为字符 8 超出了八进制范围，系统自动将其识别为由 3 个字符'\4'、'8'和'3'组成的字符串，在输出时显示为"◆83"。

选项(c)仅由 2 个连续的单引号组成，是错误的字符常量。

★ **提示**

> 对常量"\483"的判断体现了 C 语言中的字串处理方法，即由左到右将尽可能多的字符理解成一个有意义的项。
>
> 在转义字符中使用了超出进制范围的数码是错误的，如'\483'。

2.3.4　浮点型常量

这说明数据是以浮点方式存储的，也称为实型常量。一个浮点型常量由整数、小数和指数 3 部分组成，整数和小数以小数点分隔，指数部分用 e 或 E 表示，表现形式为

```
±a.bE±n
```

其中的 a、b 和 En 分别对应着整数、小数和指数部分，且 a.b 和 n 一般被称为尾数和指数（阶码）。例如，3.0、2、+32.1、5E-6 和-256.34E+4 都是正确的浮点型常量。E 代表 10，故 2.5E2 的值为 $2.5 \times 10^2 = 250.0$。

在写法上，对浮点数常量具有如下要求：

① 三部分中至多可以省略两部分，但整数和小数部分不能同时省略，如 E3 是错误的常数；

② 含有小数点时，小数点左右至少一边有数字；

③ 可以没有指数部分，但含有指数部分时，E 的左右两边都要有数字，如 2E、E4 是错误的常数；

④ 指数部分右边必须是整数，可以有符号。如 2.3E0.5 是错误的常数。

有时，我们也将浮点型常数解释为两种表现形式，即无指数部分的十进制浮点数和指数形式的浮点数，如 2.5 和 2.5E2。

浮点常量是"双精度（double）"类型的常数，占 8 字节的存储空间，正数取值范围为 $2.2 \times 10^{-308} \sim 1.8 \times 10^{308}$，负数为 $-1.8 \times 10^{308} \sim -4.9 \times 10^{-324}$。

可以在浮点数之后加后缀 F 或 f 表示单精度（float）类型的浮点数，如 2.3F，此类数据可表示的精度和数据范围较小。还可以加后缀 L 表示 long double 类型浮点数，占 10B 存储空间，如 234.568L。多数情况下都使用无后缀的普通浮点数，即双精度类型的常量。

应注意实数的取值范围和存取精度是不同的含义，通常，精度是指有效数字的位数。一般实型常量有 17 位有效数字，超过 17 位的部分是随机值。此外，小数部分将按四舍五入保留 6 位数字。

★提示

浮点数是指小数点的位置浮动，不固定。浮点数的存储方法是：将数表示成 $a×10^n$ 的形式，再将存储空间按约定好的位数分成两部分，第一部分存储 a，第二部分存储 n，并称 a 为其"尾数"，n 为其"阶码"。因此，不能直接由所有二进制位合成一个数。

浮点数的极限值已经在头文件 float.h 中定义为符号常量，如 FLT_MIN、FLT_MAX、DBL_MIN、DBL_MAX 和 DBL_EPSILON 等，可以直接采用这些符号表示最小值、最大值和微小误差。

2.4 变　　量

在程序运行时，值可以改变的数据称为"变量"。所有变量必须先定义而后使用。一个变量定义隐含两方面内容：首先，在内存中申请一块存储区，以存储此对象的值；其次，可以用变量名表示存储在此内存区中的值。简言之，变量定义就是申请一块内存并用一个名字来标识它。

2.4.1 变量定义与初始化

1．定义变量

定义变量的一般格式为：

　　数据类型　变量名；

其中，数据类型可以是 int、float 及 char 等任何一种内置类型或构造类型，它决定了该变量所占用的内存字节数以及存储方式。变量名是一个自定义标识符。例如，以下是一个整型变量 flag 的定义：

```
int  flag;
```

注意定义之后必须附以分号，以使其构成一个语句，称为"变量定义语句"。

数据类型相同的变量可以定义在一个语句中。例如，下述语句共定义了 3 个 char 类型的变量 x、y 和 z：

```
char x, y, z;              /* 不可取的定义方式 */
```

定义中的变量名之间必须用逗号分隔。

★工程

不要将几个变量放在一个语句中定义，这会影响对变量的注释说明。每行单独定义一个变量。

2．定义的位置

尽管程序是由语句构成的，但各种语句的性质并不相同。通常，用于对变量和函数等进行定义或说明的语句可视为一类，以区别于其他执行某种操作或运算的语句，后者称为"可执行语句"。

C 语言要求将定义和说明语句置于函数体的前部位置，在任何可执行语句之前，否则将被视为错误。

3．变量的未初始化问题

C 语言并不自动为程序中定义的变量赋初始值。因此，变量定义后的值是未知的，不确定的，直到后续的代码将一个固定值存入其中。例如，下述程序定义了一个整型变量并显示它的值：

```
#include <stdio.h>
void  main( )
{
   int  x;
   printf("%d", x);                       /* x 的值不确定 */
}
```

此程序在编译时将会引起类似如下的警告类型错误信息：

```
local variable 'x' used without having been initialized
或 Possible use of 'x' before definition in function main
```

> **提示**
>
> 　　你可能凭感觉认为变量定义后如果未填入值就应该是 0，绝非如此。由于内存总是"不干净的"，而系统并不清理。因此，为变量所分配的内存中的值是凭运气的，有人称其为"随机的"。这是一种"未初始化的变量"，尽管表面上系统只对此情况予以警告，但实属严重错误之一。

这说明应该先给 x 赋值，然后再引用它。

4．变量初始化

防止未初始化变量的有效手段是进行定义时的初始化，这是指在变量定义时就为其指定一个值，通常称为初始值。这被称为变量的"定义初始化"，格式如下：

数据类型　变量名 1=值 1，变量名 2=值 2，…，变量 n=值 n；

例如，可以这样定义变量：

```
int  x =20, y, z = 15, t = x+2;         /* 定义整型变量 */
```

在定义中，变量 x 和 z 分别被初始化为 20 和 15，而变量 y 未初始化，值是不确定的。变量 t 的初始值为 x+2，即 22。

又如，

```
double  eps = 1.0E-6;                   /* 定义一个浮点型变量 */
char  delimiter = ',';                   /* 定义一个字符型变量 */
```

将每个变量用一个反映其意义的名字单独定义，并为其提供一个有效的初始值是程序设计时的正确选择。

> **工程**
>
> 　　不要希望在变量定义时能用一个值和连续的等号为几个变量赋值，如：
> ```
>     char  x = y = z = '3';
> ```
> 这种写法将引起变量 y 和 z 没有定义的错误，必须对每个变量单独初始化。

一个变量在得到值后就一直维持着该值不变，直到采用某种方式重新修改它，如赋值和参数传递等。

> **工程**
>
> 　　为了避免未初始化变量的错误，定义变量时应为其提供有意义的初始值。即便不能完全确定，也要尽量清理其内存，如：
> ```
>     int  x = 0;
>     char  *p = NULL;       /*这是防止出现"空（悬）指针"的有效措施*/
> ```

2.4.2　整型变量

有 5 个与整型变量描述相关的关键字，包括 int、signed、unsigned、short 和 long。其中 int 是最基本的整数类型，其余的关键字用于对基本整型进行修正，构成一种特殊的整型，如 unsigned int、short int 等。此时，关键字 int 可以省略，故以上 5 种关键字都可以单独表示一类整数类型，即 unsigned int 和 unsigned 这样的用法是等价的。

表 2.3 列出了主要的整型变量的取值范围和占用字节数。由于 C 语言标准并未限定整型量的具体长度，故不同版本中实际使用的字节数可能会有差异，而在 C++ 环境中的 int 类型占用 4 字节而不是 2 字节的存储空间。

表 2.3　整型变量的存储与取值

整数类型	字节数	取值范围
int	2	$-32768 \sim 32767$，即 $-2^{15} \sim 2^{15}-1$
short	2	$-32768 \sim 32767$，即 $-2^{15} \sim 2^{15}-1$
long	4	$-2147483648 \sim 2147483647$，即 $-2^{31} \sim 2^{31}-1$
signed	2	$-32768 \sim 32767$，即 $-2^{15} \sim 2^{15}-1$
unsigned	2	$0 \sim 65535$，即 $0 \sim 2^{16}-1$
unsigned short	2	$0 \sim 65535$，即 $0 \sim 2^{16}-1$
unsigned long	4	$0 \sim 4294967295$，即 $0 \sim 2^{32}-1$

（1）int 类型

下述语句定义了一个普通整型变量 x：

```
int x;
```

这是最常见的整型变量定义形式。变量 x 占 2 字节存储，最高位为符号位，故 x 是有符号整型变量。

（2）signed 类型

signed 的含义是有符号的。下述语句定义了一个有符号的整型变量 x：

```
signed x;
```

这样的定义与（1）中的定义作用完全相同。

（3）unsigned 类型

unsigned 的含义为无符号的。下述语句定义了一个无符号的整型变量 x：

```
unsigned x;
```

无符号整型变量 x 仍占 2 字节存储，但无符号位，最高位也是数据的一部分。

实际上，有无符号仅是对数据做不同的解释。例如，假定内存中存储的数据（二进制形式）如下：

最高位 | 1 | 0 | 0 | 0 | 0 | 0 | 1 | 1 | 0 | 1 | 0 | 0 | 0 | 0 | 1 | 1 |

将此二进制串解释成有符号数与无符号数时得到的值不同。若将此数作为有符号整数看待，表示 -31933，而作为无符号数据时值为 33603。

（4）short 类型

short 的含义为短的。下述语句定义了一个短整型变量 x：

```
short x;
```

这样的定义与（1）中的定义作用完全相同。

（5）long 类型

long 的含义为长的。下述语句定义了一个长整型变量 x：

```
long  x;
```

长整型变量 x 占 4 字节存储，为有符号量。如果一个整数超出了–32768～32767 的范围，应使用长整型变量存储。

除了上述类型之外，只要将表示符号的关键字和表示长度的关键字组合起来，就形成了一种整数类型，如 unsigned long 为无符号长整型，signed short 为有符号短整型等。这里，关键字的前后次序无关紧要。

2.4.3　字符型变量

字符型变量包括 char、signed char 和 unsigned char 三种。char 是最基本的字符类型，signed 和 unsigned 用作对字符类型的有无符号修饰。字符型的变量总是占用 1 字节的存储空间。

（1）char 类型

下述语句定义了一个普通的字符型变量 ch：

```
char  ch;
```

这是一种有符号的字符变量，若将其视为整数，此类变量的取值范围为–128～127。

（2）signed char 类型

此类型与 char 类型完全相同，也为有符号字符型，故通常不用，定义方式为：

```
signed char  ch;
```

（3）unsigned char 类型

下述语句定义了一个无符号的字符型变量 ch：

```
unsigned char  ch;
```

因为最高位是数值的一部分，故无符号字符型变量的取值范围为 0～255。

从常识来看，unsigned char 类型与人们习惯意义上的字符型更为吻合，因为字符数据含有负值不易理解。实际上，字符型数据在内存中的存储值是其对应的 ASCII 码，也是一个整数。若将最高位用作符号位，并将此字符数据作为 int 类型使用，自然就可能得到负的整数。例如，考虑如下的程序：

```
#include <stdio.h>
void  main( )
{
    char  ch = '\376';       /* 八进制表示的转义字符，ASCII 码值为 254 */
    printf("%c", ch);
    printf("%d", ch);
}
```

程序运行时会产生两个输出，第一个将 ch 作为字符输出，显示为"■"（也可能显示成？）。但第二个输出语句将 ch 当作有符号整数，输出结果为–2。变量 ch 在内存中的存储情况为：

最高位	1	1	1	1	1	1	1	0

因为最高位为 1，故被解释为负数，此值应为原数的补码，将其减 1 后取反就得到了原来的值，为–2。初学者可不必深究这些细节。

✖**提示**

整数和字符这样的定点数在内存中以"补码"形式存储。一个数的二进制表示称为该数的"原码"，正数的补码等于原码，而负数的补码等于其原码的每个位（符号位除外）取反后加 1。

例如，一个字节的正整数 21 和负整数–45 的原码分别为 00010101 和 10101101，因此，21 的补码仍是 00010101，而–45 的补码的计算过程为：

对后 7 位取反→11010010；加 1→11010011。

由此可知，21 和–45 在内存中存储的值为 00010101 和 11010011。

已知一个数在内存中的值时，如果为正，本身就是原码；如果为负，则应将其取反加 1 或者减 1 取反就得到了原码。例如，若一个数在内存中的值为 11101100，不带符号位取反后为 10010011，加 1 后为 10010100，故该数为–20。

2.4.4　浮点型变量

浮点型变量包括 float、double 和 long double 三种，也称为实型变量。

（1）float 类型

此为单精度浮点类型，变量定义形式如：

```
float x;
```

变量 x 占用 4 字节的存储空间，取值范围为 $1.2 \times 10^{-38} \sim 3.4 \times 10^{38}$（负值尾数略有差异）。单精度的浮点数据只有 7 位有效数字。例如，下述代码的显示结果为 1.234568 和 123456792.000000。

```
float x = 1.23456789;
float y = 123456789.12345678;
printf("%f", x);
printf("%f", y);
```

从输出结果中可以看出，整数部分多余位的值是随机的，小数部分按四舍五入方式保留至多 6 位有效数字。

（2）double 类型

此为双精度浮点类型，变量定义形式如：

```
double x;
```

双精度的变量占用 8 字节存储，取值范围和精度与普通实型常量一致，可提供 17 位有效数字，小数部分按四舍五入方式保留至多 6 位有效数字。

long double 称为长双精度型或长浮点型，一般只在数值范围很大或要求精度很高时使用。

✖**工程**

优先使用 double 类型而非其他浮点类型，优先使用 int、char 而非无符号数据，尽量避免无符号运算。

2.5　算术运算与赋值运算

运算是对数据进行加工处理以得到结果的过程，每种运算都应有相应的运算符或转换为其他运算。本节将浏览 C 语言的各种运算，并主要说明与算术和赋值有关的运算。

2.5.1　运算符和表达式

1. 运算符

C语言提供了十分丰富的运算符，按功能可分为13类，参见表2.4。

表2.4　C语言的运算符

运算符类别	运算符	运算符类别	运算符
算术运算符	+ - * / % ++ --	逗号运算符	,
关系运算符	> < >= <= == !=	条件运算符	? :
逻辑运算符	! && ||	指针运算符	* &
赋值运算符	= 自反赋值运算符	下标运算符	[ ]
位运算符	~ & | ^ << >>	成员运算符	. ->
强制类型转换运算符	(类型)	函数调用运算符	( )
求字节数运算符	sizeof		

在理解一个运算符时，不仅要了解其基本含义和功能，还要注意以下几方面的问题：

（1）运算符的目数

每种运算符都要求有固定个数的操作数，操作数的个数称为运算符的"元"或"目"。例如，加法运算符"+"需要两个操作数，故称其为二元运算符或双目运算符。

（2）运算符的优先级

在有多个运算符参与运算时，要按优先次序进行运算。例如，对于熟知的混合算术运算：

```
x+5*y-6-z
```

它等价于 x+(5*y)-6-z 而不是(x+5)*y-6-z，这是因为*运算优先于+运算。总体上说，所有单目运算符的优先级高于多目运算符，目数相同的运算符的优先次序可参考附录B。

在一个复杂的表达式中，如果需要调整运算的计算次序，可以使用圆括号表示。

（3）运算符的结合次序

前述的表达式 x+5*y-6-z 等价于(x+5*y-6)-z 而不是x+5*y-(6-z)，这是因为双目算术运算的结合次序是从左到右的。除了运算()、[]、.和->之外的单目运算都是从右至左结合的。在双目运算中，除了赋值运算外，所有的运算都是从左至右结合的。

2. 表达式

由运算符、常量和变量组成的有意义的式子称为"表达式"。为了写出正确的表达式，必须注意每个运算符的目数和操作数的类型。例如，10、x、2*3、a+b*c/2.0 和x=y=3 都是正确的表达式，而*5是错误的表达式。如果表达式中含有变量，则必须保证在参与运算之前已被正确赋值。

凡是正确的表达式都应表示（或能计算出）一个值，进而可以将它们再组合到其他运算中，形成更复杂的表达式。

总体上说，表达式的值与采用的运算、操作数的数据类型及值有关。

★工程

尽量不要使用过于复杂的表达式，在对运算符的优先级别有疑问时利用圆括号来限制。

2.5.2　算术运算

1．单目算术运算

+和–可作为单目算术运算符，只有一个操作数，含义分别为"取正"和"取负"。例如，表达式 –(–10)的值为 10，表达式+(–5)的值为–5。这里的+运算并没有什么实际用处。

2．双目算术运算

共有 5 种基本的双目算术运算+、–、*、/和%，分别对应加法、减法、乘法、除法和取余运算。

双目算术运算的结合性由左至右，优先次序为"先乘除，后加减"，其中的/和%都是除法，即*、/、%三者的优先级别相同。

算术运算比较简单，但应注意/和%运算与数学中的含义不同。

（1）/运算符

此为除法运算符，当两个操作数中至少有一个为浮点数时，/代表数学意义上的除法，而操作数都是定点数时表示取两数相除的整数部分（商），即表示整除运算。例如，表达式 3.0/2.0、3.0/2、3/2.0 的值是 1.5，但表达式 3/2 的值为 1，后者为两数相除后的商。因为字符型数据以定点方式存储 ASCII 码值，所以表达式'A'/'0'的值是 1，相当于 65/48。

（2）%运算符

此为求余（取模）运算符，功能是取两数相除的余数，符号与被除数符号相同。例如，表达式 7%2、1%3、3%1、–5%3 和 5%(–3)的值分别为 1、1、–2 和 2。

> ★提示
> %运算的操作数必须是定点数，包括整型、字符型和枚举类型，不能是浮点型或其他复杂类型的数据。因此，3.2%2.0 是错误的表达式。

> ★工程
> 在分子或分母中含有负数时，定点除法的舍入方向并不固定，取余运算也不会严格遵循数学上的余数定义，使用前应实际测试一下。

2.5.3　赋值运算

1．赋值运算符及其功能

赋值运算"="是双目运算，是修改变量值的主要手段。语法形式为：

变量名 = 表达式

此为"赋值表达式"，功能是将赋值号右面的表达式值赋给左边的变量。这里的"="表示"赋予"而不是"相等"。在对变量赋值时，通常要在赋值表达式后附加分号使其构成语句，称为"赋值语句"。例如：

```
int  x;
x = 5;
printf("%d", x);
x = x+15;
printf("%d", x);
```

上述代码定义了未初始化的整型变量 x，随后用赋值语句将 5 赋值给 x。输出语句显示的值为 5。新的赋值语句将 x 的当前值 5 加上 15 再赋给 x，使 x 的值变成 20，故最后的输出为 20。

> **提示**
>
> 赋值不同于定义初始化，定义初始化是指创建一个变量并赋以初值，赋值则是清除变量的当前值并用一个新值代替。

2．自反的赋值运算符

在数学上，表达式 x = x + 1 没有意义，但在程序设计语言中是正确的，也很常见。为此，C 语言采用了一种更为简单的方法来描述此类运算，如：

```
x += 1
```

这相当于用一个运算"+="代替了原来的"+"和"="两个运算，其作用是将 x 加上 1 再赋给 x 本身，故称"+="为自反的加法运算符。

赋值运算符主要可以和双目的算数运算及位运算结合在一起，构成复合的赋值运算，一般称为"自反赋值运算"，包括-=、*=、/=、%=、>>=、<<=、&=、^=及|=。若用@表示其中的一种双目运算符，则自反运算符可写成"@="（注意两个符号中间不能有空格），其作用也是为一个变量赋值，语法形式为：

```
变量名  @=  表达式
```

这种自反类赋值表达式等价于如下的赋值表达式：

```
变量名  =  变量名  @  表达式
```

例如，表达式 x += 10 与 x = x + 10 有着完全相同的含义，仅是写法不同。

除了书写简单的好处之外，使用自反类赋值运算也会给系统将源程序编译成目标程序带来方便。

> **提示**
>
> +=、-=、*=、%=等自反运算符是一个运算符，两个符号之间不能加空格。

3．赋值表达式及其值

由于赋值是一种运算，因此，赋值表达式不仅可以构成赋值语句，也可以像使用其他数值一样使用赋值表达式的值。在考虑赋值表达式的值时，"="与"@="可同等对待。

在 C 语言中规定，赋值类表达式的值等于经过赋值后变量所得到的新值。例如，表达式 x = 100 的值为 100，而如果变量 x 的当前值为 100，则表达式 x += 15 的值为 115，因为变量 x 被赋值后的新值是 115。

例 2.2　解释下述程序中各种赋值运算的作用并说明程序的输出结果。

```c
#include <stdio.h>
void main( )
{
    int  x1, x2;
    x1 = (x2 = 10);
    printf("%d", x1);              /*① 显示10 */
    x2 += 10;
    printf("%d", x2);              /*② 显示20 */
    x1 = (x2 = 3)+2;
```

```
        printf("%d, %d", x1, x2);          /*③ 显示 x1 为 5，x2 为 3 */
        x1 += (x1 -= x1 * x1);
        printf("%d", x1);                  /*④ 显示-40 */
        x1 += (x1 -= (x1 += 2));
        printf("%d",x1);                   /*⑤ 显示 0 */
    }
```

程序运行后显示的结果由注释给出，以下对各标号之前的赋值运算略做说明。

① 将 10 赋给 x2，使 x2 的值为 10；赋值表达式 x2=10 的值为 x2 的值，即 10；将赋值表达式 x2=10 的值赋给 x1，从而变量 x1 的值也为 10。

② 此语句等价于 x2 = x2+10，故 x2 = 10+10 = 20。

③ 赋值运算 x2 = 3 使 x2 为 3；将赋值表达式 x2 = 3 的值 3 加上 2 赋给 x1，故 x1 的值为 5。

④ x1 的当前值为 5，x1*x1 的值为 25，故原赋值运算等价于 x1 += (x1 -= 25)。先进行 x -= 25 的运算，使 x1 的值为 5-25 = -20，注意表达式 x1 -= 25 的值也为-20。随后的运算相当于 x1 += -20，即 x1 = x1 + (-20) = -20 + (-20) = -40。

⑤ x1 的当前值为-40。先求表达式 x1 += 2，使 x1 的值为-38，且此表达式的值也为-38。再求表达式 x1 -= -38，等同于 x1 = -38 - (-38) = 0，此表达式值也为 0。最后的运算相当于 x1 = 0 + 0，故 x1 的值为 0。

通常，使用赋值运算的目的只是为了将一个表达式的值存入一个变量的内存单元中，以使该变量有值或者使其原值得到改变，此时，不必关心赋值表达式的值。但如果再将此赋值表达式参与其他运算，就需要注意赋值表达式的值。

4. 优先级和结合次序

赋值运算的优先级别很低，仅比逗号运算符高，结合次序由右至左（注意这与绝大多数双目运算不同）。因此，例 2.2 中的赋值表达式中的括号多数是不必要的。例如，表达式 x1 = (x2 = 10)可写成 x1 = x2 = 10，而 x1 += (x1 -= (x1 += 2))也可写成 x1 += x1 -= x1 += 2。不过，表达式 x1 = (x2 = 3)+2 中的括号不能省略。

例 2.3 阅读程序，说明其运行时的输出结果。

```
    #include <stdio.h>
    void main( )
    {
        int  a = 2;
        a %= 4-1;
        printf("%d ", a);                  /* 显示变量 a 的值 */
        a += a *= a -= a *= 3;
        printf("%d", a);                   /* 显示变量 a 的值 */
    }
```

因为%=运算的优先级别低于-运算，a%=4-1 等价于 a %= 3，又等价于 a = a%3，故 a 的值为 2。

尽管表达式 a += a *= a -= a *= 3 的外表很复杂，但计算时只要注意到赋值类表达式的值和变量值随时被更新，就很容易计算出正确的结果。计算开始时，a=2。因为赋值类运算由右至左的结合性，计算表达式 a *= 3 使 a 的值为 6，此表达式的值也为 6。于是，表达式 a -= a *= 3 相当于 a -= 6，使得 a = a-6 = 6-6 = 0。至此，后面的表达式已不必再计算，最终 a=0。程序的输出结果为：

2␣␣0

⭐**工程**

从可读性和安全性角度考虑，应尽量避免复杂的连续赋值操作。如有必要，使用圆括号表示出其优先次序。

2.5.4　自加和自减运算

在程序设计中，使一个变量自身加1或减1是频繁使用的运算。典型地，循环语句常常通过每次使控制变量加1或减1达到控制循环次数的目的。为此，C语言引入了两个特殊的运算符来实现此操作，分别是++和--，称为"自加运算"和"自减运算"。

1．自加、自减运算的功能

自加运算符++的功能是使一个变量值增1，自减运算符的功能是使一个变量值减1。它们都是单目运算符，可以将++或--置于变量名之前或之后，形成四种表达式：

```
++变量名
变量名++
--变量名
变量名--
```

例如，表达式"x += 1"可以写成"x++"或"++x"，而表达式"x -= 1"可以写成"x--"或"--x"。无论使用表达式x++还是++x，都使变量x的值增1。无论使用表达式x--还是--x，都使变量x的值减1。使用自加或自减运算要比普通加法或减法运算的速度更快。

2．自加和自减表达式的值

以下仅以自加运算为例，说明表达式x++和++x的区别，表达式x--和--x类似。

表达式x++的值是变量x原来的值，即尚未增1的值，表达式++x恰好相反，其值为x增1之后的新值。这说明，尽管表达式x++和++x都使变量x的值增1，对变量x的影响相同，但在使用它们参与其他运算时，表达式的值并不相同。

一般称++x为"前置自加"，而称x++为"后置自加"。

⭐**提示**

前置自加++x常被称为"先自加，后取回（值）"，而后置自加x++被称为"先取回（值），后自加"。自减运算也是如此。这说明了前置表达式和后置表达式的差异。

例2.4　阅读程序，说明其输出结果。

```c
#include <stdio.h>
void main( )
{
  int x = 10, y, z;
  y = ++x;                          /* 等效于 x = x + 1; y = x; */
  z = x++;                          /* 等效于 z = x; x = x + 1; */
  printf("\n%d %d %d", x, y, z);    /* 显示变量x、y和z的值 */
}
```

变量x的值容易确定，表达式++x使x加1，值为11，随后的表达式x++也使x加1，故x的最终值为12。

对于变量 y，因为 x 的初始值为 10，表达式 ++x 的值等于 x 加 1 之后的值，故 y 为 11。

对于变量 z，执行运算 z = x++ 时，变量 x 的值为 11，而表达式 x++ 的值等于 x 加 1 之前的值，为 11，故 z 的值也为 11。程序的输出结果为：

```
12␣11␣11
```

一般可以认为语句"y=++x;"等效于连续执行如下两个语句：

```
x = x+1;
y = x;
```

语句"z=x++;"也等效于连续执行如下的语句：

```
z = x;
x = x+1;
```

应该说，自加和自减是两个比较特殊的运算，虽然形式上属于算术运算，但本质上是给变量赋值的运算，具有双重性。

> **提示**
> 能够代表内存单元并被赋值的表达式通常被称为"左值"，只有左值才能置于"="运算的左边，并进行自加、自减运算。C 语言中的左值只有变量和间接引用变量两种，普通表达式不能作为左值使用，类似 x+2=3、(x+y)++ 之类的表达式都是错误的运算形式。

3．避免复杂的表达式

在 C 语言中，大量的运算符给程序设计带来了方便。不过，使用简单的表达式始终是设计中应该遵循的原则，复杂的表达式容易产生歧义并给理解造成困难。此处以示例形式说明编译系统对复杂表达式的解释方法，其中变量 x 的初值为 1。

（1）表达式 ++x+x++

因为 ++ 运算优先于 + 运算，原表达式等同于 (++x)+(x++)。先计算表达式 ++x 的值，使 x 值为 2，表达式 ++x 的值也为 2。再计算表达式 x++ 的值，仍为 2，故原表达式的值为 4。

（2）表达式 (++x)+(++x)+(++x)

表达式的值既可能是 9（逐个计算每个小表达式），也可能是 12（预先一次性计算 x）。因此，这是必须避免的危险表达式。后置自加及自减运算的情况类似。

> **工程**
> 在一个表达式中，不要出现两次甚至更多次对同一个变量的修改（如自加或自减）操作。

（3）表达式 x+++y

在表达式拆分时，C 语言由左至右将尽可能多的连续字符组成一个有意义的项。因此，它等效于 (x++)+y 而不是 x+(++y)。不过，多数 C 语言编译器视其为错误的表达式。

2.6　关系运算和逻辑运算

2.6.1　逻辑值

在程序设计中经常要进行各种判定，如 x 是否大于 3、字符 y 是否为大写字母以及 a>1 和 b<2 是否同时成立等。此时，判定表达式的结果只有"真"或"假"两种情况，这就是逻辑值。

C 语言中没有逻辑类型，采用整数 1 和 0 表示一个判断表达式的逻辑结果。当一个表达式所描述的判定为真时，其值为 1；若判定为假，则表达式的值为 0。

例如，若 x=1，则表达式 x>1 为假，故值为 0，而表达式 x≥1 的值为 1。

尽管一个表达式的逻辑值只能是 1 或 0，但在进行逻辑判定，或者说将一个对象用作逻辑运算的操作数时，所有非 0 的值都表示逻辑真，只有 0 表示逻辑假。例如，常数 0.5 或'A'若用于逻辑操作都可代表逻辑真。

应该说明，尽管新的 C 语言标准中加入了逻辑类型 bool 和两个逻辑值 true 和 false，但部分 C 和 C++环境可能不支持此类型。

2.6.2　关系运算

高级语言中的关系运算就是指比较运算，目的是比较两个数值的大小。

1. 关系运算符

C 语言共提供了如表 2.5 所示的 6 种关系运算符。

表 2.5　关系运算符及含义

关系运算符	含义	优先级别	优先级差异
<	小于	相同	高
>	大于		
<=	小于或等于		
>=	大于或等于		
==	等于	相同	低
!=	不等于		

关系运算符都是双目运算，结合次序由左至右。其中，<、>、<=、>=的优先级别相同，==和!=的优先级别相同，且前 4 种运算符的优先级别高于后两种。此外，所有关系运算符的优先级别低于算术运算符。

例如，表达式 a>b<c 与(a>b)<c 等同，a==b>c 与 a==(b>c)等同，a<b!=b>=c 与(a<b)!=(b>=c)等同，a==b+c>d 与 a==((b+c)>d)等同。

2. 关系表达式

运用关系运算符所构成的表达式称为"关系表达式"。

对于两个量 a、b 及一种关系运算如==，我们能够肯定 a==b 是对（逻辑真）或错（逻辑假），对应着表达式的值为 1 和 0。因为一个关系表达式的值只能是 1 或 0，从值的意义上说，所有关系表达式都是整型表达式。

✦工程

小心对待 "=" 与 "=="，将 "==" 误写成 "=" 是最容易犯的常见错误之一。

例 2.5　阅读程序，说明其输出结果。

```
#include <stdio.h>
void main( )
{
  int  x = 1, y = 0, z;
```

```
    printf("%d", x == y);                /* 显示表达式 x == y 的值 */
    z = x-1 >= y == 0 < (y == 0)+1;
    printf("%d", z);                     /* 显示变量 z 的值 */
}
```

因为 x 和 y 分别为 1 和 0，表达式 x==y 的值为 0。根据运算的优先次序，表达式 z = x–1 >= y == 0 < (y == 0)+1 等同于 z = 1–1 >= 0 == 0 < (0==0)+1，即 z =((1–1) >= 0) == (0 < ((0 == 0) + 1))，知 z=1 == (0<2)=1，故输出的 z 值为 1。

> **⚒ 工程**
>
> 因为误差的存在，不要将浮点数用 "=" 或 "!=" 进行比较，代之以检查两个浮点数的差是否小于一个指定的微小值。例如，fabs(a-b)<1.0E-6，fabs 是 math.h 中定义的求绝对值函数。
>
> 因为 float.h 中已经定义了微小常量 FLT_EPSILON 和 DBL_EPSILON，可以将判断表示成 fabs(a-b)<FLT_EPSILON 或 fabs(a-b)<DBL_EPSILON。

2.6.3　逻辑运算

如何判别 a>1 和 b<2 是否同时成立呢？这需要使用逻辑运算。

1. 逻辑运算符

C 语言共有 3 种逻辑运算符，即!（逻辑非）、&&（逻辑与）和 ||（逻辑或）。其中，!是单目运算，&&和||是双目运算，且 3 种运算符的优先次序按!、&&、|| 的顺序递降。

单目运算符!的结合次序由右至左，而双目运算符&&和 || 的结合次序由左至右，且二者的优先次序低于关系运算符。

2. 逻辑表达式

逻辑运算符的操作数是逻辑量，且运算结果也是一个逻辑量，其运算规则如表 2.6 所示，其中的 x 和 y 表示操作数。

表 2.6　逻辑运算

x	y	!x	!y	x && y	x || y
真	真	假	假	真	真
真	假	假	真	假	真
假	真	真	假	假	真
假	假	真	真	假	假

为了记忆逻辑运算的规则，可以记住每种运算结果中的唯一特殊情况，即表达式 x && y 只在 x 和 y 都为真时结果为真，否则为假，而表达式 x || y 只在 x 和 y 都为假时结果为假，否则为真。

> **🖢 提示**
>
> 逻辑与&&常被称为逻辑乘法，逻辑或则被称为逻辑加法。因此，直接将操作数求积、求和，并将结果作为逻辑量看待（非 0 视为真，0 视为假）就是正确结果。

例如，表达式 1&&0 的值为 0，表达式!0 的值为 1，表达式 1&&!1||1 的值为 1，相当于(1&&0)||1。

值得注意的是，整型、浮点型、字符及枚举型的量均可参与逻辑运算，所有非 0 的值都表示逻辑真，只有 0 表示逻辑假。

例如，表达式-1 && 0.5 的值为 1，表达式'A' || '\0'的值为 1，表达式'X'-1 && 'Y'+1 的值为 1。字符型量参加逻辑运算时是以其 ASCII 码为值的，只有'\0'为逻辑假。

> ✦**提示**
>
> 在判断一个量 x 是否为 0 时，表达式 x == 0 与表达式!x 是逻辑等效的，而表达式 x != 0 与表达式 x 也是逻辑等效的。

应仔细辨别表达式的逻辑结果的真假表示与参与逻辑判定时的真假值之间的细微差异。此外，由于逻辑表达式的值仅为 0 或 1，故可视为整型表达式。

> ✦**工程**
>
> 不要将逻辑变量直接与 true、false 或 1、0 进行比较，因为在不同的环境或版本中描述逻辑真、假的具体值可能不同。

对于初学者，应注意数学上的表达式写法与程序设计中关系表达式的含义并不完全吻合。在数学上，常用 3≤x≤6 表示 x 处于区间[3, 6]之中，这是一种表示方法而不是判定方法，也不能直接用关系表达式来描述。实际上，关系表达式 3 <= x <= 6 的值不能说明 x 是否在[3, 6]区间里。这是因为原表达式等价于(3<=x)<=6，不论 x 的值是什么，表达式 3<=x 的值只能是 0 或 1，皆小于 6，故原表达式的值总是 1，是恒真的。

如果 x 确实属于[3, 6]区间，表达式 3≤x 和 x≤6 一定都为真。因此，程序中需要同时使用关系运算和逻辑运算进行判定，正确的表达为 3 <= x && x <= 6。

3. 强调效率的"短路"处理

为了能尽快计算出表达式的值，C 语言并不保证全部处理表达式中的所有项。具体地说，对于逻辑与运算表达式 e1&&e2，如果 e1 为 0，则 e1&&e2 必为 0，此时，表达式 e2 将不会被处理。

类似地，对于表达式 e1 || e2，如果表达式 e1 的值非 0（为真），则 e1 || e2 必为 1。此时，表达式 e2 也不会被计算。

这种处理方法被称为"短路"处理。

例 2.6　说明下述代码的输出结果。

```
int  x = 1, y = 1, z;
z = 1 || ++x && y--;
printf("%d, %d, %d", x, y, z);   /* 输出结果为1, 1, 1 */
```

代码输出结果为 1, 1, 1，其原因是，表达式 1 || ++x && y 等同于 1 || (++x && y)，不论 x 和 y 为何值，原表达式的值必然为 1。因此，表达式++x 和 y--并没有被计算。

例 2.7　根据如下定义，说明各表达式的值。

```
int  x;
int  a = 3, b = 4, c = 5;
(a)  !(a>b) && !c||1
(b)  !(x=a) && b>c && 0
(c)  !(a+b)+c-1 && b+c/2
```

表达式(a)等同于((!(a>b))&& !c)||1，相当于 m||1，不论 m 是何值，表达式皆为 1。

表达式(b)相当于 m&&0，故结果为 0。注意，x=a 为赋值表达式而非关系表达式，但对计算整个表达式的值无影响。

在(c)中，因为表达式!(a+b)+c-1 的值为!7+4=0+4=4，表达式 b+c/2=4+2=6，说明运算符&&的两个操作数都为真，故原表达式的值为 1。

例 2.8　给出描述下述判断的表达式。

① 判定变量 x 是否属于[2.5, 7]区间。

② 判定字符变量 cx 是否为小写字母。

如果变量 x 属于某区间，必须保证 x 不超过区间下限和上限同时成立。因此，①对应的表达式为：

```
x >= 2.5 && x <= 7
```

② 对应的表达式为：

```
cx >= 'a' && cx <= 'z'
```

为了能用此表达式来检测出小写字母，对 cx 为字符型变量的要求是重要的。

例 2.9　若(x, y)表示平面上某点的坐标，试设计一个表达式，使该点落在图 2.2 所示的阴影区内时值为真，否则为假。阴影区包括边界，其中内圆半径为 1。

容易理解，若点(x,y)落在阴影区内，必须同时满足两个条件：

① 落在正方形内；

② 落在内圆之外。

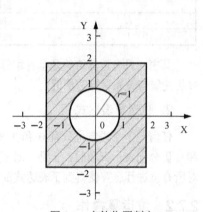

条件①相当于同时满足 4 个条件：$x \geq -2$、$x \leq 2$、$y \geq -2$ 和 $y \leq 2$；条件②相当于要求点(x, y)与点(0,0)的距离不小于 1，即 $x^2 + y^2 \geq 1$。当以上 5 个表达式皆为真时，点(x,y)落在阴影区内，否则落在阴影区外，故可以设计出如下的表达式：

图 2.2　点的位置判定

```
x>=-2 && x<=2 && y>=-2 && y<=2 && x*x+y*y >= 1
```

⭐**工程**
即使半径 r 不等于 1，使用表达式 $x^2 + y^2 \geq r^2$ 进行判别也比表达式 $\sqrt{x^2 + y^2} \geq r$ 要好，因为前者不用开平方。

例 2.10　说明下述程序的输出结果。

```c
#include <stdio.h>
void main( )
{
    int a = -1, b = 4, k;
    k = (a++ <= 0) && (!(b-- <= 0));
    printf("%d,%d,%d", k, a, b);          /* 显示变量 k、a 和 b 的值 */
}
```

因为 a++和 b--分别使 a 加 1，b 减 1，使得变量 a 和 b 的值分别是 0 和 3。又因为表达式 a++和 b--的值分别为-1 和 4。因此，表达式 a++<=0 的值为 1，表达式 b--<=0 的值为 0，表达式的值!(b--<=0) 为 1。于是，k 为 1。程序的输出结果为"1,0,3"。

2.7 位 运 算

位运算是指对数据按二进制位进行运算，是定点数据的专有运算，不能将实型及其他复杂类型的数据直接进行位运算。利用位运算可以实现其他运算难以实现的操作，并且具有很快的执行速度。

2.7.1 位运算符及表达式

1．位运算符

共有表2.7所示的6种位运算符。

表2.7　位运算符及含义

位运算符	含义	位运算符	含义
～	按位取反	∧	按位异或
&	按位与	<<	按位左移
|	按位或	>>	按位右移

其中，只有运算符～是单目运算，其余为双目运算。这些双目运算符的结合次序由左至右，其运算优先级与关系运算符接近。

2．位运算表达式

任何一个二进制位只有0和1两种可能的值，因此，按位运算时的每一位值皆可视为逻辑值，1和0仍分别表示真和假。于是，对于每个位，位运算的规则与同种逻辑运算的运算规则完全一致，而对所有位进行运算就得到了表达式的值。

2.7.2 位运算操作

1．按位取反运算～

～运算的作用是将一个数据按位取反，用逻辑运算的观点看是按位做逻辑非运算，即将值由1变成0，由0变成1。例如，定义如下变量，则表达式～x的值为235，即字符δ：

```
unsigned char x = 20;
```

具体运算参见图2.3。

若将～x视为有符号数，其值为–21。

图2.3　按位取反

2．按位与运算&

&运算相当于对两个操作数按位做逻辑与运算，当两个对应的位都为1时运算结果为1，否则为0。例如，定义如下变量：

```
int a = 30, b = 165;
```

则表达式a&b的值为4，运算过程见图2.4。

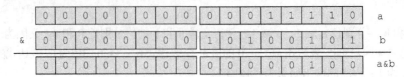

图2.4　按位与

&运算的一种较常见的用法是将一个数中的某些位清 0，即屏蔽掉一些位。例如，定义如下变量：

```
unsigned int  a = 793;
```

若希望仅得到 a 的低字节的值，可以使 a 与 0x00ff 做按位与运算，得到的表达式 a&0x00ff 的值为 25，此即 a 的低字节值。运算过程见图 2.5。

图 2.5　掩码与置位

这里的 0x00ff 是以十六进制表示的整数，视需要而定，称为"掩码"。掩码的作用是屏蔽 a 中的某些位。利用十六进制或八进制表示掩码通常比十进制更简便易读。例如，若要测试 a 的最低位是否为 0，使用掩码 0x0001 计算出表达式 a&0x0001 的值即可。

★工程

   采用&运算和掩码可以使一个数的某些位被屏蔽，也就是使这些位被清 0。例如，考虑用 1 个字符的 8 位记录 8 个开关的状态，构造一个掩码并使其与该字符做按位与运算，就可以一次控制几个开关同时断开。

3. 按位或运算 |

|运算相当于对两个操作数按位做逻辑或运算，当两个对应的位都为 0 时运算结果为 0，否则为 1。例如，定义如下变量：

```
int  a = 41, b = 117;
```

则表达式 a|b 的值为 125，运算过程见图 2.6。

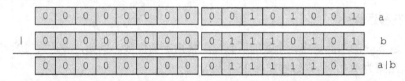

图 2.6　按位或

与&运算恰好相反，使用|运算可以将一个数中的某些位置 1。例如，定义如下变量：

```
unsigned int  a = 256;
```

若希望使 a 的低字节全部变为 1，其他字节的值不变，可以使用下面的运算：

```
a = a | 0xff;
```

其结果使 a 的值为 511。

这里的 0x00ff 也是一个掩码，作用是使某些位为 1，或称为将这些位置位。

4. 按位异或运算 ^

异或代表的是"排斥或"、"互斥或"，也称为 XOR，作用是对两个操作数进行按位取异或运算。运算规则是在两位相同时结果为 0，不同时为 1，即：

$$1\text{^}1=0,\ 0\text{^}0=0,\ 1\text{^}0=1,\ 0\text{^}1=1$$

例如，表达式 57^42 的值为 19，具体运算过程见图 2.7。

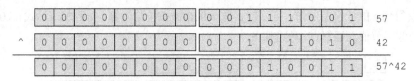

图 2.7　按位异或

根据运算规则可知，对任意的定点数 a，有：

$$a\text{^}0=a,\ a\text{^}a=0$$

利用异或运算可以使一个数的某些位 "翻转"，即 0 和 1 互换。例如，对于字符型数据 x=25，欲使其低 4 位翻转，可进行如下的运算：

```
x = x ^ 0x0f;
```

在运算结果中，高 4 位是 x 的高 4 位，低 4 位是 x 的低 4 位翻转后的值。运算过程如图 2.8 所示。

异或是一种十分有用的运算，因为将一个数同另一数两次异或后值不变，即两次翻转后恢复原值：a^b^b= a^(b^b)=a^0=a。

图 2.8　位翻转

★ **工程**

屏幕上的动画是通过反复画、擦实现的，异或操作是一种实现快速擦除的常用技术。因为颜色是用整数表示的，假定屏幕上某点的颜色值为 b（背景色），对于画操作，可以用选定的颜色值 f（前景色）与背景色 b 进行异或运算得到颜色 f^b，使图形显示出来。若要擦除，可用颜色 f 与已显示的颜色 f^b 再做异或。因为 f^(f^b)=(f^f)^b=0^b=b，从而就恢复了背景色 b，使图形被擦除。

5. 按位左移运算<<

按位左移运算<<的功能是将一个数的所有位左移指定的位数。例如，表达式 20<<3 的含义是将 20 左移 3 位，结果为 160，运算过程如图 2.9 所示。

图 2.9　按位左移

在执行左移运算时，左边高位（本例为 3 位）会因被移出而丢失，而低位（本例为 3 位）则用 0 补齐。因此，将数据左移 1 位的结果是此数的 2 倍，左移 m 位相当于此数乘以 2^m。不过，使用位运算要比直接使用乘法运算快得多。

在将一个数不断乘 2，即不断左移后，可能导致数据过大而不能存储，即有效位丢失，从而产生数据溢出。

6. 按位右移运算>>

按位右移运算>>与按位左移运算<<相反，用于将一个数的所有位右移指定的位数。同样，右边移出的位被丢弃，但左边空位的补位规则是：对于无符号的数据，左端的空位以 0 补充，对于有符号数据则以符号位补充。

例如，定义如下变量：

```
unsigned  char  x = 10;
char  y = -44;
```

将 x 和 y 右移 2 位的运算过程如图 2.10 所示。

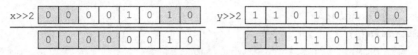

图 2.10　按位右移

其中，变量 x 移位后仍无符号，值为 2，而变量 y 右移之后仍为负数，结果为-11，这就是以符号补位的原因。

一个整数右移一位等同于将此数除 2 取整。不断进行右移（除 2）运算时，也可能使有效位丢失而产生溢出。

⚡ **提示**

> 不要误以为 a<<1 这样的运算会使变量 a 值被乘 2，a 的值并不会变化。如果不将表达式的值重新赋值给 a，a 就会维持原值不变。

例 2.11　阅读程序，说明其输出结果。

```
#include <stdio.h>
void  main( )
{
  char  a = 3, b = 6;
  char  c = a ^ b << 2;
  printf("\n%d", c);
}
```

按位运算符的优先级别可以大致区分为三类：求反运算（单目）、位移运算和其他运算。从逻辑运算可推知&高于|。全部位运算的优先级次序由高到低可排列为～、<<、>>、&、^、|。例如，对于如下表达式：

```
c = a^(b << 2) = 3 ^ (6 * 4) = 3^24
```

转换成二进制表示为

$$(00000011)_2 \ ^\wedge \ (00011000)_2 = (00011011)_2$$

故输出结果为 27。

例 2.12　编写程序，不使用临时变量交换两个整型变量的值。

设两个变量 a 和 b，若要交换它们的值，不能直接使用如下两个运算：

```
a = b;
b = a;
```

这是因为第一次赋值使变量 a 的值为 b，原值被清除，两次赋值后使得 a 和 b 具有相同的值，都等于原来的 b。

通常，交换两个变量值的典型方法是使用一个临时变量，并进行如下 3 次赋值：

```
t = a;                    /* 将 a 的原值暂存于临时变量 t 中 */
```

```
  a = b;                    /* 将b赋给a */
  b = t;                    /* 将a的原值赋给b */
```

如果使用位运算则可以省去中间的变量 t。

```
#include <stdio.h>
void main( )
{
  int a = 10, b = 20;
  a = a^b;
  b = b^a;                  /* 相当于b=b^(a^b)=a^(b^b)=a^0=a */
  a = a^b;                  /* 相当于a=(a^b)^a=b^(a^a)=b^0=b */
  printf("%d, %d", a, b);   /* 显示a和b的值 */
}
```

经过第二次赋值之后，b 得到 a 的原值，最后一次赋值使 a 得到了 b 的原值。

当然，即使不用位运算，也可以通过加减运算实现变量值的交换，但有溢出的危险（乘法和除法因整除和运算误差等原因通常不用），可自行练习。

例 2.13　编写程序，得到由一个整数 a 的 4～7 位（从右端第 0 位数起）组成的正整数。

设计工作可分为两步，首先使原数右移 4 位，其次屏蔽除低 4 位之外的所有位，使用掩码 0x000f。

```
#include <stdio.h>
void main( )
{
  int a = 200;
  a = a >> 4;               /* 变量a右移4位并赋给a */
  a = a & 0x000f;
  printf("%d", a);          /* 输出变量a的值 */
}
```

程序中使用的掩码 0x000f 是根据两个字节设计的，如果考虑到代码的通用性，也可以直接计算出相应的掩码～(～0<<4)，然后进行位屏蔽。

2.8　sizeof 运算与逗号运算

2.8.1　sizeof 运算符

这是一个特殊的单目运算符，作用是测试一个数据类型或表达式所占用的内存字节数，称为"求字节数运算"。使用格式为：

> **sizeof** 表达式
> **sizeof**(数据类型)

例如，表达式 sizeof　3.14 的值为 8，sizeof(int)的值为 2。最好总是以 sizeof( )形式使用此运算，以避免因为该运算符的优先级较高而引起的错误。例如，考虑下述语句：

```
printf("\n%d", sizeof  3.14*2);
```

由于单目运算符 sizeof 的优先级别高于*运算，表达式 sizeof3.14*2 的值并不是 3.14*2 所占用的字节数，而相当于 sizeof(3.14)*2=16。

使用 sizeof 运算的目的是增加程序的可移植性。例如，不同 C 语言版本中的 int 类型数据占用的字节数不同，如果编程时需要用到此字节数不应直接使用 2 而应写成 sizeof(int)，这样，在程序编译和运行环境改变时不必再修改源程序本身。

> ✦**工程**
>
> 不要依赖对数据大小、范围和占用存储空间的假设。任何时候，都要用 sizeof(int)而不是 2 或 4 表示整数的空间大小，对其他类型也是一样。

2.8.2 逗号运算符

在 C 语言中，逗号 "," 是一个运算符，其基本使用格式是：

```
expr1, expr2
```

此表达式称为 "逗号表达式"，这里的 expr1 和 expr2 都是表达式。系统在处理逗号表达式时，按由左到右的顺序对所有的表达式求值，但此逗号表达式的值等于 expr2 的值。例如，表达式 3+2, 5 的值为 5，表达式'A', 6.5 的值为 6.5。

作为双目运算符，逗号运算符的结合次序由左至右。因此，表达式 "expr1, expr2, …, exprn" 的值等于 exprn 的值。例如，表达式 2,3,4 的值为 4。

一个逗号表达式的类型与组成它的最后一个表达式类型一致。逗号运算符的优先级别最低。

> ✦**工程**
>
> 将几个小的表达式用逗号连接成一个大的表达式，使编译器可以逐个计算每个小的表达式，以适应 for 语句的语法要求几乎是逗号运算的唯一作用。

例 2.14 说明下述代码片段的输出结果。

```
int  x;
x = 3, 2;
printf("\n", x);
```

因为逗号运算的优先级别低于所有其他运算，故 x = 3, 2 等效于(x = 3), 2。因此，赋值语句只是将 3 赋给变量 x，故输出为 3。

当然，利用逗号表达式也可以写出类似下面的语句，但并不可取：

```
x=2, y=3;
printf("%d", (x=1, y=2));       /* 分别为 x、y 赋值为 1 和 2，输出值为 2 */
scanf("%d", &x),                /* 此行与下行属于一个语句 */
printf("%d",x);
putchar('A'), putchar('B');     /* 逗号表达式加分号构成语句，顺次输出 A 和 B */
```

> ✦**工程**
>
> 这里出现的所有示例用法只表明语法上可以这样做，但实际上几乎永远不会出现在应用程序中。

> ✦**提示**
>
> 不要混淆逗号运算与逻辑运算&&及||，它们的意义完全不同。表达式 e1,e2 的值等于表达式 e2 的值，与表达式 e1 无关，而表达式 e1&&e2 和 e1||e2 的值都与 e1 和 e2 的值相关。

2.9　数据类型转换

原则上，应该保证一个表达式中的所有操作数具有相同的类型，但并不总能做到，参加运算的操作数有时会存在类型差异。为了确定最终的运算结果，需要自动或手工进行数据类型的调整，即对部分数据的类型进行转换使其一致。

2.9.1　隐式类型转换

由系统自动完成的类型转换称为隐式类型转换，主要产生在如下 3 种数据操作中。

1. 混合算术运算中的转换

当不同类型的数据进行混合算术运算时，就会产生数据类型转换，如计算表达式 13.25 − 2 和 33.0/10 等。

通常，系统只负责处理基本类型的数据转换，不包括用户定义的数据类型。因此，这样的转换主要发生在如下的数据类型之间：

① 同一数据类型，但长度不同，包括 float 与 double，有、无符号的 long、int、char（可视为短整型）。

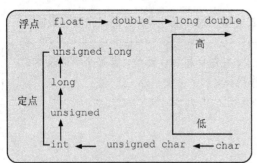

② 定点类型与浮点类型，即整型、字符型、枚举类型与 float 和 double 类型。

③ 定点数的有、无符号类型，指 int、unsigned、long、unsigned long、char 及 unsigned char。

混合算术运算的类型转换原则是"数据升格"。所谓数据升格是指相同类型的数据由短变长，定点数转换为浮点数，有符号数转换为无符号数。简单讲，升格是指按图 2.11 由级别低的类型转换为级别高的类型。

图 2.11　数据类型的不同"级别"

很容易测试数据类型的高低。例如，为了比较 double 和 int 类型，可以使用下面的语句进行测试：

```
printf("%d",sizeof(2.5+10));
```

语句显示结果为 8，即表达式 2.5+10 与常数 2.5 的类型 double 一致，说明 double 类型的级别高于 int 类型。

2. 赋值运算中的转换

如果为变量赋值时提供了一个类型不一致的表达式，则产生数据类型转换。如：

```
unsigned x = 2.5;
float  y;
printf("%d ", x);
y = 2;
printf("%f", y);
y = 3.1415926;
printf("%f", y);
```

由于任何变量在定义后的类型是固定的，因此当数据类型不匹配时，赋值表达式中的右操作数被无条件转换成变量的定义类型。于是，前述的代码片段产生如下输出：

```
2␣2.0000003.141593
```

可见，为整型变量 x 赋值时，2.5 的小数部分被截断，而在为单精度浮点型变量 y 赋值时，双精度浮点数 3.1415926 按四舍五入处理。

3．函数参数的匹配转换

如果调用函数的实际参数与形式参数不同，则实参数的类型被转换为形式参数的类型。例如，求平方根函数 sqrt 的形式参数类型为 double，若以 sqrt(10)的形式调用该函数，则整数 10 被转换为 double 类型。这部分内容可参见第 5 章。

> ★ **提示**
> 　类型转换发生在"相容的数据类型"之间。数值型（字符、整数、浮点数）是类型相容的，但数值型与指针、自定义类型之间，指针和自定义类型之间是不相容的。

在将一种数据类型的数据转换成另一种数据类型时，涉及到一些详细的规则。例如：

① 将 int 类型转换为 unsigned（包括其他同长度的有符号定点数转换为无符号定点数）时，直接将符号位看作数据位。

② 将 unsigned 类型转换为 int 类型（包括其他同长度的无符号定点数转换为有符号定点数）时，将原数据的最高位解释成符号位。

③ 将 char 类型转换为 int 类型（包括其他有符号的短定点数转换为有符号的长定点数，如 int 到 long、char 到 long 等），在高端增加字节，并以符号位填充增加字节的所有位，称为"符号位扩展"。在做相反的转换时高位被截断。

④ 将定点数转换为浮点数时可能损失精度。如 2147483647L 转换为 float 类型数据时，结果为 2.147484E+9。

⑤ 将浮点数转换为定点数时，截断小数部分。

⑥ 将 double 类型转换为 float 类型时，小数部分按四舍五入处理。

通常，在一个较小的数转换成较大的数时不易产生错误，反之因为要截断数据，很可能得不到正确的结果。

> ★ **工程**
> 　不必拘泥于转换规则上的细节。在编程时，如果难以肯定转换的详细规则，最好先用简单表达式和语句进行测试。

2.9.2 显式类型转换

由系统实现的隐式类型转换体现了系统的包容性，事实上，使用了不正确的数据类型很可能导致一些不易察觉的错误。例如，在一个需要浮点数 0.5 的地方，如果误写成了 1/2 就得到了错误的 0。更重要的是，在一些特殊场合，必须将某种类型的量转换成其他类型，才能参与计算以得到所需的结果。例如，对于如下定义的两个变量：

```
int  x = 10, y = 4;
```

为了得到 x 和 y 相除的商 2.5，不能直接采用表达式 x/y 来计算，至少应将其中的一个调整为浮点型。这种需要明确进行的类型转换称为"显式类型转换"或"强制类型转换"。

强制类型转换由类型转换运算来实现。在 C 语言中，任何一种数据类型加上圆括号就构成了一个类型转换运算符，格式为：

(数据类型) (表达式)

例如，(int)、(double)、(void*)都是类型转换运算符，作用分别是将一个表达式的值转换为整型、浮点型和空指针类型。

下述赋值运算将使变量 x 的值为 8。

```
int  x;
double  y = 3.7;
x = (int)(y+5);                              /* 小数被截断 */
```

下述语句可输出两个整数相除的商：

```
int  x = 3, y = 2;
printf("%lf", (double)(x)/y);                /* 显示结果为 1.5 而不是 1 */
```

注意，表达式(double)(x)/y 只强制转换了 x 的类型，y 则由系统隐式转换为 double 类型。比较好的做法是将 x 和 y 都进行强制转换，此时的表达式为(double)(x)/(double)y。

✸**工程**

慎重使用数据并尽量减少使用强制类型转换运算的次数，因为它关闭了编译器的类型检查功能，容易给程序带来隐患。

2.10　习　　题

2-1　简述下列各题。

（1）为什么 C 语言程序中的每个数据都要有一个固定的类型？

（2）数据的定点存储与浮点存储有何不同？如何判别定点数据的取值范围？

（3）C 语言对标识符的规定是怎样的？

（4）变量为什么要"先定义而后使用"？

（5）字符常量与字符串常量有什么区别？

（6）C 语言中如何表示"真"和"假"？系统如何判别一个表达式的"真"和"假"？

（7）C 语言的字符数据在内存中以何种码存储？

（8）'\b'、'\0xf'、'\037'、'\"都是合法的字符常量吗？

（9）字符串常量"\\\"ABC\"\\"的长度是多少？

2-2　编写一个程序，输出表 2.2 中的每一个转义字符以体会它们的作用。

2-3　定义如下变量：

```
int  x = 2, y = 3, z = 4;
```

试说明下述表达式的值以及表达式计算后变量 x、y 和 z 的值。

（1）(x++)*(--y)　　　　　（2）(++x)*(--y)　　　　　（3）(++x)-(y--)
（4）(x++)*(y++)　　　　　（5）x *= 2+3　　　　　　（6）x /= x+x
（7）x %= y %= 2　　　　　（8）x *= x -= x + = y--　　（9）x = ++y%z--^x
（10）!(x=y)&&(y=z)||0

2-4　说明下述程序段的输出结果。

（1）

```
double  x = 2.5, y = 4.7;
```

```
int a = 7;
y = x+a%3*(int)(x+y)%2/4;
printf("%lf", y);
```

（2）

```
double x = 3.5, y = 2.5;
int a = 2, b = 3;
y = (int)x%(int)y+(float)a+b/2;
printf("%lf", y);
```

2-5　说明下述程序的输出结果。

（1）

```
#include <stdio.h>
void main( )
{
  int a = -1, b = 4, k;
  k = (a++ <= 0) && (!(b-- <= 0));
  printf("%d,%d,%d", k, a, b);        /* 输出整数 k、a 和 b */
}
```

（2）

```
#include <stdio.h>
void main( )
{
  int x = 1;
  char z = 'A';
  printf("%d", x&15&&z<'a');         /* 输出表达式 x&15&&z<'a'的值 */
}
```

2-6　用 C 语言的表达式描述下列命题。

（1）a 小于 b 或小于 c　　　　（2）a 或 b 都大于 c　　　　（3）a 是奇数

（4）a 不能被 b 整除　　　　　（5）角 a 在第一或第三象限　　（6）a 是 b 和 c 的公约数

2-7　试找出下面程序中的错误并改正。

```
#include <stdio.h>
void main( )
{
  int x = 3; double y;
  scanf("%f", y);
  z = y*1.0Ex; x=0;              /* z=1000. */
  printf("%f", z/x);
  y = 0.25; x = 25;
  printf("y=%f=%d%"; y, x);       /* y 的百分比表示 */
}
```

2.11 编 程 实 战

E2-1　题目：简单计算

内容：设 r=1.4 表示半径，计算圆的周长、面积、球表面积和体积。

目的：熟悉变量定义、初始化方法及混合运算。

E2-2　题目：计算三角形面积

内容：指定一个三角形的边长，计算并输出三角形的面积。

目的：熟悉变量定义、初始化方法及混合运算。

思路：若三角形的 3 个边长为 a、b 和 c，用变量 s 表示(a+b+c)/2，三角形面积可用表达式 sqrt(s*(s-a)*(s-b)*(s-c))计算出来。编写程序时，将"#include <math.h>"作为第一行。

E2-3　题目：位运算

内容：实现一个整数的循环左移，位数从键盘接收。

目的：熟悉变量定义和输入数据方法及位移运算。

第 3 章　简单程序设计

在 C 语言中，函数是构成程序的基本单位，构成函数的基本单位则是语句。一条高级语言的语句在编译后会对应若干条机器指令，能够完成一定的操作。在无流程转移和异常情况时，运行程序后，从 main 函数的第一条语句开始，按顺序逐条执行，直到最后一条语句结束，此即顺序结构。如果一个语句要处理的任务很复杂，则需要依据情况进行分支或循环处理，就构成了分支和循环结构。本章主要讨论基本语句、顺序流程和分支结构，目的是为了能够完成简单的程序设计。

3.1　C 语言语句概述

3.1.1　语句分类

在结构上，一个完整的 C 语言程序主要包括预处理命令、说明（声明）及函数定义几个部分。这些函数之间存在着调用和被调用的关系。每个函数体都由若干语句组成，而这些语句又可分为说明性语句和操作性语句两大类。说明性语句包括变量定义、函数声明、类型声明等，应置于函数体的前部，如：

```
void main( )
{
  int  x;
  extern int  y;
  enum  RPS {rock, paper, scissors};
  double func( );                    /* 以上为定义和声明 */
  x = 10;                            /* 以下为语句 */
  ...
}
```

严格地说，C 语言所规定的语句应完成一定的操作任务。因此，说明性语句应直接称为“定义”或“声明”，因为它们不产生机器操作。

可以按功能和形式将 C 语言的语句分类如下：

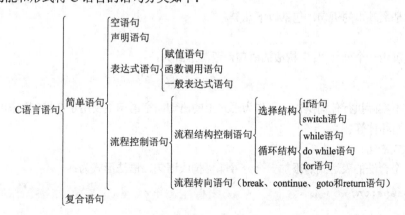

　　C 语言是一种内核很小的语言，本质上只包含与流程控制有关的 9 种语句，其余操作均由表达式实现。作为一种结构化语言，其流程控制语句的功能强，使用灵活，对结构化程序设计提供了良好的支持。

　　除了复合语句之外，任何语句的末尾必须有一个分号，包括声明和定义。

　　在语法描述时，本书分别用单词 statement 和 expression 甚至加一个后缀序号指代语句和表达式，也包括 expr、expr1 和 expr2 这样的简写表达式。

> ⭐**提示**
> 　　缺少语句后面的分号，是初学者最常犯的错误之一。

3.1.2　语句的形式

1．定义与声明

　　如前所述，定义和声明一般不引起机器操作，但也具有语句的形式。定义主要包括变量定义、常量定义和类型定义，如：

```
int  x;                              /* 变量定义 */
double  y = 2.5;                     /* 含初始化的变量定义 */
const  int  N = 10;                  /* 常量定义 */
struct  POINT { int x, y; };         /* 类型定义 */
```

　　值得注意的是第三个语句实现的常量定义，这里的 const 是一个限制词，用于说明标识符 N 是一个代表 10 的符号常量，不能被修改。

> ⭐**提示**
> 　　C 语言中用 const 定义的常量是一种只读的量，常量表达式是指由宏和直接常量组成的表达式，不包括 const 常量（但 C++ 允许 const 常量）。

　　声明主要包括函数声明和外部变量声明，具体内容将在第 5 章介绍，如：

```
double  max(double  x, double  y);
extern  double  x;
```

　　有关类型定义的内容将在第 9 章介绍。在 C 语言程序中，要求所有声明和定义置于（可执行）语句之前。

2．简单语句

　　简单语句是最基本的语句，包括以下几类。

　　（1）空语句

　　空语句是仅由一个分号";"构成的语句，语法形式为：

```
;
```

　　空语句并不实际执行任何操作，只作为形式上的语句。空语句主要用于在控制结构中占位，如作为循环语句的循环体等。

　　（2）表达式语句

　　在任何一个合法的表达式后添加一个分号即可构成语句，语法形式为：

```
expression;
```

例如，以下都是合法的语句：

```
x = 3;                          /* 赋值语句 */
printf("Hello");                /* 输出语句（函数调用表达式语句） */
scanf("%f", &x);                /* 输入语句（函数调用表达式语句） */
x = 3,
y = 4;                          /* 一个语句写在两行（不可取） */
x = 3; 3 + 2;                   /* 两个语句写在一行（不可取） */
```

程序中出现的语句是否具有实际意义要由编程者自己判断。例如，类似"3+2;"这样的语句没有任何作用，虽然发生了一次求和计算，但结果 5 仅存在运算器中，自然就被后续的运算覆盖了。但因为 3+2 是表达式，从语法的角度看是可以加分号构成语句的。如果程序中含有这样的语句，一些编译器会判别出来并给出如下的警告错误提示，含义是代码无效：

```
Code has no effect ...
```

最具代表性的表达式语句是赋值语句和函数调用语句，使用十分广泛。此外，还应说明，分号是语句的一部分而并非仅是语句分隔符。

由于 C 语言的程序中大量使用表达式语句，故也被称为"表达式语言"。

（3）流程控制语句

这是 C 语言固有的语句，用于控制程序的流程，可大致分为构成流程的控制语句和流程转移语句。构成流程的控制语句用于实现结构化设计的基本结构，包括选择结构和循环结构，分别是 if 语句、switch 语句、while 语句、do while 语句和 for 语句。流程转移语句一般自身不形成完整的流程结构，只起辅助控制作用，包括 break 语句、continue 语句、return 语句和 goto 语句。

3. 复合语句

如果将一组语句括在花括号内，则在语法上被视为一个语句，称为"复合语句"。例如：

```
{
  int  x;
  x = 0;
  printf("%d", x);
}
```

无论复合语句怎样复杂，在语法上都等效于一个简单语句。因此，凡可以使用简单语句的场合都允许使用复合语句。自然地，复合语句中仍可含有复合语句。

通常，为了满足一些特殊结构如 if 语句、for 语句等的语法要求，必须将多个语句组合成一个复合语句。

复合语句也称为"块"。函数体可视为一个复合语句。

值得注意的是，所有包含在复合语句内的定义和声明仅对此结构有效，对复合语句的外部是不可见的。例如，观察如下的代码：

```
void  main( )
{
  int  x = 10;
  {
    int  y;
    y = 20;
```

```
        printf("%d, %d", x, y);                /* 正确 */
    }
    printf("%d, %d", x, y);                    /* 变量 y 未定义 */
}
```

由于变量 y 是在复合语句中定义的，仅属于此复合语句，不能在外部使用。因此，第二个输出语句中的 y 超出了使用范围。

> ⭐ **提示**
> 复合语句中最后一个语句后面的分号是必需的，但复合语句之后不必再用分号结束。

3.2　数　据　输　出

几乎所有的程序都要输出和输入数据。如果没有输出，即使程序产生了结果，编程者和使用者都看不到它；而如果没有输入，多数程序的功能将非常单一。输出的目的地是输出设备，如显示器、打印机和绘图仪等，而输入则需要借助键盘、鼠标和扫描仪等输入设备来实现。这里所介绍的输出和输入仅是针对显示器输出和键盘输入而言的。

C 语言没有专门的输入/输出语句，所有输入和输出任务都由库函数来完成。通常，将调用输出或输入函数的表达式加上一个分号，就构成了输入语句和输出语句。

在使用任何一个库函数时，都应该进行函数声明。除特殊说明外，本章所介绍的库函数均属于标准 I/O（Input/Output，输入/输出）函数。因此，应在程序开头增加文件包含代码：

```
#include <stdio.h>
```

在编译程序时，系统会依据上述指令自动查找文件 stdio.h，并将必要的库函数代码连接到程序中。

3.2.1　输出一个字符

向屏幕输出一个字符时，最简单的函数是 putchar，一般使用格式为：

```
putchar(x);
```

其中的 x 表示任意的一个字符。

putchar 函数只要求提供一个字符数据，可以采取任何一种形式指定，如普通字符常量或变量、转义字符、十六进制或八进制转义字符，也可以是一个整数或整型表达式。函数将这些值按 ASCII 码解释成对应的字符并输出到屏幕上，或执行相应的控制功能。

例 3.1　利用 putchar 函数输出字符。

```
#include <stdio.h>
void main( )
{
    char ca = 'A';
    unsigned char cb = 65;          /* 也可定义成 char  cb = 65; */
    putchar(ca);                    /* 输出字符 A */
    putchar(cb);                    /* 输出字符 A */
    putchar('\x41');                /* 输出字符 A */
    putchar('\n');                  /* 换行 */
    putchar(66);                    /* 输出字符 B */
    putchar('\b');                  /* 光标左移 */
```

```
    putchar('B'+1);                    /* 输出字符 C */
}
```

程序运行的输出结果为：

```
AAA
C
```

在输出时，不会输出字符常量的单引号限界符。通常，输出的数据在屏幕上是连续的，因此程序先输出 AAA。语句"putchar('\n');"使光标移到下一行开头，先输出 B，语句"putchar('\b');"使光标左移一位，即 B 的位置，再输出 C，结果 B 被清除。

3.2.2　按自定义格式输出数据

为了输出各种类型的数据，并能够控制其显示方式，C 语言提供了一个统一的函数 printf，称为"格式化输出函数"（f 代表 format）。通过自己描述数据的输出格式，printf 可以输出任何一种基本类型数据，并且多个数据可以在一个语句中一起输出。

1. 简单输出

使用 printf 函数时需要指定两方面信息，其一是输出格式，回答"怎么输出"；其二是要输出的数据，回答"输出谁"。一般使用格式为：

　　　printf(格式控制字符串，输出项表);

在简单情况下，可以使用 printf 函数只输出一个数据。此时，只要说明数据的类型和数据本身就可以实现。例如：

```
int  x = 3;
double  y = 123.56;
printf("%d", x);          /* 以%d 格式输出 x */
printf("%lf", y-10);      /* 以%lf 格式输出 y-10 */
```

这两个语句的作用分别是输出整数 x 和双精度浮点数 y–10，即 113.56。其中，"%d"和"%lf"用于说明数据类型，x 和 y–10 用于说明输出的值。

语句中的"%d"和"%lf"称为"格式控制字符串"。其中，%是一个标志，其后的字符 d 和 lf 代表数据类型。每个基本数据类型都用一个对应的字母来表示，参见表 3.1。

表 3.1　printf 函数描述格式用的数据类型字符

类型符	功能
d（或 i）	有符号十进制整数
o	无符号八进制整数
u	无符号十进制整数
x（或 X）	小写（或大写）无符号十六进制整数
f	单精度十进制浮点数
e(或 E)	指数格式浮点数，e 采用小写（E 则大写）字符
g（或 G）	十进制和指数中的短格式浮点数，e 采用小写（G 则大写）字符，不输出无意义的补位 0
c	有符号字符
s	以'\0'为结束符的字符串
%	%
n	转换为整数的指针
p	指针

表 3.1 中并没有表示长整数和双精度类型的字符，在输出"长"数据时，要在相应的字母之前加小写字母"l"，如 ld 表示 long，lf 表示 double，一个特殊的约定是 Lf 表示 long double。

例 3.2　说明下述程序的输出结果。

```
#include <stdio.h>
void  main()
{
  printf("%c", 'g');                /* 输出字符 g, 等同于 putchar('g'); */
  printf("%c", 65);                 /* 输出字符 A。整数 65 被视为字符的 ASCII 码 */
  printf("%d ", -35);               /* 输出整数-35 */
  printf("%o ", 35);                /* 以八进制方式输出整数 35, 即 43 */
  printf("%u ", 35);                /* 以无符号方式输出整数 35 */
  printf("%X ", 35);                /* 以十六进制方式输出 35, 即 23 */
  printf("%ld\n", -23L);            /* 输出长整数并换行 */
  printf("%f ", 10.2345678);        /* 输出单精度浮点数, 小数四舍五入到 6 位 */
  printf("%E ", 10.2345678);        /* 输出单精度浮点数, 尾数四舍五入到 6 位 */
  printf("%lf ", 10.2345678);       /* 输出双精度浮点数 */
  printf("%lE\n", 10.2345678);      /* 输出指数形式的双精度浮点数并换行 */
  printf("%s", "hello C");          /* 输出字符串*/
}
```

运行程序的输出结果为：

```
gA-35␣43␣35␣23␣-23
10.234568␣1.023457E+001␣10.234568␣1.023457E+001
hello C
```

📌**工程**

严格匹配数据类型描述信息与输出数据的类型十分重要。例如，ld（长整数）与-23（普通整数）是不匹配的，因此，下述语句不能产生正确的输出结果：

```
printf("%ld", -23);
```

下面的输出语句因严重错误而可能使程序被终止，因为 3.14 不是整数：

```
printf("%d", 3.14);
```

此外，C++环境中一般直接采用%f 输出双精度浮点数。

如果将几个数据用一个 printf 输出会使代码更紧凑，只要将所有输出数据的类型描述按顺序放在格式控制字符串中，再将对应的输出数据列出，用逗号分隔即可。例如：

```
printf("%d,%d\n", 10, 20);
printf("%d%c%lf", 21, '\n', 2.5);
```

这些语句将会产生如下的输出：

```
10,20
21
2.500000
```

2. 自定义输出格式

除了指定基本的类型信息外，printf 函数还支持用户自己定义更复杂的输出格式，用于说明输出数据的占位宽度、小数位数、空位补充方式以及数据间插入的分隔字符等。

先观察如下程序片段：

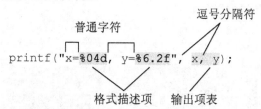

此语句的输出结果为：

```
x=0010,␣y=␣␣2.20
```

函数 printf 的格式控制部分含有如下一些成分：

（1）输出项表

由于函数可一次输出几个表达式的值，每个表达式（输出项）要按输出次序列出，中间用逗号分隔，称为"输出项表"。例如，语句中最后的 x、y 就是两个输出项，"x, y"构成输出项表。输出项之间以及输出项与前面的格式控制字符串之间都要用逗号分隔开。

（2）格式控制字符串

格式控制字符串是由每个输出项所对应的格式描述项和普通字符组成的。例如，语句中有两个输出项 x 和 y，它们对应的格式描述项分别是%04d 和%6.2f。因此，格式控制字符串的核心是"%04d%6.2f"。

在实际输出时，每个格式描述项都被替换成相对应的输出项。

包含在格式控制串中的普通字符与格式控制无关，如语句中的 x=、y=以及第一个逗号皆属此类，这些字符将被原样输出，用于对输出的数据进行"修饰"。

（3）格式描述项

每一个格式描述项都是对一个输出表达式的格式说明，其完整的格式是：

%[标志字符] [宽度] [.小数位] [h|l] 类型字符

这里，除了%和类型字符外，其他项都是可选择的，其中：

① %说明由此开始至类型字符结束的部分是一个格式描述项，类型字符来自于表 3.1，如 d、f、E 等。

② 标志字符主要是–、+和空格。无标志字符时，输出的数据是右对齐的，左边空位填以空格，负数之前输出负号，非负数前无符号。使用"–"作标志字符使数据左对齐输出，使用"+"号或空格作标志字符可以使输出的正数之前带有"+"号或无"+"号。

③ 宽度用于指定输出数据占用的字符位数，可以加前导 0 或不加。例如，8 和 08 均表示占 8 个字符位，但后者输出数据左边的空位用 0 而不是空格填补。

④ 小数位用于指出浮点数的最大小数位数。

⑤ h|l 代表长度修正，h 表示短整数，l 表示长整数或双精度浮点数。

例 3.3 说明下述程序的输出结果。

```
#include <stdio.h>
void main( )
{
  long a = 0xabcdef;
  double b = 1.0E8;
  int c = -1;
  printf("\n%f, %-8lx", b, a);
  printf("\n%+010.2le%% ", b);
```

```
    printf("%d, %u, %x, %o", c, c, c, c);
    printf("\n%C %%%s", 'A', "Hello%");
}
```

运行程序的输出结果为：

```
100000000.000000,␣abcdef␣␣
+001.0e+08%␣-1, ␣65535, ␣ffff, ␣177777
%C␣%%%s
```

尽管 b 是双精度浮点数而格式描述为单精度%f，输出结果的数值仍是正确的。标志字符"–"使 a 左对齐，右边的空位用空格补齐。标志字符"+"使正数 b 的左侧用加号表示，且位宽 10 之前的 0 使尾数和阶码的空位用 0 填补。

由于"%"被用作格式描述项的引导符，因此，需要在格式控制串中表示"%"时应写成"%%"。

无符号、十六进制和八进制都以无符号方式输出，因为 c 为–1，在内存中的存储形式为 1111111111111111，故对应输出为"65535, ffff, 177777"。

最后的输出语句一般是因为错误所致。在 printf 函数（也包括后文的 scanf 函数）中，类型符、格式描述项和输出项等都需要严格对应。例如，采用大写字母的"%C"因不能描述格式而被原样输出，"%%%s"也是如此。

下面的语句因为缺少一个输出项而输出一个随机值：

```
    printf("%d,%d", x);                    /* 第 2 个输出的数是随机的 */
```

若输出项的个数多于格式描述项的个数，多余的表达式不会被输出。

> ★**提示**
>
> 利用小数位数也可以说明字符串的输出字符个数。例如：
>
> ```
>     printf("%10.2s", "My C");
> ```
>
> 此语句将占用 10 位字符宽度输出"My"。
>
> 此外，printf(字符串)与 printf("%s"，字符串)具有相同的作用。

3.3 数 据 输 入

在程序运行时经常需要从键盘输入必要的数据，为此要使用输入函数并构成输入语句。在程序执行到输入语句时，会出现一个文字光标表示接收键盘输入。用户输入的数据会被原样显示在屏幕上，即回显用户输入。在编程时，一般要将接收到的数据存储到变量中，以便进行后续的处理。

3.3.1 输入一个字符

接收用户从键盘输入一个字符的函数是 getchar，一般使用格式为：

```
    getchar( )
```

这是一个字符型的表达式，它的值就是程序运行时由用户从键盘输入的字符。输入一个字符后需要按回车键表示输入结束。

例 3.4 接收一个字符并显示其 ASCII 码值。

```
    #include <stdio.h>
    void main( )
```

```
{
    char  x;
    x = getchar( );
    printf("%c, %d", x, x);
}
```

在运行程序并出现文字光标后，按 0 和回车键，显示输出结果为：

```
0,␣48
```

由于 getchar()是一个表达式，也可以直接参与其他运算。例如，如果用户输入一个小写字母，则下述语句将会输出对应的大写字母：

```
char  c = getchar( ) + 'A' -'a';        /* 'A' -'a'等于-32 */
putchar(c);                             /* 若输入字符 m 则显示 M */
```

值得注意的是，如果在按回车键之前输入的字符多于一个，getchar 只取走第一个字符，多余的字符将被留在键盘缓冲区内，由以后的输入函数接收。

✎ **工程**

为了从键盘接收用户输入，系统内部开辟了一小块内存区域，称为"键盘缓冲区"，其长度因操作系统不同而异，用户的按键均被保存在此缓冲区中。

程序应该处理掉用户的所有按键，否则，多余的输入就会被后续的输入函数接收，容易引起运行错误。因此，在设计应用程序时应注意对键盘缓冲区的"清理"。

3.3.2 按自定义格式输入数据

与 printf 函数相对应的输入函数是 scanf，称为"格式化输入函数"。二者的使用格式极为类似，只是 scanf 用于输入而非输出。

1. 简单输入

scanf 函数的一般使用格式为：

scanf(格式控制字符串，输入项地址表);

函数中需要指定的信息包括"输入什么样的数据"和"存放到哪里"。在简单情况下，可以调用 scanf 仅输入一个数据。此时，只要说明数据的类型和存放数据的地址（位置）。例如：

```
int  x;
double  y;
scanf("%d", &x);            /* 以%d 格式输入数据，存储到 x 的存储空间 */
scanf("%lf", &y);           /* 以%lf 格式输入数据，存储到 y 的存储空间 */
```

在出现文字光标时，输入 30 并按回车键，再输入 51.2，按回车键，则变量 x 和 y 的值分别为 30 和 51.2。

这两个输入语句包含的主要成分是：

（1）数据类型

对数据类型的说明与 printf 函数相同，在%字符后加上一个类型描述字符，这些字符与表 3.1 所示的 printf 函数使用的类型字符相同（略少），表示长整数和双精度浮点数时仍是在 d 和 f 之前加小写字母 l。

（2）变量的地址

从键盘接收的数据必须存放到某个变量而不是一般的表达式中，但是，函数要求说明变量的地址而不是变量名。对于一个变量 x，表达式&x 就代表 x 的地址。换言之，此处需要说明的是数据存放到什么地方，相当于要将数据赋给的变量。

2. 自定义输入格式

使用 scanf 函数可以连续输入几个数据，并可以实现简单的格式控制。

（1）输入项地址表

如果调用 scanf 时要从键盘输入不止一个数据，存放到不同的变量中，则需要按顺序列出所有变量的地址并以逗号分隔，如下述语句中的"&x, &y, &z"：

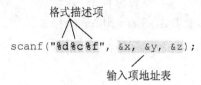

格式描述项

```
scanf("%d%c%f", &x, &y, &z);
```

输入项地址表

（2）格式控制字符串

为了使 scanf 函数能够正确理解输入的数据，必须说明每个数据的格式。因此，格式控制字符串主要由与输入项地址表相对应的格式描述项组成，也可以包括少量的普通字符。

（3）格式描述项

对应每个输入数据都需要一个格式描述项，完整的格式为：

%[宽度][h/l]类型的字符

此描述中的项与 printf 函数中的相同项具有一致的含义，包括：

① %：格式描述项的起始符；

② 宽度：输入的数据位数，即位宽；

③ h/l：长度修正。%ld 表示长整数，%lf 表示双精度浮点数；

④ 类型描述字符：说明一个数据类型，由表 3.1 确定。

（4）普通字符

除了格式描述项之外，也可在格式控制字符串中使用普通字符，但这些字符只是用作数据分隔符，通常是空格、逗号或分号。在连续输入数据时，两个数据之间需要嵌入包含在 scanf 函数中的普通字符。

例如，对于下述输入语句：

```
sacnf("%d,%d", &x, &y);
```

为了将整数 25 和 30 输入给变量 x 和 y，在文字光标出现时，要输入的数据是 25,30 并按回车键。这里的逗号必须输入，可被视为两个整数的分隔符。

> **★提示**
> 不要认为 scanf 中的普通字符能被输出，相反，它们必须被夹在数据中输入进来。因此，除了少数用于分隔数据的字符外，不要在 scanf 中插入其他字符。

3. 数据的分割方法

scanf 函数的工作特性与 getchar 函数一致，必须按回车键才能结束输入。在连续输入几个数据时，需要了解 scanf 函数是如何分割这些输入数据的。为此，定义如下变量：

```
int  x;
double  y;
char  z;
```

连续输入变量的值时可以采用下述方法分割数据：

（1）缺省的分隔符

函数 scanf 将回车符、空格或制表符（按<Tab>键）视为分隔符，并认为一个数据项结束。例如，要使 x 和 y 分别得到 215 和 3.12，可以采用如下语句：

```
scanf("%d%lf", &x, &y);
```

在输入数据时，先输入 215，按回车键（或空格，或 Tab 键），再输入 3.12，按回车键结束输入。

（2）依赖数据类型自动分割

连续输入整数（或浮点数）和字符（或字符串）时，一般可以连续输入，scanf 能够自动进行数据分割。如：

```
scanf("%d%c%lf", &x, &z, &y);     /* 可直接连续输入：215A3.12↙ */
```

此时，变量 x 得到值 215，因为字符 A 不属于整数，因此被拆分出来并赋给变量 z，y 得到剩余的 3.12。

（3）依据域宽分割

如果指定输入数据的域宽，scanf 函数使用域宽确定数据的位数来分割连续输入的数据，如：

```
scanf("%3d%5lf%c", &x, &y, &z);
```

若输入数据为"12345678912↙"，则变量 x、y、z 将得到值 123、45678.0 和'9'，多余的 12 将留在键盘缓冲区内，遗留给以后的输入函数。

（4）在代码中指定分隔符

相对可靠的方法是根据数据的性质和程序使用者的要求，在设计时指定要求输入的字符，从而构成分隔符。例如，如果使用者习惯以分号分隔数据，则可以按如下方式编写输入语句：

```
scanf("%d;%c;%lf", &x, &z, &y);   /* 正确的输入：215;x;3.12↙ */
```

此时，连续输入数据（包括间隔用的分号）就可以使变量得到正确的值。

✖提示

在使用标准输入函数 scanf 输入一个整数或浮点数之后加一个 getchar 是保险的：

```
scanf("&d", &x);  getchar();
```

因为标准输入函数在键盘缓冲区中取数据且用按回车键表示结束。按回车键会在键盘缓冲区中产生两个字符'\r'和'\n'，但输入函数仅清除了'\r'，后面的 getchar()的作用就是清除前者留下的垃圾字符'\n'，以免被后续的输入函数错误地接收。

现在，我们已经了解了设计一个完整程序的基本技术。一个简单的程序通常可以只由一个自定义函数（main 函数）组成，而处理过程则主要包括变量定义、数据输入、运算处理和输出结果这几部分，程序按照语句的书写顺序由上到下执行。

例 3.5　输入三角形三个边的长度，计算并输出三角形的面积。

若记三角形的三边长度分别为 a、b 和 c，并记 $s=(a+b+c)/2$，则三角形的面积公式为：

$$area = \sqrt{s(s-a)(s-b)(s-c)}$$

这里需要使用一个开平方库函数 sqrt，此函数定义在 math.h 文件中，表达式 sqrt(x)的值就是 x 的平方根，其中的 x 是一个双精度浮点数。

```
#include <math.h>                          /* 对函数 sqrt 的声明 */
#include <stdio.h>
void  main( )
{
    double  a, b, c, s, area;
    printf("Input data:");                 /* 提示输入数据信息 */
    scanf("%lf,%lf,%lf", &a, &b, &c);      /* 输入三边长度，两数之间用逗号分隔 */
    s = (a+b+c)/2.0;                       /* 计算公式中的 s */
    area = sqrt(s*(s-a)*(s-b)*(s-c));
    printf("The area is: %8.3lf", area);
}
```

运行程序，输入 "3,4.6,5↵"，输出结果为：

```
The area is:␣␣␣␣6.778
```

上述程序是存在缺陷的，因为 sqrt 函数对表达式(s-a)(s-b)(s-c)并未做任何测试，如果该值为负数就会导致程序运行崩溃，而解决此问题要依赖于分支结构。

✎**工程**

> C 语言的 conio.h 中定义了另一类输入/输出函数——控制台 I/O。在需要控制文本的显示属性时可以采用控制台函数代替标准输入/输出函数。
>
> 控制台函数通常是在标准输入/输出函数的名字前加"c"，如 cprintf 和 cscanf，其语法与对应的标准输入/输出函数极为类似，但可以设置字符的显示颜色和背景色等属性。getche 和 getch 函数均可接收一个字符且不用按回车键，光标定位函数 gotoxy 能够将文字光标定位到任意的屏幕位置，且该函数所定位的位置对标准 I/O 函数也有效。

3.4　分支结构

几乎所有程序都要涉及逻辑判定问题，经常要根据某些条件是否成立确定应该执行的操作。例如，在例 3.5 中，对于被开方的表达式必须进行判定和分情况处理：如果表达式值为负数，可显示错误提示并结束，否则才能计算三角形的面积。实现这种功能的结构称为"分支结构"或"选择结构"。

分支结构是一种典型的改变顺序执行状态的流程控制结构。

3.4.1　条件运算符与条件表达式

最简单的选择操作可以采用"条件运算"来实现。条件运算符由 "?" 和 ":" 两个字符组成，是 C 语言中唯一一个三目运算符，按如下形式构成"条件表达式"：

> **expr1? expr2: expr3**

这里的 expr1、expr2 和 expr3 都代表一个任意的表达式。

条件表达式的值定义为：若 expr1 为真（非 0），则条件表达式的值等于 expr2 的值，否则等于 expr3 的值。

例如，表达式 2.55?3.0:4.2 和 0?3.5:5.0 的值分别为 3.0 和 5.0。

条件表达式的数据类型与 expr2 和 expr3 中类型高者相同，因此，表达式 2.55?3:4.2 的类型为 double 类型。条件运算符的优先级别很低，仅高于赋值类运算符。因此，通常应该在条件表达式之外加上圆括号。条件运算符的结合性是由右至左的。

★工程

> 不要使用过深的嵌套条件表达式，它的意思很难读懂。

例 3.6　从键盘接收一个字符，若为大写字母则转换为对应的小写字母，否则不处理。输出转换后的字符。

```c
#include <stdio.h>
void main( )
{
  char cx;
  cx = getchar( );
  cx = ('A'<=cx && cx<='Z' ? cx+'a'-'A' : cx);
  putchar(cx);
}
```

显然，在 cx 是一个字符变量时，表达式'A'<=cx && cx<='Z'为真意味着 cx 是大写字母。

例 3.7　输入一个浮点数，计算并输出其绝对值。

```c
#include <stdio.h>
void main( )
{
  int x;
  scanf("%d", &x);
  printf("%d", x>0? x: -x);
}
```

求绝对值是经常使用的一种操作，C 语言在 math.h 中定义了一个专门的求浮点数绝对值的函数 fabs。事实上，表达式"x>0？x：-x"就是 x 的绝对值，它不受 x 的数据类型限制。

条件表达式的功能很强，但应注意其组成部分都必须是表达式而不能是语句。考察下述两个语句：

```c
x>y ? putchar(x) : putchar(y);
x>y ? putchar(x); : putchar(y);                    /* 错误：多余了分号 */
```

代码的作用可以解释为：如果 x>y 为真则输出字符 x，否则输出字符 y。由于第二个语句的表达式 e2 被错误地写作了语句"putchar(x);"而导致语法错误。

严格地说，条件运算并不改变程序的流程，但可以代替简单的分支结构，使程序代码更为紧凑和明了。

3.4.2　if 语句

if 语句是最典型的分支结构，称为"条件语句"，作用是根据一个条件是否满足，或者说一个命题是否为真决定程序流程的走向，选择执行哪些操作和不执行哪些操作。

1. 基本形式

if 语句有两种基本形式。

（1）if 格式

```
if(expression)
    statement
```

此语句的执行过程是：若表达式 expression 的值非 0，则执行其后的语句 statement，否则不执行任何操作，流程可参见图 3.1(a)。

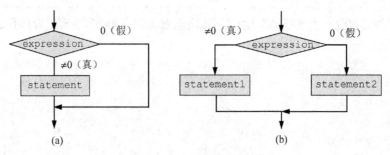

图 3.1　if语句的基本形式

例如，下述语句仅在 x>0 时输出其值：

```
if(x > 0)
    printf("%d", x);
```

（2）if-else 格式

```
if(expression)
    statement1
else
    statement2
```

这种 if 语句的执行过程是：若表达式 expression 的值非 0，执行语句 statement1，否则执行语句 statement2。参见图 3.1(b)。

例如，下述语句的作用是输出 x 和 y 中的最大数：

```
if(x > y)
    printf("%d", x);
  else
    printf("%d", y);
```

条件语句的结构非常清晰，但在理解时应注意如下问题：

（1）在实际编程时，具体采用哪一种语句应具体分析，甚至都可以达到目的。比较以下程序片段，它们都可以计算出 x 的绝对值 y。

```
y = x;                          if(x > 0)
if(y < 0)                           y = x;
   y = -x;                      else
                                    y = -x;
```

（2）if 语句的表现形式可能很复杂，但在语法上是一条语句。

（3）if 语句中所判别的表达式常称为"条件表达式"，一般为关系表达式或逻辑表达式。无论表达式为真还是为假，只能执行一条语句。若需要执行多条语句则必须构成复合语句。如：

```
if(x == y)
{
   printf("x = y");                 /* 必须将两条语句组成一条复合语句 */
```

```
        printf("%d", x);
    }
```

2. 嵌套的 if 语句

在 if 语句的基本形式中，对于条件表达成功与否所执行的语句没有任何限制，也可以是 if 语句，以便进一步判别其他条件。

（1）`if(expr1)`
　　`if(expr2)`
　　　`statement`

这是由两个基本形式 1 嵌套而成的 if 语句。因为只有表达式 expr1 和表达式 expr2 都为真时才能执行指定的语句，等价于如下语句：

```
    if(expr1 && expr2)
        statement
```

后者更简单合理，也容易理解。

（2）`if(expr1)`
　　`if(expr2)`
　　　`statement1`
　　`else`
　　　`statement2`

这是由基本形式 1 内嵌基本形式 2 构成的 if 语句。由于 C 语言规定 else 子句应该与位于它前面较近的 if 配对，因此，这里的 else 应与第二个 if 配对。如果希望 else 与第一个 if 配合，必须将第二个 if 设计成复合语句，如：

```
    if(expr1)
    {
        if(expr2)
            statement1
    }
    else
        statement2
```

★ 工程 ---

　　无论何时，把 if 和 else 的子句放在一对尖括号内构成复合语句，这是保证代码清晰和安全的正确做法，如 if(exp) { … } else { … }。

（3）`if(expr1)`
　　`statement1`
　`else`
　　`if(expr2)`
　　　`statement2`
　　`else`
　　　⋮
　　`if(exprn-1)`

```
        statementn-1
    else
        statementn
```

这是一种有多种情况需要判别时使用的 if 语句。在执行时，要从上至下逐个判别表达式，如果 expr k 为真就执行语句 statement k 并结束。当按缩进格式来书写时呈阶梯状，故也称为"阶梯式的条件语句"，其流程参见图 3.2。

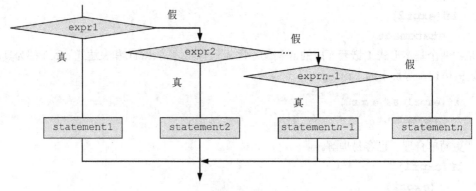

图 3.2　阶梯式的条件语句

✦工程 --

保持流程控制语句的良好书写格式，对齐配对的 if 和 else，正确地缩进代码才能清楚地体现出语句之间的层次关系。

例 3.8　输入变量 x 的值，按如下的数学关系计算并输出对应的 y 值：

$$y = \begin{cases} -1, & x = -3 \\ 2, & x = 0 \\ 0, & x = 1 \\ 1, & x = 其他 \end{cases}$$

```c
#include <stdio.h>
void main( )
{
  double x;
  scanf("%lf", &x);
  if(x == -3)
    y = -1;
  else
    if(x == 0)
      y = 2;
    else
      if(x == 1)
        y = 0;
      else
        y = 1;
  printf("%lf", y);
}
```

以上讨论仅是一些常见的使用形式。由于 if 语句在条件为真时对要执行的语句无任何限制，因此可以根据实际问题灵活运用。

例 3.9　说明下述程序片段的输出结果。

```
int  a = 10, b = 50, c = 30;
if(a > b)
  a = b;
  b = c;                              /* 错误的缩进 */
c = a;
printf("a=%d,b=%d,c=%d",a,b,c);
```

注意到语句"b=c;"与 if 语句无关，在整个 if 语句"if(a>b) a=b;"执行后，此语句一定被执行。又因为表达式 a>b 为假，故只有语句"b=c;"和"c=a;"被顺次执行，输出结果为 a=10,b=30,c=10。

提示

避免直接在 if 的表达式之后加分号的典型错误：

```
if(x > 0);
```

不管表达式是否为真，此语句都无工作可做，没有任何用处。

例 3.10　输入 3 个整数 x、y、z，将它们由小到大排序并输出。

解决思路是在 3 个数中求出最小数存入 x，再求出 y 和 z 的最小数存入 y，另一个存入 z。

```
#include <stdio.h>
void  main( )
{
  int  x, y, z, t;
  printf("Input x, y, z:");
  scanf("%d,%d,%d", &x, &y, &z);
  if(x > y)
  { t = x; x = y; y = t; }           /* 交换 x 和 y 的值 */
  if(x > z)
  { t = x; x = z; z = t; }           /* 交换 x 和 z 的值 */
  if(y > z)
  { t = y; y = z; z = t; }           /* 交换 y 和 z 的值 */
  printf("%d,%d,%d", x, y, z);
}
```

实际编程时，交换变量值的 3 个语句应分行书写。

例 3.11　编写程序，计算一元二次方程 $ax^2 + bx + c = 0$ 的根。

设计一个程序必须考虑到各种可能的输入，故对解决问题的算法做如下描述：

① 若 $a=0$，则如果 $b=0$，方程无解；否则方程有一个解 $-c/b$；

② 若 $a\neq0$，则如果 $\Delta = b^2 - 4ac \geq 0$，有两个实根 $\dfrac{-b \pm \sqrt{\Delta}}{2a}$，否则方程无实根。

```
#include <stdio.h>
#include <math.h>
#include <float.h>
void  main( )
```

```
{
    double  a, b, c;
    double  delta;
    double  x1, x2;
    printf("Input a, b, and c:");
    scanf("%lf,%lf,%lf", &a, &b, &c);
    if(fabs(a) < FLT_EPSILON)  /* a=0, FLT_EPSILON 是定义于 float.h 的误差量 */
    {
      if(fabs(b) < FLT_EPSILONG)                  /* b=0 */
        printf("Incorrect equation.");            /* 不能构成方程，无根 */
      else
        printf("The equation has one root : %lf.", -c/b);    /*有一个根 */
    }
    else
    {
      delta = b*b - 4*a*c;
      if(delta < 0)
        printf("The equation has no root.");      /* Δ<0，无实数根 */
      else
      {
        delta = sqrt(delta);
        x1 = (-b + delta)/(2*a);
        x2 = (-b - delta)/(2*a);
        printf("The equation has two roots : %lf, %lf.", x1, x2);
      }
    }
}
```

由于方程的系数为浮点数，对 $a=0$ 和 $b=0$ 的判别均采用了判别其绝对值是否足够小的方法。在表示绝对值时，可以直接使用条件表达式 "x>0?x:-x"。

⭐**工程**

if（或 else，以及后文中的循环语句）之后的复合语句有两种可行的写法：

```
   if(x > 0)                         if(x > 0) {
   {                                      ⋮
       ⋮                              }
   }
```

第一种的格式更为 "齐整"。复合语句内部的语句使用空格键缩进 2 个或 4 个字符位。

3.4.3 switch 语句与多分支处理

switch 语句是专门用于处理存在多种可能情况的分支语句，一般使用形式如下：

```
switch(整型表达式 expr)
{
   case 整型常量表达式 1: 语句组 1
                     [break;]
```

```
       case 整型常量表达式 2: 语句组 2
                           [break;]
       ⋮
       case 整型常量表达式 n: 语句组 n
                           [break;]
       [default:           [语句组 n+1]]
   }
```

switch 语句中的每个 case 和 default 都表示一种可能的"情况",而语句组则是指若干条语句。switch 语句的执行过程是:首先计算整型表达式 expr 的值,然后,从上到下将此值逐个与 case 子句后的整型常量表达式相比较。若与常量表达式 k 相等,则执行 case 之后的语句组 k,直到遇到一个流程转移语句或 switch 语句末尾结束。若整型表达式 expr 与任何一个常量表达式 k 都不相等,则执行 default 之后的语句并结束 switch 语句,若没有 default 部分则什么也不做。

由于 switch 类似于一个多触点的开关而被称为"开关语句"。

例 3.12 输入一门课的成绩,判断成绩的等级,其中,100～90 为 A 级,89～80 为 B 级,79～70 为 C 级,69～60 为 D 级,60 以下为 E 级。

```c
#include <stdio.h>
void main( )
{
  char  grade;
  int points;                        /* 成绩用整数表示 */
  scanf("%d", &points);
  switch(points/10)
  {
    case 9:                          /* 90<=points<100 */
    case 10: grade = 'A'; break;     /* points=100 */
    case 8:  grade = 'B'; break;     /* 80<=points<90 */
    case 7:  grade = 'C'; break;     /* 70<=points<80 */
    case 6:  grade = 'D'; break;     /* 60<=points<70 */
    default: grade = 'E'; break;     /* points<60。最后一个 break 可无 */
  }
  printf("grade is %c", grade);
}
```

switch 语句的主要限制是所有表达式必须是整数(准确说是定点数,包括整数、字符和枚举),且 case 之后必须是整型常量表达式,不能含有变量。普通条件必须转换成整数才能用在 switch 语句中。例如,由于上述代码中的成绩 points 介于 0～100 之间,故需要利用 points/10 将其转换为 0～10 之间的整数,以避免使用过多的 case 子句。

必须认真理解 switch 语句的流程是如何结束的。事实上,switch 语句在与某种情况吻合后,其他"case 常量表达式"及 default 都失效,只要没有流程转移语句,将一直执行完后续的所有语句。

为了使 switch 语句能够在处理某一种情况后终止,一般要在语句组之后增加一个 break 语句,其作用就是终止 switch 语句的执行。因此,如果前例中的 int(points/10) 的值为 9 或 10,都将执行"grade = 'A';"语句,并因执行随后的 break 语句而终止。

下面的 switch 语句中没有使用 break 语句控制结束:

```
switch(3)                          /* 不正常的开关语句 */
{
  case 2: putchar('2');
  case 3: putchar('3');            /* 流程没有转移，继续执行后续的两个语句 */
  case 1: putchar('1');
  default: putchar('x');
}
```

此语句在与"case 3"匹配后，一直执行完后续的所有语句，输出"31x"而不是"3"。

⭐**工程**

使用 switch 语句时，遗漏了 break 语句是很常见的错误。然而，在实际应用中，没有 break 语句的 case 是非常少见的，故省略 break 语句时应明确加以注释说明。

如果 switch 语句包含在循环语句中，也可能因为其他流程转移语句如 continue（循环短路）和 return（函数返回）语句而终止，参见第 4 章。

使用 switch 语句时还应注意另外一些问题：

① 任何两个 case 之后的常量表达式的值不能相等；

② default 部分是可选的，也不必一定要置于最后的位置，其地位与其他 case 部分相同，也仅表示一种情况。无论 default 置于什么位置，含义是固定的：只有在与其他 case 部分都不匹配时才与此情况匹配。例如：

```
switch(2)
{
  default : putchar('2');          /* 不正常的 default 写法 */
  case 1 : putchar('1');
  case 3 : putchar('3');
}
```

因为 2 与 1 和 3 都不相等，故执行 default 部分。由于流程没有转移，继续执行后续的输出语句，故程序段的输出结果为"213"。

⭐**工程**

从实际应用角度说，以上两个 switch 语句的设计接近"荒谬"，它们完全破坏了正常的逻辑思维。

③ switch 语句可以嵌套在 switch 语句或其他流程控制结构中，case 之后的语句组中也可以再嵌入 switch 语句。一个 break 语句只能终止包含它的最内层结构。

总体上，switch 是一种语法限制严格而功能又较弱的语句，需要深入理解语句的流程及使语句终止的方法。

例 3.13 说明下述程序的输出结果。

```
#include <stdio.h>
void main( )
{
  int x=1, y=0, a=0, b=0;
  switch(x)
  {
    case 1: switch(y)
```

```
        {
            case 0: ++a; break;
            case 1: ++b; break;
        }
    case 2: ++a; ++b; break;
    case 3: ++a; ++b;
    }
    printf("\na=%d, b=%d",a,b);
}
```

这是一个嵌套的 switch 语句，外层的 switch 结构中第一个 case 之后没有 break 语句。

程序开始执行时 x=1，与外层 switch 结构的 case 1 匹配，执行内层 switch 语句。因为 y 为 0，与 case 0 匹配，计算++a，使变量 a 的值为 1 并结束内层 switch 结构，返回到外层。因为没有 break 语句，继续执行 case 2 之后的语句"++a; ++b;"，这使变量 a 和 b 的值分别为 2 和 1，外层 switch 语句结束。故输出结果为：

```
a=2,␣b=1
```

应该说，并不是所有多分支结构都能很容易转换成 switch 语句。通常，直接用定点数或较规整的"区间"形式描述的问题更适合采用 switch 语句实现，例 3.12 就是一种典型的应用场合。

例 3.14　某配货公司需根据运输的里程计算客户所需承担的运费。每公里的基本运费固定，但根据运输距离 s（整数，表示千米数）给予适当的折扣，标准如下：

$$\begin{cases} s < 250 & \text{无折扣} \\ 250 \leqslant s < 500 & \text{2\%折扣} \\ 500 \leqslant s < 1000 & \text{5\%折扣} \\ 1000 \leqslant s < 2000 & \text{8\%折扣} \\ s \geqslant 2000 & \text{10\%折扣} \end{cases}$$

注意到上述折扣标准的各区间边界与 250 相关，采用表达式 s/250 可以直接将区间描述转换为用整数描述：

$$s/250 = \begin{cases} 0 & \text{无折扣} \\ 1 & \text{2\%折扣} \\ 2,3 & \text{5\%折扣} \\ 4,5,6,7 & \text{8\%折扣} \\ \text{其他} & \text{10\%折扣} \end{cases}$$

利用转换后的形式可以很容易编制出计算程序。

```
#include <stdio.h>
void main( )
{
  int dist, rebate;              /* rebate: 表示折扣的百分比 */
  double price;                  /* 每千米基本运费 */
  scanf("%d,%lf", &dist, &price);   /* 输入数据以逗号分隔 */
  switch(dist/250)               /* 除以 250 取整 */
  {
    case 0: rebate = 0;          /* s<250 */
```

```
                      break;
        case 1:  rebate = 2;                    /* s<500 */
                      break;
        case 2:                                 /* s∈[500,750) */
        case 3:  rebate = 5;                    /* s∈[750,1000) */
                      break;
        case 4:                                 /* s∈[1000,1250) */
        case 5:                                 /* s∈[1250,1500) */
        case 6:                                 /* s∈[1500,1750) */
        case 7:  rebate = 8;                    /* s∈[1750,2000) */
                      break;
        default: rebate = 10;                   /* s>=2000 */
    }
    printf("All price:%lf.", dist*price*(1.0- rebate /100.0));
}
```

有两个应该注意的细节，其一是几个 case 共用一个语句组和 break 语句终止，其二是不能将 rebate/100.0 写成 rebate/100，因为 redate 是一个整型变量。

3.5 习　　题

3-1　设计一个条件表达式，可以判别一个字符型量是否为数字字符。若是，将 0 转换为 9，1 转换为 8，等等，否则不变。

3-2　阅读程序，说明其在分别输入 1 和 –1 时的输出结果。

```
#include <stdio.h>
void main( )
{
  int a, x, y, z, u;
  scanf("%d", &a);
  x = y = z = u = 0;
  if(a > 0)
   x = 1;
  else
   y = 2;  z = 3;
  u = 4;
  printf("%d, %d, %d, %d", x, y, z, u);
}
```

3-3　编写程序，读入一个三角形 3 个边的长度，判断其是否构成三角形。若是，判别其是否为等边、等腰、不等边以及锐角、钝角和直角三角形。

3-4　编写程序，分别用 if 语句和 switch 语句根据输入的 x 值和下述公式计算相应的 $f(x)$ 值。

$$f(x) = \begin{cases} x, & 0 \leqslant x < 10 \\ 2x+1, & 10 \leqslant x < 20 \\ x^2, & 20 \leqslant x < 30 \\ (x+1)^2, & 其他 \end{cases}$$

3-5 输入一个不超过 5 位的正整数，编程解决如下问题：

（1）判断它的位数。

（2）分别输出每一位数字。

（3）输出所有数字的和。

3-6 利用三个圆柱搭一个如图 3.3 所示的建筑物，圆心分别为(0,2)、(–2,–2)和(2,–2)，圆柱半径为 1。已知 A 柱高 10m，B 柱和 C 柱高 20m，将一个三角形平板铺在柱上，此外无任何建筑物。编程接收一个平面点的坐标，判断其高度。

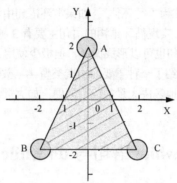

图 3.3 三个圆柱搭建的建筑物

3.6 编 程 实 战

E3-1 题目：多分支计算

内容：输入一个 double 类型的数 x，依据下述公式计算并输出相应的函数值 $f(x)$。

$$f(x) = \begin{cases} -1, & x < 0 \\ 0, & x = 0 \\ x, & 0 < x \leqslant 8 \\ x(x+1), & 8 < x \leqslant 20 \\ (x-2)^2, & \text{其他} \end{cases}$$

目的：掌握阶梯式的条件语句的用法。

思路：采用阶梯式的条件语句逐个判断并计算表达式的值。

E3-2 题目："石头剪刀布"游戏

内容：模拟两个人的输入（石头、剪刀、布），判断出谁是胜利者。

目的：熟悉 switch 结构的程序设计方法。

思路：定义 3 个常数 STONE、CUTTER 和 PAPER 分别代表石头、剪刀和布；接收键盘的两次输入；利用 switch 语句嵌套判别二者的关系。

E3-3 题目：日期判定

内容：输入当天日期（年、月、日），判断并输出其下一天的日期。

目的：熟悉分支结构的程序设计方法。

思路：查询系统日历，确定本月的天数；将日变量加 1，如果不超过本月天数则输出新日期，否则，置日变量为 1，并将月变量加 1。检查月变量，若不超过 12，输出新日期，否则，置月变量为 1，年变量加 1，输出新日期。

第 4 章　循环结构与数组

在程序设计中，经常需要处理重复或基本重复的问题，这就需要使用循环结构。简单地说，循环结构的功能是在指定的条件满足时重复执行一段代码。一般来说，循环语句中的"指定条件"称为"循环终止条件"，被重复执行的代码称为"循环体"。如果循环语句中利用某个变量来参与控制循环执行的次数则称其为"循环控制变量"。实现循环结构的语句主要有 3 种，分别是 while 语句、do while 语句和 for 语句。此外，利用 goto 语句也可以形成循环，但极少使用。

除了循环流程控制外，本章介绍了一种重要的构造类型——数组。数组是一种处理批量数据的技术，利用数组和循环结构能够容易地解决大量的应用问题，如大批量数据的输入、输出、存储、查找以及排序等。

4.1　while 语句与 do while 语句

4.1.1　while 语句

形式上最简单的循环控制语句是 while 语句，一般使用格式为：

```
while(condition)
    statement
```

循环语句中的表达式 condition 一般被称为"条件表达式"，代表了循环的终止条件。为了突出其作用，这里用 condition 而非 expression 来表示。此语句的流程是：

① 计算并测试 condition 的值；

② 若 condition 的值为真（非 0），执行其后的语句 statement（循环体），再重新返回到①进行表达式测试；若为假（0）则语句结束。参见图 4.1。

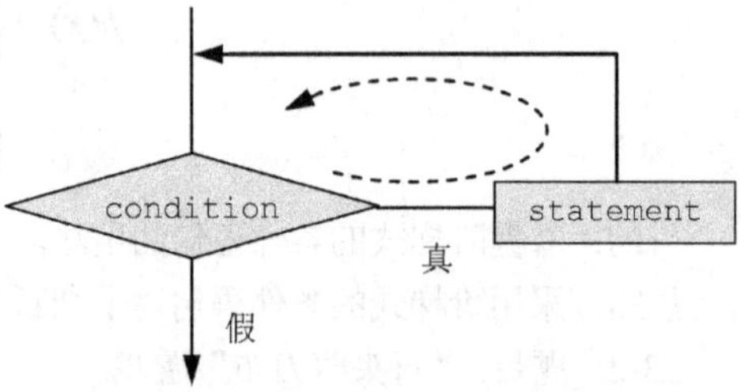

由于 while 语句先测试条件表达式，因此，若表达式的初始值为 0，则循环体语句一次也不会执行。

例 4.1　计算 $\sum\limits_{1}^{100} k = 1 + 2 + 3 + \cdots + 100$。

这是一种已知循环次数的简单循环，可以用如下方法来计算：定义一个变量 sum 存储最终的百数之和，初始时将其清 0。再利用一个变量 k，使其值由 1 逐渐增加到 100，每次增加时将 k 加到 sum 上。此过程称为"累加"。

图 4.1　while 循环的流程

```
#include <stdio.h>
void  main( )
{
    int  k = 1, sum = 0;
    while(k <= 100)
    {
```

```
    sum += k;                    /* 将 k 累加到 sum 上 */
    ++k;                         /* 更新 k, 以使条件表达式 k<=100 产生变化 */
    }
    printf("%d", sum);
}
```

在循环中，k<=100 是循环终止条件，其后的复合语句构成了循环体。变量 k 就是循环控制变量。

通常，循环语句的条件表达式总是变化的，并在若干次循环之后为 0，以使 while 语句能在循环一定次数后终止，否则就成了无限循环。

```
int  k = 1, sum = 0;
while(k <= 100)
  sum += k;                      /* 未修改变量 k, 导致循环不能终止 */
```

这样的循环在运行后会导致系统不再有任何响应，因为 k<=100 永远为真，这就是无限循环，俗称"死循环"。遇此情况可尝试用 Ctrl+Break 键中止。

例 4.1 中是通过逐渐增加控制变量 k 值使其最终大于 100 而达到结束循环目的的。

仔细体会 sum 和 k 的初始值是值得的。在存储求和结果时，sum 的初始值一般总是 0，但如果存储乘积的结果则通常是 1。k 的初始值可以是 1，但也可以为 0。如果为 0，则要先对 k 自加再求和，且循环的终止条件也要调整为"k<100"。

循环语句与 if 语句的差异是：在条件表达式为真时，if 执行一次语句后结束，但循环语句在执行循环体后并不结束，重新测试条件表达式。

如果循环次数不能事先确定，需要仔细研究和构造使循环终止的条件。

★提示 ┄┄┄
　　不管哪一种循环语句（while、do while 或 for），循环体只能由一条语句构成，在需要包含多个语句时必须组成复合语句。即便仅有一条语句，将循环体作成复合语句也总是可取的。
┄┄

例 4.2　利用公式 $\pi/4 \approx 1-1/3+1/5-1/7+\cdots$ 计算 π 的近似值，要求满足计算精度为 10^{-6}。

尽管此题目也是一个求和问题，但累加的次数不易事先确定。如果用 1/t 表示每次累加的值，则 1/t 就是指定的精度，可依此构成循环的终止条件。

```
#include <stdio.h>
void main( )
{
  int  sign = 1;                 /* 用 sign 表示符号 */
  double  pi = 0, t;
  t = 1;                         /* 设置 t 的初始值为 1 */
  while(1/t >= 1.0E-6)           /* 若 1/t 大于误差则进行迭代累加 */
  {
    pi += sign /t;               /* 累加 */
    t += 2;                      /* t+2, 使其为下一个奇数 */
    sign = -sign;                /* 符号取反 */
  }
  printf("\n%lf", 4*pi);         /* 输出结果 */
}
```

程序中每次累加的项需要变换符号，为此采用了一个变量 sign 来表示，初始值为 1 代表"+"号，每次循环修改其值使之在 1 和 –1 之间交替变化，进而使 1/t 也交替变换符号。

例 4.3　编写程序计算两个正整数的最大公约数。

最大公约数（GCD，Greatest Common Divisor）是指最大的公共因数。判别 a 是否为 b 的因数等同于测试 b 是否能被 a 整除，即测试 b%a 是否为 0。对给定的两个正整数 u 和 v，可以按下述"辗转相除算法"来计算它们的最大公约数：

① 若 v=0，终止，最大公约数等于 u；

② 否则，令 v 为新的 u，原来的 u 和 v 相除的余数为新的 v，流程转①。

```c
#include <stdio.h>
void main( )
{
  int  u, v;
  printf("Input u and v:");
  scanf("%d,%d", &u, &v);
  while(v)                          /* v 非 0 时执行循环 */
  {
    int  w = u%v;                   /* 记录 u 除以 v 的余数 */
    u = v;                          /* 设置 u 为上次的 v */
    v = w;                          /* 设置 v 为 u 除以 v 的余数 */
    printf("\nu=%d,v=%d", u, v);    /* 查看 u 和 v 的值的变化 */
  }
  printf("\nGCD is :%d.", u);
}
```

在循环体中，先定义了一个临时变量 w 以保存除法的余数，这 3 个语句的次序非常重要。有趣的是，如果输入时 u 小于 v，则第一次循环恰好交换了 u 和 v 的值。另外，循环体中增加了一个输出语句用于查看 u 和 v 的变化，本质上是不需要的。

循环语句中对循环体并没有特殊要求，也可以使用空语句。例如，下述语句每次循环接收一个字符，直到按回车键结束：

```c
    while(getchar() != '\n');              /* 无循环体 */
```

✦**工程**--
　　如果确实不需要循环体，应该增加必要的注释以明确说明。

4.1.2　do while 语句

do while 循环的基本格式如下：

```c
    do
      statement
    while(condition);
```

do while 语句的流程是：执行循环体语句 statement，测试条件表达式 condition，若为真则重新执行循环体语句，否则结束。参见图 4.2。

以下是利用 do-while 循环计算 1～100 之间整数之和的主要代码：

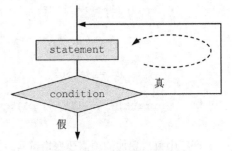

图 4.2　do-while 循环的流程

```
int  sum = 0,  k = 1;
do
{
   sum += k;
   ++k;
}while(k <= 100);
printf("%d", sum);
```

例 4.4　接收一行字符，统计其中英文字母、空格、数字字符和其他字符的个数。

```
s#include <stdio.h>
void  main( )
{
  int  ce = 0, cd = 0, cs = 0, co = 0;  /* 英文、数字、空格和其他字符的个数 */
  char  cx;
  do
  {
    cx = getchar( );
    if(('A' <= cx && cx <= 'Z')||('a' <= cx && cx <= 'z'))/* 是英文字母 */
      ++ce;                                           /* 英文字母变量增加*/
    else
      if('0' <= cx && cx <= '9')                 /* 是数字字符*/
        ++cd;                                    /* 数字字符变量增加 */
      else
        if(cx == ' ')                            /* 是空格 */
          ++cs;
        else
          ++co;                                  /* 其他字符 */
  }while(cx != '\n');                            /* 是换行符，终止 */
  printf("EngCount=%d,DigCount=%d,SpaceCount=%d,OtherCount=%d.",
         ce, cd, cs, co);
}
```

运行程序，输入"int␣12␣*␣3␣=␣36↙"，程序输出为：

```
EngCount=3,DigCount=5,SpaceCount=5,OtherCount=3.
```

注意，在其他字符的累计中包括了一个由回车键生成的'\r'字符。

do while 语句与 while 语句非常相似，主要差别是 do while 语句先执行循环体语句，然后再测试终止条件，而 while 语句先测试终止条件，再决定是否执行循环体。因此，do while 语句的循环体至少能够执行一次，但 while 语句的循环体可能一次也不会执行。不过，将 while 语句的循环终止条件设置为一个恒真的表达式可以消除这种差别，如：

```
while(1)
  statement
```

当然，这需要在循环体中增加使 while 语句能够结束的控制手段，如后文中的 break 语句和 return 语句等。

4.2   for 语句

如果能够用一个变量从某个初始值逐渐变化到终止值来控制循环，for 语句是一种最直接的选择。

4.2.1   for 语句的语法

for 语句的一般格式为：

```
for(expr1; expr2; expr3)
    statement
```

此语句含有 3 个表达式，为了理解其流程，可以改写成如下的等效形式：

```
expr1;
for(; expr2; )
{
    statement
    expr3;
}
```

从等效形式中可以清楚地看出 for 语句的流程：

① 计算表达式 expr1 的值，但仅计算一次，其后 expr1 与 for 语句再无关联。

② 计算 expr2 的值，若其值为 0，终止循环，否则执行循环体语句。可见，expr2 才是控制循环语句运转的条件表达式 condition。

③ 计算 expr3 并转②，重新判别 expr2。参见图 4.3。

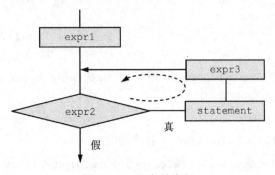

图 4.3   for 语句的流程

由此可见，如果将 expr1 和 expr3 分别作为语句，则 for 语句完全等同于 while 语句：

```
expr1;
while(expr2)
{
    statement
    expr3;
}
```

以下是用 for 语句计算 1～100 之间的整数之和的主要代码：

```
int  k, sum = 0;
```

```
for(k = 1; k <= 100; ++k)
  sum += k;
printf("%d", sum);
```

通常，在含有循环控制变量 k 时，可用表达式 expr1 为 k 赋初值，用表达式 expr3 修改 k，使循环控制变量增值。尽管 for 语句中有 3 个表达式，但只有表达式 expr2 才是循环终止条件。expr3 参与每次的循环，而 expr1 仅在刚进入 for 语句时执行一次。

✦ 工程
> 尽量不在 for 循环体内修改循环控制变量的值。

4.2.2　for 语句的特殊形式

1.　含有多个控制变量的循环

C 语言中没有严格意义上的循环控制变量，通常可认为它们是与循环次数有关的变量。因此，如果需要，可以使用任意多个循环控制变量。

以下是利用两个变量同时控制循环所实现的计算 1～100 之间的整数和的代码：

```
int  k, m, sum = 0;
for(k=1, m=100; k < m; ++k, --m)
  sum += k + m;
printf("sum=%d", sum);
```

为了将两个表达式置于一个表达式的位置，代码中使用了逗号表达式 "k=1,m=100" 和 "++k,--m"，目的只是为了满足 for 语句的语法要求，这也几乎是逗号运算的唯一作用。

2.　省略部分表达式的 for 语句

for 语句中的 3 个表达式并不是必需的，可以部分或完全省略。例如，求百数之和的循环语句可以改写成：

```
k = 1;
m = 100;
for(; k < m; )                    /* 等同于 while(k<m) */
{
  sum += k + m;
  ++k;
  --m;
}
```

特别地，for 循环中的表达式 2 也可以省略，此时相当于表达式 2 是一个恒为真的值。因此，下述两个语句是等同的：

```
for(expr1; ; expr3)               /* expr2 被省略 */
  statement
for(expr1; 1; expr3)              /* expr2 为恒真的表达式 */
  statement
```

由于这种 for 语句的条件表达式是恒真的，循环无法通过终止条件结束。因此，需要在循环体内特殊安排其他语句，使循环能在满足一定条件后终止，如后文的 break 语句和 return 语句等，否则就成了无限循环。

> **提示**
>
> 只有 for 语句的条件表达式可以省略，while 和 do while 语句中的条件表达式都不能省略。
> 另外，无论省略哪个表达式，for 语句中的两个分号必须保留。

3. 空语句作循环体

因为 for 语句中的表达式 2 和表达式 3 参加每次的循环，若合理安排，可能不需要循环体，即使用空语句作循环体。

例 4.5　计算一个整数的各位上的数字之和。

问题的解决方法是每次取得该整数除 10 的余数（个位上的数字），再用其除以 10 的商来更新原来的数。

```c
#include <stdio.h>
void main( )
{
  long  s,  x;
  scanf("%ld", &x);
  for(s=0; x != 0; s += x%10, x /= 10);
  printf("\n%ld", s);
}
```

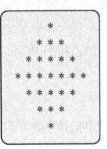

图 4.4　菱形图案

没有循环体可能使代码的可读性变差，但在字符串操作中，可以通过精心构造这样的语句来提高代码的效率。

无论是循环结构还是分支结构，C 语言对测试条件表达式后所执行的语句没有任何要求。因此，循环体中仍可以包含循环语句，从而构成"嵌套循环"或称"多层循环"。

例 4.6　利用循环语句打印图 4.4 所示的菱形图案。

因为菱形图案有 7 行，可以构造一个 7 次的循环，每次循环解决一个小问题，即输出一些空格后再输出若干个星号。每次循环时应记住这些字符的个数并在每行输出后更新。

```c
#include <stdio.h>
void main( )
{
  int  k,  m;
  int  cw = 3, cs = 1;          /* 空格和星号个数 */
  for(k=0; k<7; ++k)            /* 输出 7 行 */
  {
    printf("\n");              /* 换行 */
    for(m=0; m<cw; ++m)        /* 输出空格 */
      printf(" ");
    for(m=0; m<cs; ++m)        /* 输出星号 */
      printf("*");
    if(k < 3)                  /* 以第 4 行为界 */
    {
    --cw;
    cs += 2;                   /* 更新下一次的空格和星号个数 */
```

```
   }
   else
   {
      ++cw;
      cs -= 2;
   }
   }
   }
```

程序中每次对 k 循环时要增加一个是否已输出 4 行的判断，这在大型循环时会影响效率。为此，可以先将题目拆分成两个问题，分别打印上部和下部的两个三角形，分别组织一个 4 次和 3 次的循环，每次循环输出一行字符。

> **✦工程**
>
> 对于复杂的程序，"自顶向下，逐步求精"是一种十分有效的设计技术。这种技术的核心是：首先，从问题的整体（顶层）出发，将其分解成若干独立且互不交叉的子问题。其次，逐个解决这些子问题并组合成原问题的解。当然，对于子问题，也可以采取某种方式进行分解（求精），直到所分解的问题可以用简单方法直接解决为止。
>
> 这种做法就是将现实问题经过多次抽象（细化）处理，直到求解域中只是一些简单的算法描述和算法实现问题。这相当于将系统功能按层次进行分解，每一层不断将功能细化，到最后一层都是功能单一、简单易实现的模块。还可以理解为，在编制程序时，首先考虑程序的整体结构而忽视一些细节问题，再逐步一层层地细化程序直至用语句能够完全描述全部细节。

4.3　流程转移语句

流程转移也称"流程转向"，是指改变程序的顺序执行方式，迫使程序转移到其他地点（语句）继续执行。实现流程转移的语句包括 break、continue、goto 和 return，此处介绍前 3 条语句，实际编程时要将它们与条件语句或循环语句配合使用。return 语句的用法在第 5 章中介绍。

4.3.1　break 语句

break 语句的语法为：

```
break;
```

break 语句可用在 switch 语句和循环语句中，功能是终止当前结构，使程序流程转移到后续的语句。但应注意，在一个复杂的程序中，循环语句以及 switch 语句之间的嵌套甚至多层嵌套都是很正常的，break 语句只能中断包含它的最内层结构。

通常可以利用在循环体内增加条件测试和执行 break 语句的方法使循环提前结束：

```
for(k=1; k<=100; ++k)
{
   ch = getchar( );
   if(ch == '\n')
      break;                        /* 按回车键结束循环 */
   printf("%d\n", ch);             /* 显示输入字符的 ASCII 码值 */
}
```

上述程序至多可输入由 100 个字符组成的一行字符，由变量 k 从 1 增加到 100 来控制。不过，任何时候按了回车键，则执行 break 语句使循环立刻终止，程序仅会显示按回车键之前输入字符的 ASCII 码。这种情况下，for 语句有两个可能的出口（结束条件），即表达式 k<=100 为假或 ch=='\n'为真。

对于一个多层的循环结构，通常要根据内层结构的特征或采用附加标志变量的方法，经过多次使用 break 语句来终止。例如，下述代码利用二层循环输入整数，若输入的整数小于 0 则终止：

```
for(k=1; k<=10; ++k)                int  flag;
{                                   for(k=1; k<=10; ++k)
  for(m=1; m<=10; ++m)              {  flag = 0;              /* 清标志 */
  {                                    for(m=1; m<=10; ++m)
    scanf("%d", &x);                 {  scanf("%d", &x);
      if(x < 0)                         if(x < 0)
        break;                          {  flag = 1;  break; /* 置标志 */
  }                                     }
  if(m <= 10)    /* 终止外层循环 */    }
    break;                            if(flag == 1)          /* 终止外层循环 */
}                                       break;
                                    }
```

上述代码演示了这两种典型的处理方法，其一是利用内层循环的特征：若内层循环已完成了 10 次循环，必然有 m>10，即 m<=10 为真说明内层循环是提前结束的。另一种方法是增加一个标志 flag，在进入内层循环之前为其赋一个标志值 0，在内层循环中依据条件修改其值为 1。因此，在内层循环结束后就可以依据 flag 的值确定是否应终止外层循环。

4.3.2　continue 语句

continue 语句的语法为：

```
continue;
```

continue 语句只用于循环语句的循环体中。当执行到此语句时，程序跳过循环体中其他尚未执行的语句，立刻重新开始下一次循环。对于 while 语句和 do-while 语句，流程转移到循环终止条件处进行表达式测试，对于 for 语句则转移到表达式 expr3 处继续执行。

continue 语句与 break 语句的作用是不同的。continue 语句跳过循环体的剩余部分，如果条件为真则进入下一次循环，而 break 语句使整个循环语句被中断。

下述代码判断并输出 1～100 之间的所有既不能被 3 也不能被 5 整除的数。该语句的循环体执行 100 次，每次处理一个整数，但只有满足条件的整数被输出。

```
for(k=1; k<=100; ++k)
{
  if(k%3 == 0 || k%5 == 0)
    continue;                    /* 转移到++k 处，进行下一次循环 */
  printf("%d\n", k);            /* 只有 k%3==0||k%5==0 为假时才能被执行 */
}
```

> **提示**
>
> for 语句中的 continue 语句使流程转移到表达式 "expr3" 处进行控制变量增值，而不是直接转移到条件表达式处进行循环终止条件测试。

例 4.7　分析下述程序，说明其输出结果。

```c
#include <stdio.h>
void main( )
{
  char cx = 'A';  int k = 0;
  do
  { switch(cx++)
    {
        case 'A':  ++k;  break;
        case 'B':  --k;                  /* 此处无 break 语句 */
        case 'C':  k += 2;  break;
        case 'D':  k %= 2;  continue;   /* 开始下一次循环 */
        case 'E':  k *= 10;  break;
        default:   k /= 3;
    }
    ++k;
  }while(cx < 'G');
  printf("k=%d", k);
}
```

为了分析一个程序的功能，通常要利用程序中的初始值，或构造适当的输入数据（测试数据）来跟踪其执行过程。此程序中，每次循环共执行 switch 和 "++k;" 两个语句，但 cx 为字符 D 时不执行 "++k;" 语句。对于 switch 语句的每次执行，要将 cx 与 case 子句匹配后再使 cx 增 1。

第一次循环，cx 为字符 A，执行两次 "++k;"，其中一次来自 switch 语句，k 值为 2；

第二次循环，cx 为字符 B，执行 "--k; k+=2;" 和 "++k;"，k 值为 4；

第三次循环，cx 为字符 C，执行 "k+=2;" 和 "++k;"，k 值为 7；

第四次循环，cx 为字符 D，执行 "k%=2;"，k 值为 1；

第五次循环，cx 为字符 E，执行 "k*=10;" 和 "++k;"，k 值为 11；

第六次循环，cx 为字符 G，执行 "k/=3;" 和 "++k;"，k 值为 4。重新测试循环终止条件时，因循环终止条件为假而结束。故输出结果为 k=4。

注意代码中的 continue 语句是与 do while 结构而不是与 switch 结构匹配的，但它也导致 switch 语句被中断。

4.3.3　goto 语句

也称为"无条件转向"或"转移语句"，语法是：

```
goto label;
```

在使用 goto 语句时，首先需要定义一个标号 label。标号 label 是用作程序中的某个语句位置标志的特殊标识符，利用 goto 语句可以使流程转移到标号语句处继续执行。定义标号的规则是确定一个自定义标识符 label 并后跟一个冒号作为分隔符，形式为：

```
label:
```

但写在 goto 语句中不能再出现冒号。

以下代码定义了一个标号 repeat 作为累加语句的位置标记，再利用 goto 语句重新实现了对 1～100 之间的整数求和。

```
int  k = 1, sum = 0;
repeat:                                /* 注意定义标号 repeat 时后面的冒号 */
sum += k++;
if(k <= 100)
  goto repeat;                         /* 在 goto 语句中使用标号时不能加冒号 */
printf("%d", sum);
```

标号既可以位于 goto 语句之前，也可以位于其后，仅作为一个位置标识。

goto 语句破坏程序的结构化，因此，一种结构化的语言不应该依赖于它。C 语言的程序完全可以不使用 goto 语句，也不提倡轻易使用它，尤其不要直接转移到一个控制结构的内部。通常，仅在非常注重效率时可能使用这样的语句，如从多层循环内直接退出最外层循环。

工程

除非极特殊原因，否则不要使用 goto 语句控制流程。

4.4　循环结构的应用

尽管 C 语言有 3 种循环控制语句，外观上也存在着差异，但实质上并无区别。在形式上，while 语句和 for 语句是属于先测试终止条件的循环，故循环体有可能一次也不执行，而 do while 语句因后测试终止条件，循环体至少会执行一次。本质上，3 种循环语句都是"当型"循环，即都在当条件表达式 condition 为真时执行循环体，为假时终止。

通常，如果循环次数可以事先确定，使用 for 语句能使结构更清晰，否则可以考虑使用 while 语句或 do while 语句。事实上，到底使用哪一种语句多取决于个人习惯，只要配合使用条件语句和 break 语句，3 种循环语句之间都可以实现相互转换。

工程

在多重循环中，尽量将长循环置于内层，短循环置于外层，以提高效率。

例 4.8　根据公式 $e = 1 + 1/1! + 1/2! + 1/3! + \cdots 1/n! + \cdots$ 计算 e 的值，要求满足精度为 10^{-6}。

按照逐步求精的原则，应该先确定整体结构，再逐步对问题进行细化。这是一个简单的循环程序，核心工作是将若干个值累加到一个变量上。为此，可以先构造一个累加的骨架，再进一步计算出每次被累加的 $1/k!$。循环在 $1/k! < 10^{-6}$ 为真时终止。

```
#include <stdio.h>
void main( )
{
  double nfactorial, sum = 1.0;
  do
  {
      计算阶乘的倒数 nfactorial;            /* 细化后的子问题 */
      sum += nfactorial;                    /* 累加 */
  }while(nfactorial > 1.0E-6);
  printf("\n%lf", sum);
}
```

初学者可能采用下述循环来计算整数 k 的阶乘的倒数 nfactorial：

```
int  t, i, k = 10;
t = 1;
for(i=1; i<=k; ++i)
  t = t * i;                           /* 计算 k! */
nfactorial = 1/t;
```

这样的设计存在很多问题。一方面，每次计算阶乘的计算量非常大。同时，一个 int 类型的变量 t 不能存储太大的数，在 k 较大时必然导致 t 的值溢出。此外，计算 nfactorial 时应采用表达式 "1.0/t" 而不是 "1/t"。

事实上，为了防止数据过大，应该直接使用除法而不是乘法。同时，对于任意的正整数 k，由于 $1/(k+1)!=(1/k!)/(k+1)$，因此，后一次的阶乘倒数可以利用前一次的阶乘倒数除以 k+1 得到。据此可以编制如下的程序：

```
#include <stdio.h>
void  main( )
{
  double  sum = 1.0, nfactorial = 1.0;   /* 注意变量的初始值 */
  int  k = 1;
  while(nfactorial > 1.0E-6)
  {
   nfactorial /= k;                      /* 计算 1/k! */
   sum += nfactorial;                    /* 累加 */
   ++k;
  }
  printf("\n%lf", sum);
}
```

✦**工程**
> 不要直接使用浮点数控制循环的次数。因为误差的存在，当 k 为浮点型变量时，for(k=0;
> k<100; ++k)可能并非循环 100 次。

例 4.9 计算 100～200 之间的全部素数。

素数又称质数，是仅可以被 1 和自身整除的正整数。因此，若要判断 k 是否为素数，可以逐个测试 2～k–1 之间的整数能否整除 k，若能整除则 k 不是素数。因此，程序的主体结构是一个循环，每次对一个整数 k 进行测试，而测试仍需要一个循环，逐个检查 2～k–1 之间的整数 m 能否整除 k。

```
#include <stdio.h>
void  main( )
{
  int  k;
  for(k=101; k<200; k += 2)       /* 2 以外的偶数不是素数，不用测试 */
  {
   int  m;
   for(m=2; m<k; ++m)             /* 循环用小于 k 的整数 m 试除 k */
    if(k%m == 0)                  /* m 能整除 k，则 m 是 k 的因子，终止循环 */
     break;
   if(m >= k)                     /* 若没有整数 m 能整除 k，则 k 是素数 */
```

```
        printf("%4d", k);
    }
 }
```

由数学知识可知，若整数 k 没有 $2\sim\sqrt{k}$ 之间的因数，也就一定没有 $\sqrt{k}\sim k{-}1$ 之间的因数。因此，可以先用一个整型变量 c 来记录 sqrt(k)，并用表达式 m<=c 代替 m<k，以减少内层循环的次数。

> **⚒工程**
> 人们通常习惯使用 i、j、k、l、m、n 表示整数，用其他字母表示浮点数。

例 4.10　从键盘输入一行字符，统计其中的单词个数。此处认为一个单词是介于空格之间的字符序列。

解决问题的思路是：设置一个标志 startWord 表示一个新单词的开始，用 count 记录单词数量。在输入一个非空格字符时，如果它的前一字符为空格，表明这是一个新单词的开始，于是将 startWord 置 1，并进行计数 count=count+1。遇到一个空格时，设置 startWord 为 0，表明一个单词结束，或者没有进入任何单词。参见图 4.5。

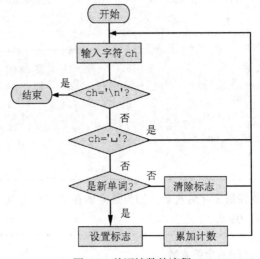

图 4.5　单词计数的流程

```
#include <stdio.h>
void main( )
{
    char ch;
    /* 单词个数和单词开始标志 */
    int count=0, startWord = 0;
    while((ch=getchar( )) != '\n')        /* 按回车键终止 */
    {
        if(ch == ' ')
            startWord = 0;                /* 输入空格时不是单词或标志上一单词结束 */
        else
            if(startWord == 0)            /* 若ch≠␣且startWord=0时 */
            {
                startWord = 1;            /* 表示一个新单词开始，设置标志 */
```

```
        count++;                      /* 将单词个数加 1 */
    }
}
printf("\nword numer =%d.", count);
}
```

若输入数据为 "␣␣Success␣comes␣when␣you␣work␣hard.␣↙"，程序的输出结果为：

```
word numer␣=6.
```

原则上，一个单词通常只应含有字母和数字字符而不包括其他字符，读者可据此适当改进上述程序，使其更加完善。此外，此程序只能计算出单词的个数，并不能告诉我们单词是什么。考虑到单词切分是一种有一定实用性的工作，后文将逐步采用其他技术完成最终的单词获取。

> ⭐**工程**
>
> 　　不要使用 ii、jj 之类的怪异的变量名。除了循环控制变量采用简单名字外，尽可能选择意义明确的名字来称呼每个对象。

4.5　一维数组的定义和引用

应用程序中经常需要存储和处理较大的数据量，仅依赖简单变量会使设计异常烦琐，甚至使问题难以求解。

例如，对于排序问题，要从键盘接收 n 个整数，再按由小到大的顺序输出这些数据。由于必须存储所有数据并进行排序，在 n 很大时，需要使用的简单变量数目、输入和输出语句的个数都是惊人的，要想依赖大量简单变量之间的比较运算实现排序也是不现实的。

代替使用大量变量的办法是一次使系统分配足以容纳 n 个整数的内存，并借助循环操作来降低程序的复杂性。为此，可以构造一种新的数据类型——数组。

数组是具有相同类型的数据的有序集合，用唯一的名字来标识，其元素可以通过数组名和下标来访问。因此，很容易借助循环结构来处理数组，使程序简化。数组可以是一维的或多维的。

4.5.1　一维数组的定义

一维数组的一般定义方式为：

数据类型　数组名[整型常量表达式 expr];

例如，下述语句定义了一个可容纳 10 个字符的数组 cs：

```
char  cs[10];
```

本质上，数组是由若干个具有相同类型的变量组成的，其中每个变量称为数组的"元素"。"数组名"是一个自定义标识符，用作数组的整体标识。

在定义数组时应注意下述问题：

① "数据类型"说明该数组元素的数据类型。因为数组 cs 定义中的数据类型为 char，说明该数组只能存放 char 类型的数据；

② 方括号[ ]中的表达式 expr 必须是一个整型常量表达式，可以包括宏和直接常量，称为"数组长度"，代表组成数组的元素个数。注意定义中的[ ]不能写成( )，数组长度不能为空或含有变量。

✦提示

数组的数据类型就是"数组类型"，是一种由编程者构造的类型。通常的说法，如"整型数组"、"字符数组"表示它们的元素类型是"整型"和"字符型"。

下述代码分别定义了长度为 10 和 20 的 int 类型数组 a 和 double 类型的数组 b：

```
int  a[10];
double b[20];
```

定义一个符号常量可以使数组的长度更容易辨认和维护：

```
#define  N  10
#define  COUNT  20
int  a[N];
double b[COUNT];
```

✦工程

利用符号常量表示数组长度可以使代码清晰，易于维护，也便于测试。只要将符号常量的值临时调小，就可以在一个小的数据集上完成对程序的测试。

4.5.2　一维数组的引用

尽管利用数组可以一次性建立一组变量（数组元素），但数组不能作为整体来操作，只能单独使用数组的元素，而每个元素是用数组名和下标来表示的，其格式为：

> **数组名[下标]**

这里的下标是一个整型表达式，从 0 开始。因此，对于前述定义中的数组 a，组成数组的元素是 a[0]，a[1]，…，a[9]。

一个带下标的数组元素与普通变量完全相同，或者说，数组名、[ ]和下标构成了一种特殊的变量名。例如，下述语句分别为一个元素赋值和从键盘接收一个元素的值：

```
cs[2] = 'a';
scanf("%d", &a[5]);
```

尽管一个数组的每个元素都与普通变量的含义完全相同，但使用数组比定义多个具有相同类型的普通变量更好，这是因为数组的变量名可用整数（下标）来表示，可随整数的变化而改变，便于使用循环结构来处理。

例 4.11　从键盘接收 10 个整数，再按与输入相反的次序输出这些数据的平方数。

```
#include <stdio.h>
void main( )
{
  int a[10], k;                    /* 定义一个长度为 10 的整型数组 a */
  for(k=0; k<10; ++k)              /* 相当于 10 个输入语句，每次输入一个变量的值 */
    scanf("%d", &a[k]);
  for(k=0; k<10; ++k)                 /* 每次输出一个变量（数组元素）的平方 */
    printf("%4d", a[9-k]*a[9-k]);    /* 利用下标体现倒序 */

}
```

程序中体现了使用循环语句和下标表示的变量 a[k]和 a[9-k]完成数组元素的输入和输出的方法，下标 9-k 体现了与 k 相反的次序。

使用数组时必须警惕的一个至关重要的问题是 C 语言不做数组边界检查，设计时必须认真核对上、下限以免超界。例如，对于例 4.11 中定义的数组 a，正确的元素引用必须是 a[0]～a[9]。但是，无论使用什么样的整数 k，编译器也不会认为 a[k]是错误的引用，但 a[-5]、a[10]、a[100]之类的下标已超出了数组的存储空间，引用了未知的内存。如果将数据存入这样的变量，将会引起难以预料的后果。因此，超界的数组下标引用是 C 程序设计中最严重的错误之一。

> **🌟 提示**
>
> C 语言不检查数组的边界。认真检查数组边界，防止超界访问是保证编写健康程序的基础，也是编程者的责任。

4.5.3　一维数组的定义初始化

与普通变量一样，数组在定义之后，所有元素的值都是未知的，但也可以在定义数组时进行初始化。数组初始值的写法与数学中的集合写法一致，用{ }列出元素的值，形式为：

> **数据类型　数组名[整型常量表达式 expr] = {值 1，值 2，…，值 n}；**

实际应用时可以表现为如下几种初始化方式。

（1）完全初始化

在定义数组时按顺序为元素指定初始值。例如：

```
int  a[8] = {2, 5, 4, 9, 4, 6, 3, 9};
char b[5] = {'H', 'e', 'l', 'l', 'o'};
```

（2）不完全初始化

如果仅知道部分元素的初值，可以进行"不完全的初始化"。下行代码只给出了数组的前 4 个元素的初始值：

```
int  a[8] = {2, 5, 4, 9};
```

应注意的一个细节是：如果仅定义数组而不提供初值，数组的所有元素的值都是不确定的。一旦进行初始化，系统将自动对没有初始值的元素赋初值 0。因此，上述数组 a 的后 4 个元素 a[4]～a[7]的值均为 0。由此，可以采用下面的简单形式给一个数组的所有元素赋初始值 0：

```
int  a[10] = {0};
char cx[20] = {0};
```

在对数组做不完全初始化时，只能按由前到后的顺序提供元素的初始值。

（3）无长度指示的完全初始化

如果提供了所有元素的初值，可以在定义时不指明数组的长度。此时，系统会根据初值的个数自动测试并设置数组的长度。因此，下面两种形式是等价的：

```
int  a[5] = {-1, 0, 1, 3, 4};
int  a[ ] = {-1, 0, 1, 3, 4};
```

对数组的初始化可简化代码，因为在没经初始化的数组定义后，各元素的值只能逐个处理，通常需要利用循环或大量的赋值语句来实现。

例 4.12 说明下述程序的输出结果。

```c
#include<stdio.h>
void main( )
{
  int a[3]={1, 2};
  int i, j;
  for(i=0; i<3; ++i)
    for(j=0; j<3; ++j)
      a[i] = a[j]+1;
  printf("\n%d", a[1]);
}
```

经过不完全的初始化后，数组元素 a[0]、a[1] 和 a[2] 的值分别为 1、2 和 0。由于内层循环每次要对 a[i] 赋值，故当 i<2 时，只相当于 a[i]=a[2]+1。因此，经过外层循环后，变量 a[0] 和 a[1] 都被赋值为 a[2]+1，故程序输出结果为 1。

> **提示**
>
> 不可能将一个集合或数组的值直接赋给另一个数组，必须单独处理数组的每个元素。下面的代码总是错误的：
>
> ```c
> int a[8], b[8];
> a = {2, 5, 4, 9, 4, 6, 3, 9};
> b = a;
> ```

4.6　一维数组的应用

利用数组作为工具，可以一次性地存储大量的数据，并利用循环语句处理数组的元素，使程序实现更强的功能，解决更复杂的问题。

例 4.13 从键盘接收 10 个浮点数，计算并输出它们的最大值和最小值。

定义一个浮点型数组，通过循环接收 10 个浮点数并存放到数组中。再利用变量 max 和 min 记录最大元素和最小元素，初始时假定它们都是第一个元素。利用循环语句逐个将其余元素与它们进行比较，若发现有新的元素大于 max 或小于 min，则用此元素更新 max 或 min，以保证每次循环时 max 或 min 都能存储临时的最大值和最小值。

```c
#include <stdio.h>
#define N 10
void main( )
{
  double a[N], max, min;        /* 定义数组 */
  int k;
  printf("Input elements of array :\n");
  for(k=0; k<N; ++k)            /* 用循环逐个输入数据，数据间用空格分隔 */
    scanf("%lf", &a[k]);        /* &a[k] 是每个元素的地址 */
  max = min = a[0];             /* 初始时假定第一个元素最大且最小 */
  for(k=1; k<N; ++k)           /* 将其余元素逐个与 max 比较 */
```

```
   {
      if(a[k] > max)
         max = a[k];                          /* 更新 max */
      else                                     /* 只有不大于 max 的 a[k] 才有可能是最小的 */
         if(a[k] < min)
            min = a[k];                        /* 更新 min */
   }
   printf("max = %lf, min = %lf\n", max, min);
}
```

运行程序，输入"2␣4␣2␣5␣4␣9␣4␣6␣3␣9↙"，程序的输出结果为：

```
max␣=␣9, ␣min␣=␣2
```

从应用设计的角度衡量，上述代码的质量并不高。在数组的元素比较复杂时，记录最大和最小元素的下标通常比直接记录值更好，方法是：初始化 max=min=0，再将每次的比较修改为 a[k]>a[max] 和 a[k]<a[min]。若条件成立，用 max=k 或 min=k 来更新记录。

例 4.14　输入一行字符，统计其中各种英文字母、数字、空格和其他字符出现的个数。

由于大小写英文字母共 52 个，加上数字、空格和其他字符，共有 64 个之多。因此，需要采用数组来记录它们出现的次数。不过，如果利用 switch 语句来分情况累计就会导致大量的 case 字句。因此，这里将字母直接映射为下标。

```
#include <stdio.h>
void  main( )
{
   int   count[64] = {0}, i;                  /* count 的所有元素初始化为 0 */
   char  cx;
   while((cx = getchar()) != '\n')
   {
      if(cx >= 'A' && cx <= 'Z')              /* 大写字母 */
         ++count[cx-'A'];
      else
         if(cx >= 'a' && cx <= 'z')           /* 小写字母 */
            ++count[26+cx-'a'];
         else
            if(cx >= '0' && cx <= '9')        /* 数字字符 */
               ++count[52+cx-'0'];
            else
               if(cx == ' ')
                  ++count[62];                /* 空格 */
               else
                  ++count[63];                /* 其他字符 */
   }
   for(i=0; i<64; ++i)
      printf("%4d", count[i]);
}
```

变量 count[0]~count[25]、count[26]~count[51]、count[52]~count[61]、count[62] 和 count[63] 分别存储大写字母、小写字母、数字字符、空格和其他字符的个数。于是，利用表达式 start+cx-base 就可

以直接根据字符 cx 找到其对应的数组元素下标，这里的 start 分别是 0、26 和 52，对应着存放第一个大写字母 "A"、小写字母 "a" 和数字字符 "0" 的元素的下标，base 则分别代表这些起始字符，cx-base 给出了字符 cx 与起始字符的距离。

示例程序再次体现出数组的元素都要逐个处理的问题，即便输入和输出，也没有整体操作的语句。

例4.15　用选择排序法将10个数按由小到大的次序排序。

选择排序法的基本思想是：对 M 个数据组成的数组 a 做 M-1 遍处理。第 1 遍处理时，先在 a[0]~a[M-1] 中找到最小元素并将其与 a[0] 交换；第 2 遍处理时，在 a[1]~a[M-1] 中找到最小元素并将其与 a[1] 交换；以此类推。一般来说，在第 k 遍处理时，要在 a[k]~a[M-1] 中找到最小元素并将其与 a[k] 交换。简单地说，选择排序就是每次找出最小的元素并将其放到正确的位置。图 4.6 为一次排序示例。

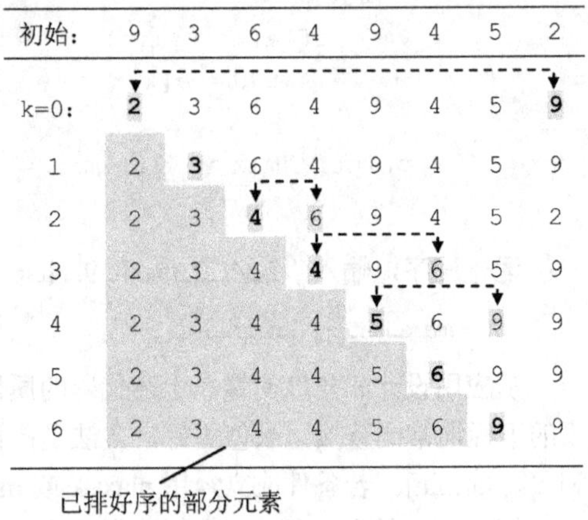

初始:	9	3	6	4	9	4	5	2
k=0:	2	3	6	4	9	4	5	9
1	2	3	6	4	9	4	5	9
2	2	3	4	6	9	4	5	2
3	2	3	4	4	9	6	5	9
4	2	3	4	4	5	6	9	9
5	2	3	4	4	5	6	9	9
6	2	3	4	4	5	6	9	9

已排好序的部分元素

图 4.6　选择排序示例

```c
#include <stdio.h>
#define M 10
void main( )
{
    double a[M], t;
    int k, m, min;
    for(k=0; k<M; ++k)
        scanf("%lf", &a[k]);
    for(k=0; k<M-1; ++k)
    {
        min = k;
        for(m=k+1; m<M; ++m)        /* 找 a[k]~a[M-1]中最小元素的下标 min */
            if(a[m] < a[min])
                min = m;
        if(min != k)                /* 如有必要，交换最小元素与局部的第一个元素 */
        {
            t = a[k];
            a[k] = a[min];
            a[min] = t;
        }
    }
    printf("The sorted data: ");   /*输出排序结果*/
    for(k=0; k<M; ++k)
        printf("%lf;", a[k]);
}
```

程序中用变量 min 记录每行的最小元素下标，可能需要与之交换的元素是 a[k]。运行程序，输入 "34␣-6␣12␣8␣10␣50␣26␣-2␣7␣22↙"，程序输出结果为：

```
The sorted data: -6;-2;7;8;10;12;22;26;34;50;
```

⚙️工程

构造合适的数据集测试自己的程序。对于一个求数组中元素最大值的程序，至少要采用 3 个测试数据集，分别对应最大元素为第一个元素、中间部位的元素和最后一个元素。对边界数据的测试尤为重要。

4.7　二　维　数　组

存储若干个实数可以使用一维数组，但描述平面上的点时，使用一个二维数组可能比使用两个一维数组更方便，描述三维空间的点则可以使用三维数组，等等。

一个 n 维数组的一般定义格式如下：

> **数据类型　数组名[expr1][expr2]…[exprn] = { 初始值列表 };**

定义中的 expr1 至 expr$n$ 是每个维的长度，都是整型常量表达式。与一维数组类似，高维数组中每维的下标也都从 0 开始直到该维的"长度–1"结束。

例如，下述代码定义了一个二维数组 a 和一个三维数组 b：

```
int  a[3][4];
double  b[3][6][4];
```

通常，使用三维以上数组的情况并不常见，主要因为多维数组要计算复杂的下标，会降低速度，也会使内存消耗很快。这里仅介绍二维数组的使用方法，三维以上的数组类似。

4.7.1　二维数组的定义与引用

二维数组的一般定义格式为：

> **数据类型　数组名[行数 expr1][列数 expr2];**

二维数组的第一个维数表达式 expr1 表示数组的行数，第二个维数表达式 expr2 表示数组的列数。例如，下述定义中的 a 是一个 3 行 4 列的数组：

```
double  a[3][4];
```

此数组共有 12 个元素，每个元素都是 double 类型的变量。

二维数组的元素要通过两个下标来引用，数组名与行下标和列下标构成了元素的变量名。因此，数组 a 由 12 个 double 类型的元素 a[0][0]～a[0][3]、a[1][0]～a[1][3]、a[2][0]～a[2][3]组成，每个数组元素 a[i][j]都是一个普通的 double 型变量。

除了多一个维数之外，二维数组与一维数组在元素的使用上是相同的，但由于二维数组含有两个下标，故经常要使用"二层"的循环。例如，下述代码从键盘读入数组 a 的值。

```
double  a[3][4];
int  k, m;
for(k=0; k<3; ++k)
  for(m=0; m<4; ++m)
    scanf("%lf", &a[k][m]);   /* 使用变量地址 */
for(k=0; k<3; ++k)
```

```
for(m=0; m<4; ++m)
    printf("%lf", a[k][m]);    /* 输出全部元素 */
```

二维数组与数学中的矩阵是相当的。

4.7.2 二维数组的定义初始化

从编程的角度看，二维数组是由多个简单变量组成的。由于一维数组是集合，因此二维数组也可以看作由集合为元素构成的集合。正是因为如此，二维数组可以有很多种"灵活"的初始化方式，其中的一些方式是从一维数组继承来的，且与数组元素的存储方式有关。

1．二维数组的存储

不管数组的维数是多少，元素都被连续地存储在"一维的"内存中。二维数组是按行存储的，即按顺序先存储第一行的元素，再按顺序存储第二行的元素，如此直到最后一行元素。例如，对于上述3行4列的数组a，其元素在内存中的位置关系如图4.7所示。

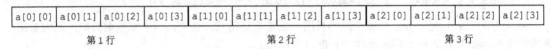

| a[0][0] | a[0][1] | a[0][2] | a[0][3] | a[1][0] | a[1][1] | a[1][2] | a[1][3] | a[2][0] | a[2][1] | a[2][2] | a[2][3] |

第1行　　　　　　　　　　　第2行　　　　　　　　　　　第3行

图4.7　二维数组的按行存储方式

由于二维数组按行存储元素，因此既可以将其按元素对待，也可以按行处理。

更高维数组的存储与二维数组类似，越靠前的下标变化越慢，也就是说，对于一个n维数组，第n维的下标先变化，其次是第$n-1$维下标变化，再次是第$n-2$维下标变化，以此类推，最后是第一维的下标变化。

2．二维数组的初始化形式

（1）按行初始化

因为按行存储的关系，可以将二维数组的每一行看作一个整体，且因为每一行都是一维数组，故可以按下述方式进行初始化：

```
int a[3][4] = {{0, 0, 2, 4}, {2, 5, 4, 9}, {4, 6, 3, 9}};
```

定义中将3行元素按顺序分别用括号分界，各表示一个集合，体现了二维数组由一维数组构成的特征，也是最清晰的初始化方式。

★工程 --------------------------------------

在数据量较大时，保持代码清晰易读是很重要的：
```
int a[3][4] = { {0, 0, 2, 4},
                {2, 5, 4, 9},
                {4, 6, 3, 9}
              };
```
如果数组的长度发生变化，这样的代码更容易修改。

（2）纯一维方式初始化

因为元素在内存中总是一维的，因此初始化时可去掉内层的括号：

```
int a[3][4] = {0, 0, 2, 4, 2, 5, 4, 9, 4, 6, 3, 9};
```

这种方式不够清晰，也会给数据的查找与核对带来困难。

（3）不完全初始化

因为每一行被视为整体，可以提供部分行作为初始值，如：

```
int  a[3][4] = {{0, 0, 2, 4}, {2, 5, 4, 9}};
```

此定义中，由于为前两行提供了初始值，第三行所有元素 a[2][0]～a[2][3]的值均由系统初始化为 0。

还可以对数组中的行进行不完全的初始化：

```
int  a[3][4] = {{0, 2, 4}, {2}};
```

此时，只有a[0][0]、a[0][1]、a[0][2]和a[1][0]分别得到初始值 0、2、4 和 2，其他元素均由系统初始化为 0。

（4）无长度指示的初始化

如果能够提供全部的初始值，也可以不指明数组的长度。例如：

```
int  a[ ][4] = {{0, 0, 2, 4}, {2, 5, 6, 9}, {1, 3, 6, 0}};
int  a[ ][4] = {0, 0, 2, 4, 2, 5, 6, 9, 1, 3, 6, 0};
```

系统对这种方式定义的数组自动设置长度，等同于如下定义：

```
int  a[3][4] = {{0, 0, 2, 4}, {2, 5, 6, 9}, {1, 3, 6, 0}};
```

值得注意的是，任何时候，二维以上的数组在定义时至多只能省略第一维的长度。

高维数组在定义时的初始化能够明显简化程序代码，如果不在定义时初始化，只能逐个为每个元素赋值。

4.7.3　二维数组的应用

例 4.16　输入一个二维数组的元素，计算其四周的所有周边元素之和。例如，数组为：

$$\begin{bmatrix} 1 & 2 & 3 & 4 \\ 5 & 6 & 7 & 8 \\ 9 & 10 & 11 & 12 \end{bmatrix}$$

其周边元素之和为(1+2+3+4)+(9+10+11+12)+(5)+(8)=65。

下述程序先用一个循环求出首行和末行的元素之和，再累加首列、末列的元素。

```
#define  ROW  3                        /* 行数 R */
#define  COL  4                        /* 列数 C */
#include <stdio.h>
void  main( )
{
  int  a[ROW][COL], s = 0, m, n;
  for(m=0; m<ROW; ++m)
    for(n=0; n<COL; ++n)
      scanf("%d", &a[m][n]);           /* 逐行读入数组的元素，以空格分隔 */
  for(n=0; n<COL; ++n)                  /* 将首行和末行的元素求和 */
    s += a[0][n] + a[ROW-1][n];        /* s = (1+2+3+4)+(9+10+11+12) */
  for(m=1; m<ROW-1; ++m)               /* 将首列、末列元素求和，不包括列的首尾元素*/
```

```
    s += a[m][0] + a[m][COL-1];        /* s = s+(5)+(8) */
    printf("The sum is %d.", s);       /* 显示结果 */
}
```

例 4.17 将 1，2，…，m×n 回环填入一个 m×n 的数组，并输出数组的所有元素。填入后的数组范例如下：

$$
\begin{bmatrix}
1 & 2 & 3 & 4 \\
12 & 13 & 14 & 5 \\
11 & 16 & 15 & 6 \\
10 & 9 & 8 & 7
\end{bmatrix}
$$

这里给出的程序设计思路是：利用一个方向变量 direction 控制填入数据的走向（0 表示向右，1 表示向下，2 表示向左，3 表示向上），以确定下一个数的填入位置。一旦达到某个方向的边界，更新 direction 为下一个方向，并重新计算相应的填入位置。

```
#include<stdio.h>
#define  ROW 5
#define  COL 5                     /* 数组行数和列数 */
int  main( )
{
  int  a[ROW][COL];
  int  k, m=0, n=-1;              /* k 是被填充的整数，m、n 为填入位置 */
  int  direction = 0;            /* 填充方向，决定下标的变化。初始值 0 表示向右 */
  int  count = ROW * COL;
  for(k=1; k<=count; ++k)
  {
    switch(direction)
    {
      case 0: ++n;                    /* 水平，由左向右 */
              if(n == COL-1-m)
                direction = 1;        /* 达到右边界，调整方向向下 */
              break;
      case 1: ++m;                    /* 竖直，由上至下 */
              if(m == ROW-1-(COL-1-n))
                direction = 2;        /* 达到下边界 */
              break;
      case 2: --n;                    /* 水平，由右向左 */
              if(n == ROW-1-m)
                direction = 3;        /*达到左边界，调整方向向上 */
              break;
      case 3: --m;                    /* 竖直，由下至上 */
              if(m == n+1)
                direction = 0;        /*达到上边界，调整方向向右 */
    }
    a[m][n] = k;                    /* 填值 */
  }
  for(m=0; m<ROW; ++m)
  {
```

```
      for(n=0; n<COL; ++n)
        printf("%4d", a[m][n]);
      putchar('\n');
    }
  }
```

程序中没对代码做效率优化，如 "ROW-1-(COL-1-n)"，这主要是从方便理解的角度来考虑的。

4.8　习　　题

4-1　简要回答下述问题。

（1）for 语句中的 3 个表达式各有什么作用？省略时是什么含义？

（2）C 语言的 3 种循环语句有什么共同特点？

4-2　阅读下述程序，说明其输出结果。

（1）

```
int  k = 2;
while(k = 0) printf("%d",k),
  k--;  printf("\n");
```

（2）

```
/* 输入数据为"ADescriptor↙" */
#include<stdio.h>
void  main( )
{
  char  c;
  int  v0=0, v1=0, v2=0;
  do
    switch(c = getchar( ))
    {
        case 'a': case 'A':
        case 'e': case 'E':
        case 'i': case 'I':
        case 'o': case 'O':
        case 'u': case 'U': ++v1;
        default: ++v0; ++v2;
    }
  while(c != '\n');
  printf("\nv0=%d,v1=%d,v2=%d", v0, v1, v2);
}
```

（3）

```
#include <stdio.h>
void  main( )
{
  int  k = 0, m = 0;
  int  i, j;
  for(i=0; i<2; ++i)
```

```
    {
        for(j=0; j<3; ++j)
         ++k;
        k -= j;
    }
    m = i+j;
    printf("k=%d,m=%d", k, m);
}
```

4-3　按要求编写程序。

（1）计算 $\sum_{k=1}^{10} k + \sum_{k=1}^{5} k^2 + \sum_{k=1}^{20} \dfrac{1}{k}$。

（2）从键盘接收若干名学生的成绩，统计并输出最高成绩和最低成绩。

（3）勒让德（Legendre）提出了一个计算素数的通项公式：$a_n = n^2 + n + 41$，编程验证此公式的适用范围。

（4）从键盘接收一个浮点数 x 和一个整数 m，$0 \leqslant m \leqslant 6$，将 x 保留 m 位小数，第 $m+1$ 位四舍五入。例如，输入 123.456，保留 2 位小数时应输出 123.46（因为误差的存在，系统可能输出 123.459999）。

（5）计算分数序列 2/1，3/2，5/3，8/5，13/8，…的前 20 项和。

（6）Fibonacci（斐波纳契）数列是指满足 $F_1 = 1$，$F_2 = 1$，$F_n = F_{n-1} + F_{n-2}$（$n \geqslant 2$）的数列，试计算 Fibonacci 数列的前 40 个值。

（7）输出以下杨辉三角形的前 10 行。

$$\begin{array}{ccccccc} 1 \\ 1 & 1 \\ 1 & 2 & 1 \\ 1 & 3 & 3 & 1 \\ 1 & 4 & 6 & 4 & 1 \\ 1 & 5 & 10 & 10 & 5 & 1 \\ & & \cdots \end{array}$$

（8）输入整数 a 和 n，计算 $s = \overbrace{aa\cdots a}^{n\text{个}} - \overbrace{aa\cdots a}^{n-1\text{个}} - \cdots - aa - a$ 的值，$1 \leqslant a$，$n \leqslant 9$，$\overbrace{aa\cdots a}^{n\text{个}}$ 表示由 n 个 a 组成的整数。

（9）输入一个长度为 n 的数组的元素，将最后的 m 个元素循环移到前 m 个位置。

（10）用简单插入排序法将 n 个数按升序排序。简单插入排序法的基本思想是对数组 a 做 $n-1$ 遍处理，第 k（$1 \leqslant k \leqslant n-1$）遍处理时，由于前 $k-1$ 遍处理后，$a[0] \sim a[k-1]$ 已排成升序，第 k 遍处理只是要将 $a[k]$ 插入到序列 $a[0] \sim a[k-1]$ 的适当位置，以使得 $a[0] \sim a[k]$ 为升序。为此，可将 $a[k]$ 与 $a[0] \sim a[k-1]$ 的各元素依次比较，若有 m，$0 \leqslant m < k$，使 $a[m-1] \leqslant a[k] \leqslant a[m]$，则将 $a[k]$ 插入到 $a[m-1]$ 与 $a[m]$ 之间，否则 $a[k]$ 位置不变。

（11）有编号 0～11 的 12 个人顺时针围坐一圈，从第一个人开始做 1～3 顺时针报数，凡报到 3 的人离开座位。此过程一直进行到只剩下一人为止，输出此人的序号。

（12）利用迭代法计算方程 $f(x) = 0$ 的根的基本思想为：将 $f(x) = 0$ 变成等价的表示形式 $x = y(x)$，指定一个初始值 x_0，并依据公式 $x_1 = y(x_0)$ 计算出 x_1。若 $|x_1 - x_0| < \varepsilon$，迭代结束，否则，将 x_1 作为 x_0 并根据 $x_1 = y(x_0)$ 计算出新的 x_1，再比较二者的差。

利用简单迭代方法求方程 $\cos(x)-x=0$ 的一个实根，迭代公式为 $x=\cos(x)$。

（13）用牛顿迭代法求方程：$2x^3-4x^2+3x-6=0$ 在 1.5 附近的根，迭代公式为 $x=x-f(x)/f'(x)$。

（14）输入两个整数 m 和 n，并分别按如下规律打印 m 行 n 列的数字图形。

```
1              1  5  9  13        1   2   3   4
2 3            2  6  10 14        5   6   7   8
4 5 6          3  7  11 15        9   10  11  12
7 8 9 10       4  8  12 16        13  14  15  16
```

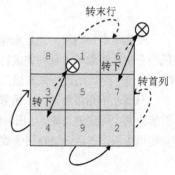

图 4.8　构造 3 阶幻方

（15）利用二维数组打印图 4.8 所示的奇数阶"魔方阵"。所谓魔方阵也称为"幻方"，是指由整数 1，2，…，n^2 组成的 $n×n$ 阶方阵，它的每一行、每一列及两条对角线上的元素之和都相等。图 4.8 是一个 3 阶的魔方阵。对于奇数阶的魔方阵，可以从最上层第一行的中间位置的 1 开始按序填写，每次将下一个数填在前一个数的右上方，特殊之处在于：①第一行的右上方在最末行；②最末列的右上方在第一列；③若右上方超过表格或已经填入了数据则填在前一个数的下一行对应的格里（图中箭头所示的位置）。

4.9　编 程 实 战

E4-1　题目：常数 π 的计算

内容：利用公式求 π 值：

$$\frac{\pi}{2}=1+\frac{1}{3}+\frac{1}{3}\times\frac{2}{5}+\frac{1}{3}\times\frac{2}{5}\times\frac{3}{7}+\frac{1}{3}\times\frac{2}{5}\times\frac{3}{7}\times\frac{4}{9}+\cdots$$

目的：掌握循环结构设计方法，体会逐步求精的程序构建技术。

思路：假定一个求和精度 ε；确定整体结构为累加求和，结束条件为被累加项小于 ε；每个被累加项由前一次的被累加项乘以一个分数得到。为此，要利用 a、b 记录分子和分母，并在每次循环时更新。

E4-2　题目：数组元素的保序插入

内容：有一个整型数组，其元素已按升序排列。现在输入一个整数，要求将其插入到数组中的适当位置并使插入后的数组元素仍是有序的。

目的：熟悉一维数组的使用方法，掌握循环结构的用法。

思路：利用循环查找应插入的位置 pos；再利用一个下标由大到小的循环将 pos 之后的元素从后到前逐个后移一位；将新元素插入到 pos 位置。

E4-3　题目：气泡排序

目的：掌握嵌套循环的用法，了解气泡排序法。

内容：气泡排序也称冒泡排序或起泡排序，功能是将 n 个数按由小到大的次序排序。

思路：气泡排序法的基本思想是对 n 个元素的数组 a 做 $n-1$ 遍处理，第 k（$0\leqslant k\leqslant n-2$）遍处理时，在 $a[0]\sim a[n-1-k]$ 范围中从前到后逐个比较两个相邻的元素 $a[m]$ 和 $a[m+1]$，如果 $a[m]>a[m+1]$ 则交换它们的值，使大的元素"沉到底部"，小的元素（气泡）"浮到上面"。

E4-4　题目：求鞍点

目的：了解二维数组的使用方法，熟练掌握嵌套循环结构。

内容：输入一个 m 行 n 列数组的元素，求出所有列的最大元素中的最小值。此点称为"鞍点"。

思路：假定一个临时最小值；对所有列循环，每次循环计算该列的最大值，并与临时最小值进行比较，且在需要时更新。

第 5 章　函　　数

依据"自顶向下，逐步求精"的原则设计程序时，一个重要的工作是对原问题的分解和描述，而适当分解后构成了一系列完成特定功能的独立单元，称为"模块"，也可称为过程、子程序和函数等，C 语言统一用"函数"来表述，并利用函数构成完整的程序。

从算法的角度看，一个函数是对解决某个问题的算法的描述，而对程序设计来说，函数代表了能够解决某个问题的功能。C 语言的函数与数学函数具有相同的概念和内涵，但描述问题的范围更广泛，功能也更强。本章详细介绍函数的定义、声明、参数传递规则和函数调用方法，以及变量的存储属性。

5.1　函数的定义与声明

5.1.1　函数定义

1. 为什么需要函数

首先考虑一个求和的数学问题。

例 5.1　计算 $\sum_{k=1}^{10} k + \left(\sum_{k=1}^{5} k \right)^2 + 1 / \sum_{k=1}^{20} k$ 的值。

程序由 3 个求和部分组成，只要逐个求出每一部分即可计算出最终结果。

```c
#include <stdio.h>
void main( )
{
  double s = 0.0, t;
  int k;
  for(k=1; k<=10; ++k)              /* 累加计算第一个和 */
    s += k;
  t = 0.0;
  for(k=1; k<=5; ++k)               /* 累加计算第二个和 */
    t += k;
  s += t * t;
  t = 0.0;
  for(k=1; k<=20; ++k)             /* 累加计算第三个和 */
    t += k;
  s += 1.0 / t;
  printf("sum = %lf", s);          /* 输出计算结果 */
}
```

程序中的 3 个"求和循环"非常相似，仅是计算的范围有差别。这里的求和就代表着一个算法或一种功能。可以想象，如果算法的代码很长，大量的重复代码会导致程序冗长。避免此类问题的方法是将求和部分的代码独立出来，定义成一个单独的函数，并通过共用此函数的办法来达到简化程序的目的。

将程序代码划分为模块带来了很多好处，不仅简化了程序，也可以将独立的模块单独编译，形成机器指令，其他程序可以直接使用而不必关心其实现的细节，也不需要重新编译，既节省了编译时间，也避免了代码的重复设计。事实上，我们一直使用的库函数都是这样预先设计的函数。

> ★**工程**
> 　　如果在编写代码时发现有相同或相似的代码可以使用，不要直接进行复制和粘贴。重复代码使得软件更为复杂，应该对重复的部分进行合并，置于单独的函数之中。

2. 函数定义的格式

为了将一部分代码独立组织成函数（function），必须遵循如下格式：

> 类型符　函数名**(形式参数说明表)**
> **{**
> 　　　代码
> **}**

这种描述规定了一个函数的名字、参数等信息，并给出了应该执行的完整代码，此过程称为"函数定义"或"函数实现"。

例如，对于例 5.1 中的求和循环，可以描述成图 5.1 所示的函数。

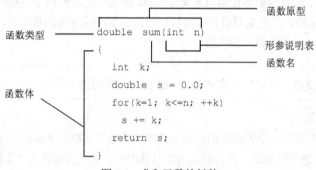

图 5.1　求和函数的封装

通常，C 语言中的函数与数学中的函数具有相同的含义。例如，一个数学中的函数可以表示成：

$$f(x, y) = x^2 + xy + y^3$$

其中，f 是函数名，x 和 y 为自变量。这里的 x、y 是一种"占位符"，只有在指定了它们的值时，才能计算出相应的函数值，如 $f(3, 10)$，这是一个实数。正是因为函数有了自变量，才使其有能力表示一组而不是一个值，并代表一个通用的计算公式。相比之下，图 5.1 中的 sum 为函数名，而 n 就是自变量，函数体对应着表达式计算功能。

3. 函数原型

在函数定义中，第一行的"函数首部"被称为"函数原型（function prototype）"，用于说明函数的基本特征。

（1）函数的类型

函数可以完成某种工作，也可能是计算一个数值并带回给使用者。此值称为函数的"返回值"，且返回值的类型就是函数的类型。例如，sum 函数的功能是计算一个 double 类型的累加和，故 sum 的函数类型为 double 类型。任何一个数据类型都可用作函数的类型，如 getchar 是 char、sqrt 为 double 等。简言之，函数类型说明了函数代表一个什么样的值。

因函数类型不同形成了两类差异性较大的函数：

① 计算型函数。这种函数需要得出计算结果，必须使用与计算结果相同的数据类型，如 sum。这样的函数与数学函数更接近。

② 处理型函数。函数可以只完成某些操作而不计算结果，没有返回值。此时，应将函数的类型写成 void，称为"空类型函数"。例如：

```
void prt( )
{
    printf("*****");
}
```

函数 prt 所做的唯一工作是显示 5 个 "*" 字符。这种函数具有比数学函数更广泛的意义。

当然，更多的函数可能既完成某些处理，还要带回部分结果，或者带回某些特殊的值作为标志。

✦工程
> 函数的功能要单一、规模要小，以使其便于理解、修改和复用。

（2）函数名

除了 main 函数外，所有函数名皆为自定义标识符。函数名之后的括号( )是函数的象征。在示例中，常用 f 或 func 来表示函数，但在实际设计应用程序时，应更准确地为函数命名，如用 sum 表示求和，line 表示画直线，setColor 表示设置颜色等。

✦工程
> 函数的名字应使用"动词"或者"动词+名词"（动宾词组）的形式。

（3）形式参数说明表

数学函数中的自变量在计算机语言中被称为"形式参数"或简称"形参"（parameter），如 sum 函数中的 n。在使用函数进行计算时，要为形参指定具体的值，这些值被称为"实参数"或简称"实参"。

利用不同的实参可以得到不同的函数值，如 sum(10)表示 $\sum_{k=1}^{10} k$ ，sum(15)表示 $\sum_{k=1}^{15} k$ 等。

数学函数的自变量通常仅为实数，但 C 语言中的形参可以是任何一种类型。因此，函数定义时不仅要说明形参的名字，更重要的是说明每个形参变量的数据类型，从而构成"形式参数说明表"。例如，下述函数 f 含有 4 个形式参数构成的形参说明表：

```
double f(int x, int y, float z, char c)
```

与定义普通变量不同，在形式参数说明表中，每一个形式参数都要独自列出并说明其类型，不能将类型相同的形参变量合在一起。下述函数原型中的 y 缺少类型说明：

```
double f(int x, y, float z, char c)      /* 错误的函数原型 */
```

形式参数的使用方法和范围与定义在函数中的普通变量完全相同，但它们的值要在调用此函数时被指定。

如果函数不需要从外界接收信息就可以没有任何形式参数，此时没有形参说明表，也可以填入 void 以明确表示没有参数。因此，前文的函数 prt 可以采用如下函数原型：

```
void prt(void)
```

4．函数体

函数体（body）是指括号{ }之间的内容，是一个复合语句结构，通常含有声明部分和可执行语句部分。这些语句描述了函数执行的操作、计算的步骤以及要返回的计算结果。

5．main 函数的特殊性

一个完整的 C 语言程序（指能够编译并独立运行的程序）中必须且只能有一个名字为 main 的主函数。在执行程序时，系统从 main 函数的第一条语句开始执行，且执行完其逻辑上的最后一条语句就标志着整个程序运行结束。因此，定义在程序中的其他函数都直接或间接地由 main 函数调用。除此之外，main 函数与其他函数的语法是一样的。

在一个 C 语言程序中，包括 main 在内的所有函数无主次之分，都必须单独定义。不允许在一个函数体内再定义另一个函数，即函数不能嵌套定义，这称为函数的"外部性"。

5.1.2　函数声明

为了能够正确使用函数，需要对函数进行声明（declaration）。声明的目的是让使用此函数的代码能够了解它的类型和形式参数信息，避免发生错误。

从编程者的角度看，函数有两类：其一是库函数，即系统所提供的标准函数；其二是自定义函数，但二者的处理方法是一致的，尽管初看起来表现形式稍有不同。

1．函数的原型声明

如前所述，函数原型就是指函数定义中除函数体以外的部分，增加一个分号就构成了函数声明，如：

```
double  sum(int n);
double  f(int x, int y, float z, char c);
```

也允许不写出形参名，但相对少见：

```
double  sum(int);
double  f(int, int, float, char);
```

函数原型声明说明了函数的类型、函数名以及参数的类型和次序。对函数的原型声明非常重要，可以使编译程序检查出几乎所有与格式有关的函数使用错误，从而增加程序的正确性和可靠性。

类型相同的函数可以放在一起声明，如：

```
double  sum(int n), f(int x, int y, float z, char c);
```

这种做法可能为注释带来困难，最好每个函数单独声明。

一个特例是 main 函数不必声明，因为 main 函数不被任何函数调用。此外，如果一个函数定义在前而使用在后，也允许不声明。

2．声明的位置

一个程序中通常会定义很多函数，最值得推荐的方式是将所有函数声明语句置于程序的头部，以使后序的每个函数都可自由地相互调用。功能一致或接近的函数（如数学类计算函数）的声明应放在一起，以便于阅读和管理。

C 语言允许将声明直接置于使用它的函数体内，如：

```
void main( )
{
    double sum(int n);        /* 不良代码：在函数 main 体内声明 sum */
    ...
}
```

这种方式人为增加了函数管理的难度，应避免使用。因此，总的观点是：坚持在程序的前部对除了 main 函数之外的所有自定义函数做单独的原型声明。

3．用#include 指令声明库函数

原则上，上述自定义函数的声明方式也适用于库函数。不过，C 语言采用了一种简单的方法来管理库函数的声明，就是将库函数的声明按功能分类保存在不同的头文件（.h 文件）中。因此，只要了解存储库函数声明的头文件，就可以使用#include 指令对库函数进行声明。例如，指数函数 pow 的声明记录于 math.h 文件中，利用下述命令就可以完成对 pow 的声明：

```
#include <math.h>
```

这就要求在学习使用库函数时，应注意了解记录其声明的头文件。

事实上，也可以直接用函数原型声明 pow 函数：

```
double pow (double x, double y);
```

此外，一个头文件中通常包括一类而非一个函数原型及相关常量，如数学处理类、输入/输出类等，使用一次#include 指令就完成了对其中所有库函数及常量的声明。

5.2　函数调用及返回

使用已定义和声明的函数称为一次"函数调用"。如果函数 fa 使用了函数 fb，则称 fa 调用了 fb，且 fa 为调用函数，fb 是被调用函数。

由于 main 函数是程序的入口和出口，程序中的其他函数都直接或间接地被 main 函数调用。因此，一个完整的程序就是以 main 函数为中心，依赖函数之间的调用关系构成的，参见图 5.2。

调用与被调用是相对的概念。例如，对于函数 main 和 fa，二者分别是调用函数和被调用函数，而相对于 fa 和 ga，fa 是调用函数，ga 为被调用函数。这种函数化（模块化）的程序设计方法可以使程序易于设计、理解、纠错和维护。

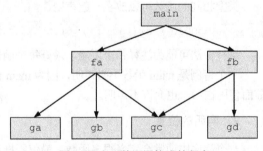

图 5.2　由函数调用构成的程序

5.2.1　函数的调用过程

利用 5.1 节定义的 sum 函数重新设计例 5.1 中的计算程序如下：

```
#include <stdio.h>                      /* 声明 printf 函数 */
double sum(int n);                      /* 声明 sum 函数 */
void main( )
{
  double s;
  s = sum(10);                          /* 计算第一个和 */
  s += sum(5) * sum(5);                 /* 计算第二个和 */
  s += 1.0 / sum(20);                   /* 计算第三个和 */
  printf("sum = %lf", s);
}
double sum(int n)
{
  int k;
  double s = 0.0;
  for(k = 1; k <= n; ++k)
    s += k;
  return s;
}
```

程序由 3 个函数 main、sum 和 printf 组成。如果没有函数调用，函数 sum 和 printf 都不会执行。当程序执行到函数调用表达式时，系统会临时暂停原来的流程，转而执行被调用的函数。在执行完被调用函数的代码后，重新返回到调用函数中继续执行被"打断"的流程。参见图 5.3。

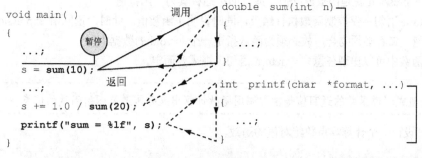

图 5.3　函数的调用过程

执行时，main 函数被 sum 函数"打断" 4 次，重复执行 4 次 sum 函数的代码。被 printf 函数打断一次，实现计算结果输出。

当然，在 sum 函数和 printf 函数内部也可以调用其他函数，一旦调用发生，sum 和 printf 也要暂停并去执行被调用的函数，从而形成了"嵌套调用"关系。

5.2.2　用 return 语句控制函数返回

在程序流程进入一个函数的函数体后，有两种情况意味着函数执行完毕，从而返回到被调用函数。

1. 执行完函数的所有代码

执行完被调用函数的最后一个语句，函数调用结束，返回到调用函数中继续执行。这种方式是"自然结束"的返回方式。

2. 使用 return 语句

这是更为有用且普遍使用的控制方式。return 是一个专门用在函数体内的流程控制语句，无论其处于函数体中的什么位置，一旦被执行，将无条件地结束函数的执行，返回调用函数。

return 语句有两种使用格式。

（1）无返回值

无返回值的 return 语句只表明函数结束，使控制流程从函数返回。格式为：

```
return;
```

自然结束或使用此格式的 return 语句表示函数没有计算结果，不带回任何值，故对应的函数类型为 void 类型。同时，如果 return 是函数的最后一条语句也可以不写。下面的两个函数是等效的：

```
void func(int a)                    void func(int a)
{                                   {
  printf("%d", a*a);                  printf("%d", a*a);
}                                     return;    /* 最后的语句 */
                                    }
```

（2）有返回值

通常，如果函数设计的目的之一是计算某个结果 expression，则要利用 return 语句将其带回到调用函数，格式为：

```
return expression;
```

此结果 expression 就是函数返回值，或者简单地称其为"函数值"。

这种 return 语句不仅控制函数执行结束，同时说明了函数值。此时，返回值 expression 的类型就是函数的类型，二者必须吻合，故必须为函数指定一个非 void 的数据类型。

在一个函数中可以出现任意多个 return 语句，视需要而定。

> ★提示
> 函数值或者说函数的返回值是由被调用函数计算出来并传递给调用函数的信息。

例 5.2　设计一个计算浮点数绝对值的函数。

```
double abs(double x)
{
  if(x >= 0)
    return x;
  else                              /* 此行可以没有 */
    return -x;
}
```

对于一次函数调用来说，根据 x 值的不同，只有一个 return 语句能被执行。因此，此例中的 else 行是可以没有的。

初学者应注意数学函数描述与 C 语言中的函数定义不同。在 C 语言函数中，函数值表达式必须通过 return 语句带回。例如，对于 5.1 节中的数学函数 $f(x,y) = x^2 + xy + y^3$，应该按如下方式定义 C 语言函数：

```
double f(double x, double y)
```

```
{
    return x*x + x*y + y*y*y; /* 不能缺少 return 而直接书写表达式 */
}
```

如果没有 return 关键字，表达式语句 "x*x+x*y+y*y*y;" 无任何意义。

5.3　形参与实参

5.3.1　函数的形式参数

很多情况下，函数要从调用者得到信息，因此需要利用形式参数来接收这些数据。合理确定函数参数是正确设计函数的基础。一般来说，函数的参数是函数中变化的量，而它们的值需要在调用时由调用者给出。

例如，下述函数在屏幕上显示一个由 "*" 组成的 10×5 矩形图案。

```
void drawRectPattern(void)
{
    int  k, m;
    for(k=0; k<10; ++k)               /* 显示 10 行 */
    {
        for(m=0; m<5; ++m)            /* 每行显示 5 列 */
            putchar('*');             /* 每个位置输出*字符 */
        putchar('\n');                /* 输出一行后光标换到下行 */
    }
}
```

因为输出的图案是固定的，没有任何信息需要从外界得到。因此，函数 drawRectPattern 没有形式参数，调用时也不需要实际参数。

如果考虑到组成图案的矩形大小是可变的，就需要采取变量来描述其行数和列数。为此，应该为函数增加表示行数和列数的形式参数，函数原型为：

```
void drawRectPattern(int row, int col)
```

函数实现中的 10 和 5 也要相应地修改为行数 row 和列数 col。

进一步说，组成图案的字符也可能根据需要而变化，这就需要再增加一个字符型的形参变量，以便能够接收外界指定的字符，函数原型为：

```
void drawRectPattern(int row, int col, char cx)
```

函数实现中的字符 "*" 应该修正为变量 cx。调整后的函数 drawRectPattern 可以显示任意指定大小和字符组成的图案，而调用该函数时就需要以具体的行数（int）、列数（int）和字符（char）作为实际参数。

★工程
　　仔细推敲每个参数是否必要，众多的参数需要多个输入项，不容易记忆和区分。

```
#include <stdio.h>
void drawRectPattern(int row, int col, char cx);   /*函数声明 */
```

```
void  main( )
{
  printf("\n");
  drawRectPattern (3, 4, '#');        /* 输出#组成的3×4 矩形图案 */
  printf("\n");
  rectPattern (5, 5, 'x');            /* 输出 x 组成的5×5 矩形图案 */
}
void  drawRectPattern(int  row, int  col, char  cx)
{
  int  k, m;
  for(k=0; k<row; ++k)
  {
    for(m=0; m<col; ++m)
      putchar(cx);
    putchar('\n');
  }
}
```

形参本身是定义在函数中的变量，其用法与在函数体中定义的变量相同。

⭐ **提示**

调用函数利用形式参数向被调用函数传递信息。

5.3.2　实参与形参的匹配

如果被调用函数有形式参数，在调用函数时就必须为其指定具体的值，这种值称为"实际参数"，简称为"实参数"或"实参"。例如，sum 函数能够求出一定范围的整数之和，但因为形参 n 本身没有确定值，故计算范围是不确定的。为了调用 sum，调用函数 main 必须准备与 n 对应的实际参数，如10、5 和 20 等，并写在参数 n 的对应位置。

无论被调用函数有几个形参，调用函数都必须准备相同个数的实参，并保证类型和顺序与形参完全对应。在调用函数时，形参变量的值就等于实际参数的值。如果函数原型中没有形式参数，调用时就不需要也不能填写实际参数。

实参数仅代表一个值，既可以是已被赋值的变量，也可以是常量或一般表达式。

5.3.3　函数调用表达式

以必要的实参数调用一个函数构成了"函数调用表达式"，但函数类型的不同影响了表达式的用法。

严格讲，函数调用表达式是利用函数调用运算符（一对圆括号）加上必要的操作数构成的，这些操作数包括函数名以及一组实际参数。例如，对于函数调用表达式 drawRectPattern (3, 4, '#')来说，运算符是"( )"，操作数为 rectPattern、3、4 和'#'。

1. 非 void 类型的函数调用表达式

如果一个函数的类型不是 void，则函数调用表达式是"函数类型"的表达式。当然，此函数中必须使用 return 语句带回一个表达式，此表达式的值就是函数调用表达式的值。

例如，对于例 5.2 中定义的函数 abs，表达式 abs(10.0)的值为 10.0，而表达式 abs(−10.0)的值也为10.0，这些表达式都是 double 类型的。

函数调用表达式与普通表达式在用法上一致，既可以作为语句，也可以参与其他运算。通常，对于纯粹的计算函数，如 sin、cos、sum 和 abs，将函数调用表达式用作语句是无意义的：

```
abs(-10);                          /* 错误：无效代码 */
sum(5);
```

它们的值应该被存储或参加其他运算，如：

```
double  y = abs(-5)+3;             /* 参加运算并将结果保存到变量 */
printf("abs = %lf", abs(-3));      /* 输出 */
```

例 5.3　编写函数，判别一个整数是否为素数。

这里将函数命名为 isPrime。由于 isPrime 要判别一个由实参数传来的整数是否为素数，因此需要一个 int 类型的变量作为参数。问题的关键是如何使调用函数能够知道 isPrime 的判别结果呢？答案是让 isPrime 返回一个标志。如果实参数是素数，令其返回值为 1，否则为 0。

```
int  isPrime(int  m)
{
  int  k;
  for(k=2;  k<m;  ++k)
    if (m%k == 0)
      return  0;                   /* 不是素数，返回 0 */
  return  1;                       /* 是素数，返回 1 */
}
```

函数中利用不超过 m 的整数 k 循环测试，若循环语句因为条件 m%k==0 而终止，说明 k 能整除 m，即 m 不是素数。若函数在循环中没有返回，则 m 是素数。

利用下述代码可以输出 100～200 之间的所有素数：

```
int  j;
for(j=101;  j < 200;  j += 2)
  if(isPrime(j))
    printf("%4d", j);
```

2．void 类型的函数调用表达式

void 类型的函数是自然结束或以 "return;" 语句结束的函数，这种函数所形成的调用表达式不能代表任何值，故通常被用作语句。例如，对于 drawRectPattern 函数，应该按如下形式调用：

```
drawRectPattern(3, 5, 'x');                 /* 显示 3 行 5 列由 x 组成的矩形图案 */
```

这种表达式参加运算没有实际意义，也不符合语法要求。例如：

```
x = drawRectPattern (3, 5, 'x') + 10;       /* 错误的函数调用表达式用法 */
```

这种使用方式会产生编译时的语法错误，如 "illegal operand of type 'void'" 或 "Not an allowed type"，含义是使用了非法的类型或操作。只有在几个特殊的、明显不注重类型的运算中可以使用 void 类型的表达式，主要是条件运算和逗号运算。例如：

```
x>1 ? drawRectPattern(3, 5, 'x') : drawRectPattern(6, 4, '%');
```

为了更好地理解函数类型、参数以及返回值的作用，下面的代码将第 4 章中的计算最大公约数算法独立为一个函数：

```
int gcd(int u, int v)
{
  while(v)
  {
    int w = u % v;
    u = v;
    v = w;
  }
  return u;
}
```

还可以利用 gcd 定义一个求最小公倍数的函数 lcm：

```
int lcm(int u, int v)
{
  return (u*v) / gcd(u, v);
}
```

gcd 与 lcm 都需要处理两个由调用函数传来的整数 u 和 v，计算结果也是一个整数，故函数类型均为 int。

一个值得注意的细节问题是：在调用函数时，实参数的计算次序是由右至左而非由左至右的。因此，下述代码的输出结果是"12,11"而不是想象中的"11,11"：

```
int x = 10;
printf("%d, %d", x+1, ++x);
```

这是因为对++x 的计算在 x+1 之前进行，导致 x 增值。在计算实际参数 x+1 时，其值为 11+1=12。这里应该注意区分实际参数的计算次序与数据的输出次序是不同的含义。

★工程

　　不要依赖实参数的计算次序，因为实际的处理顺序可能因为语言的版本而不同。只要不在实参数表达式中修改变量的值，就不必关心参数表达式的计算次序。

5.4　参数的传值调用规则

在不同的程序设计语言中，实参与形参可以有几种结合方式，如传递值、传递地址以及引用等，而 C 语言只采用了传递值的唯一一种处理方法，即传值调用是 C 语言的参数结合规则。

所谓"传值调用"是指在一次函数调用发生时，系统为形式参数分配空间，并将实参数表达式的值复制（赋值）给形参变量。根据传值调用规则，实参数可以是任何常量、变量及一般的表达式。例如，对于前文定义的函数 gcd，如下的函数调用方式都是合理的：

```
int x = 48, y = 36, z;
z = gcd(x, y);              /* 用变量作实际参数 */
z = gcd(32, y);            /* 用常量、变量作实际参数 */
z = gcd(gcd(48, 36), y-12);  /* 用表达式作实际参数 */
```

以传值调用规则处理参数会导致一个明显的结论：形式参数的改变与实参数无关，即形参的变化不会影响实参变量的值。

例 5.4 说明程序的输出结果。

```c
#include <stdio.h>
void setData(int a)
{
  ++a;
  printf("%d", a);              /* 输出值为 11 */
}
void main( )
{
  int a = 10;
  setData(a);
  printf("%d", a);              /* 输出值为 10 */
  return;
}
```

尽管函数 main 和函数 setData 中的变量 a 是同名的，但它们是不同的变量，各自有自己的存储空间。在函数调用发生时，实参变量 a 的值 10 被复制给形参变量 a，使形参 a 得到值，二者不再有任何联系。函数 setData 内的++a 运算是针对形参变量 a 的操作，与实参变量无关。参见图 5.4。

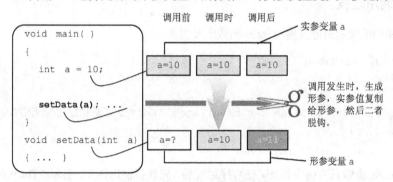

图 5.4 值方式的参数传递过程

在使用方法上，函数的形参变量与定义在函数体内的变量相同，但形参变量的存储空间在调用时分配，初始化也是在函数调用时执行的，其值则来自于实参。相比之下，函数体内声明的变量要在流程进入函数体内才得到处理。

一个不能依赖传值调用规则实现的典型示例是对象值的交换。下面的函数仅是简单地将交换过程包装成函数 swap：

```c
void swap(int x, int y)
{
  int t = x;
  x = y;
  y = t;
}
```

这个函数没有任何实际作用。下面的代码试图利用 swap 交换变量 a 与 b 的值，但由输出结果可知变量 a 和 b 的值没有任何变化：

```
int a = 10, b = 20;
swap(a, b);
printf("%d, %d", a, b);
```

在这段代码中，形参变量 x、y 只是各自得到了 a、b 的一份拷贝，实际被交换的是 x 和 y 而不是 a 和 b。

如何利用函数来交换实参变量 a 和 b 的值，或者说，如何在被调用函数中修改实参变量的值呢？此问题将在 6.4 节中讨论。

5.5　递归调用

通常，一个函数的实现中可能要调用其他函数完成某些功能，进而形成了二者之间的调用关系。不严格地说，这相当于在调用函数中插入被调用函数的代码。自然地，一个函数也可以重复执行自身的代码，即一个函数的实现可以直接或间接地调用自己，这种函数调用关系称为"递归调用（recursive call）"，而通过递归调用实现的函数称为"递归函数"。

递归函数有助于简化问题和程序设计，被广泛应用于计算含嵌套括号的表达式和实现某些特殊的数据结构，如树和表的检索及分类等方面。当一个结构复杂的问题蕴含递归关系时，采用递归方法通常要比常规方法自然简洁且容易理解。

5.5.1　递归调用过程

最简单的递归函数示例可直接用 main 函数定义出来。

```
#include <stdio.h>
void main( )
{
    printf("The program can never stop.");/* 为了解执行过程而附加的语句 */
    main( );
}
```

此程序的 main 函数只有两个语句。在程序运行后，先执行输出语句，显示"The program can never stop."，再执行"main( );"语句调用 main 函数，于是又产生同样的输出。正如显示信息所说的那样，此程序永无终止。

这段代码是一个"无限循环"，并没有什么实际用处，但它可以清楚地体现函数调用自己的过程。

一个可用于理解递归过程的简单示例是计算 $n!$，也可以是 $\sum_{k=1}^{n} k$。假定计算 $n!$ 的函数表示为 factorial(n)，则当 $n=1$ 时，有 factorial(1)=1!=1。对于所有的 $n>1$，有：

$$n!=n\times(n-1)!$$

可见，只要函数 factorial 能计算出 $n=1$ 时的值，就可以递推出其他的值：

```
factorial(1)= 1
factorial(2)= 2×factorial（1）= 2×1 = 2
factorial(3)= 3×factorial（2）= 3×2 = 6
...
factorial(n)= n×factorial(n-1) = n×(n-1)! = n!
```

反过来说，对于一个较大的 *n*，可以将计算 factorial(*n*)转换为计算 factorial(*n*–1)的问题，而计算 factorial(*n*–1)的方法仍是原来的方法。

例 5.5　利用递归方法计算 5!。

```
#include <stdio.h>
long  factorial (int  n);
void  main( )
{
  printf("%ld", factorial(5));          /* 计算并输出 5! */
}
long  factorial (int  n)
{
  if(n == 1)                            /* 计算 factorial (1) */
    return  1L;
  else
    return  n * factorial(n-1);         /* 调用自己 */
}
```

在系统内部实现一次递归调用颇费周折。对于 main 函数中的表达式 factorial(5)，相当于计算表达式 5*factorial(4)，但系统必须先计算出 factorial(4)之后才能计算出此表达式，而计算 factorial(4)时又要先计算出 factorial(3)，等等。直到 factorial(1)计算完之后，系统才能逐步返回来计算出这一系列的表达式值。

上述分析说明，为了求解一个递归函数，系统必须记住一连串的函数调用过程，并达到一个容易计算的出口，即停止条件（此例为 *n*=1，即 factorial(1)），在满足停止条件时函数不再调用自己，否则就形成了无限循环。然后，利用停止条件处的结果再逐渐根据"记忆"返回来计算到最初的调用点。此过程的实现可参见图 5.5。

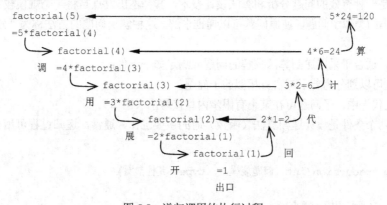

图 5.5　递归调用的执行过程

如果直接采用递推关系，可以很容易构造一个循环程序来计算 n!：

```
long  f = 1L;
for(k=2; k<=n; ++k)
  f = f * k;
```

从中可以发现，递归过程正好是反过来的递推过程。同时，因为递归过程的本质就是"循环"的，所以大多数循环函数与递归函数都很容易实现相互之间的转换。

由于需要存储中间步骤和循环调用函数等额外开销，递归过程较普通循环执行的速度慢且消耗更多的存储空间。因此，可以在不必递归时采取一些通用方法来消除递归（存在一些典型的消除递归方法，可参见数据结构与算法设计方面的书籍）。不过，递归过程的优势在于符合人的思维方式，逻辑性较强，可以使某些特殊过程的描述更简单、清晰和易于理解。

下述代码利用"辗转相除法"和递归调用重新计算了两个非负整数的最大公约数。

```c
int gcd(int u, int v)
{
  if(v == 0)                    /* 停止条件 */
    return u;
  return gcd(v, u%v);           /* 用小规模问题的解作为原问题的解 */
}
```

在采用如下数据调用函数时：

```c
gcd(123, 15);
```

程序执行这样的函数调用步骤：

转化为计算 gcd(15,3)；

转化为计算 gcd(3,0)。

由于 gcd(3,0)满足了停止条件，返回最大公约数是 3。它也是表达式 gcd(15,3)的值，还是表达式 gcd(123, 15)的值。

这里，每个规模为（u，v）的大问题都被转换为规模为（v，u%v）的小问题，而小规模问题的解就是原问题的解（或可以组合成原问题的解）。

5.5.2　典型的递归问题与函数示例

递归算法是一种有效的问题分析和算法设计技术，其基本出发点是将一个规模较大的问题分解成若干个规模较小的类似子问题，使原问题可以递推求解。这种解决问题的方法称为"分治法"，即分而治之的方法。

一般来说，适合于采用递归算法求解的问题应满足如下条件：

① 原问题可以划分为若干与自身相似的子问题；

② 在"迭代"中，子问题可在某个有限步内直接解出（出口）。

找出上述两个条件是设计递归算法（函数）时的主要工作。通常，递归过程可用如下的伪代码来描述：

```
type  recursion(int  问题规模n, type  其他参数)
{
    if(问题规模n很小)
      直接求解并返回；
    else
    {
        分解为规模是m_i 的 t 个小的子问题；
        对每个子问题调用 recursion 求解：recursion(m_i，其他参数)；
        将这些问题的解组合成原问题的解；
    }
}
```

例 5.6　在计算领域有一个较为常用的 Hermite（埃尔米特）多项式，可简记为 $H_n(x)$，当 $x>0$ 时，可以"递推"地定义为：

$$H_n(x) = \begin{cases} 1, & n = 0 \\ 2x, & n = 1 \\ 2xH_{n-1}(x) - 2(n-1)H_{n-2}(x), & n > 1 \end{cases}$$

试编写计算此多项式的函数。

这是一个明显的递归过程，函数需要从外界得到的数据是 n 和 x。根据公式，规模为 n 的问题是由一个规模为 $n-1$ 的问题和一个规模为 $n-2$ 的问题组成的。在计算出这两个小规模问题的解后，就可以按上述公式组合成原问题的解，而求解这两个小规模问题仍采用相同的方法。

```c
double  H(int  n, double  x)
{
  switch(n)
  {
    case 0: return  1;              /* 出口 1 */
    case 1: return  2 * x;          /* 出口 2 */
  }
  return  2 * x * H(n-1, x) - 2 * (n-1) * H(n-2, x);  /* 递归并组合 */
}
```

H 函数有两个可能的出口，在计算表达式 H(2,x)=2xH(1,x)–2H(0,x)时要分别使用这两个出口以终止递归调用。

例 5.7　Hanoi 塔（汉诺塔）问题。这是一种在商店中出售的游戏：在 3 个基座上各置有一个分别标记为 a、b 和 c 的杆，且在杆 a 上放置着 64 个圆形铜片，呈塔状。游戏的目的是将这些铜片从杆 a 移到杆 c，规则是一次只能移动一片，且在任何杆上不能将大的铜片置于小的铜片上面。

为了能够实现铜片的移动，总需要一个"临时中转"的杆。假如 a 上共有 n 个铜片需要移到 c 上，则需要以下 3 个步骤：

① 将 n–1 个铜片从 a 移动到 b，c 作为中转杆；

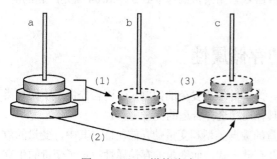

图 5.6　Hanoi 塔的移动

② 将 a 上剩余的一个最大铜片移到 c；

③ 将 n–1 个铜片从 b 移到 c，a 作为中转杆。参见图 5.6。

对于初始规模 n，可以将原问题拆分成两个 n–1 规模的问题，再加上移动一个铜片的操作就可以组合成原来问题的解。显然，步骤①和③中的两个 n–1 规模的问题可以调用函数自身来求解。

游戏中所涉及到的数据包括铜片个数 n 和 3 根杆，在函数工作时它们都是变化的量，故需要将其设置为形式参数。利用 char 类型的参数就可以表示每根杆。于是，完整的函数具有如下原型，其功能是将 n 个铜片由 x 移到 z：

```c
void  Hanoi(int  n, char  x, char  y, char  z)
```

这里还需要解决的一个问题是如何表示从某个杆 s 上移动最上层的一个铜片到 t，可以用向屏幕输出提示信息的方法来处理：

```
            printf("\nMove a disc from %c to %c.", s, t);
```

于是，Hanoi 函数可由如下代码实现：

```
void Hanoi(int  n, char  x, char  y, char  z)
{
  if(n == 1)                        /* 只有一片时，直接从x移到z */
    printf("\nMove from %c to %c.", x, z);
  else
  {
    Hanoi(n-1, x, z, y);            /* 先借助z将n-1个铜片从x移到y */
    printf("\nMove a disc from %c to %c.", x, z); /* 将剩余的一个铜片从x移到z */
    Hanoi(n-1, y, x, z);            /* 再借助x将n-1个铜片从y移到z */
  }
}
```

作为测试，可编制如下程序完成将 3 个铜片由 a 移到 c 的游戏：

```
void  main( )
{
  Hanoi(3, 'a', 'b', 'c');
}
```

程序运行时输出的结果为：

```
Move a disc from a to c.
Move a disc from a to b.
Move a disc from c to b.
Move a disc from a to c.
Move a disc from b to a.
Move a disc from b to c.
Move a disc from a to c.
```

　　按照提示的顺序每次移动一个铜片，就可以完成游戏。如果将铜片个数 3 换成 64 就是原题的解，但需要移动铜片的次数是十分巨大的。

5.6　变量的存储属性

　　在以往的程序中仅是简单地使用变量，事实上，为了处理更复杂的问题，C 语言提供了不同种类的变量，它们各有自己的特点，在设计时需要根据具体问题选择合适的变量种类。

　　确定如何使用变量与两种因素有关，分别是变量的数据类型和变量的存储属性。其中，变量的数据类型决定了变量的存储空间大小（数值范围）以及存储方式，而变量的存储属性决定了变量的生存期和作用域。

5.6.1　变量的生存期与作用域

1．变量的存储

　　虽然程序中定义的所有变量都需要在内存中存储，但依据定义时的类别和位置不同，变量在内存中存放的位置各异，进而表现为行为上的差别。C 语言将不同类别的变量分区存放，采用不同的方式管理。

存储变量的存储区划分为"静态区"和"动态区"两部分，动态区包括部分 RAM 和少量通用寄存器（寄存器是比 RAM 速度更快的临时存储单元），静态区也是一部分 RAM。此外，由 RAM 构建的动态存储区还被详细地划分成"堆"和"栈"两类。

对于不同形式的变量定义，C 语言根据变量的类别分别将其存储在动态存储区、寄存器或静态存储区中，从而使得每类变量都表现出了自己特有的性质。

2．变量的生存期

被存储在静态区的变量是在程序编译时分配内存并建立起来的，此类变量在程序运行期间一直存在，存储空间固定，生存期长。这样的变量包括静态变量和外部变量。

相对地，被存储于动态区的变量是在程序执行后临时分配空间并建立起来的，只在程序运行的一段时间内存在，生存期短。此类变量包括自动变量和寄存器变量。

3．变量的作用域

这是指变量的可用范围，也称为可见范围或作用范围，包括局部作用域和全局作用域。其中，"局部作用域"主要指复合语句（包括函数体），每个复合语句都是一个局部作用域。"全局作用域"只有一个，就是指所有函数体之外（严格意义上，每个程序文件内，所有函数体之外都是一个全局作用域）。

当一个变量被定义在局部作用域时，不论生存期长短，仅对此作用域可见，或者说只允许在此作用域内使用，故称此类变量为"局部变量"。定义在全局作用域的变量则在更大的范围可见，允许多个函数共同使用，称为"外部变量"，或者不严格地称为"全局变量"。

5.6.2　局部变量

在任何一个局部作用域的开头都允许定义变量，包括定义在复合语句开头的变量和形参变量两类，如下述代码中的 x、y 和 z：

```
void func(int x)
{
  double y = 2.5;
  if(x > 0)
  { char z; ... }
  ...
}
```

形参变量与定义复合语句开头的变量用法一致，仅是建立和初始化的时刻稍有差异。因此，以下仅讨论复合语句中定义的局部变量。

共有 3 类局部变量，分别是 auto、register 和 static，称为自动变量、寄存器变量和静态变量。只要将关键字添加到变量定义之前就确定了变量的类别。作为局部变量，它们只可在复合语句内可见，但生存期的长短不同。如果引用变量时超出了其可见范围，编译器会提示"undeclared identifier"或"undefined symbol"，意为存在未定义变量的错误。

形参变量定义之前不加任何修饰词，也有部分版本允许使用 register 或 auto 作修饰词。

★ 提示
　　auto、register 和 static 只是修饰词，不能单独使用，可以用来修饰变量定义和数组定义。关键字 static 还可以修饰函数定义。

1. 自动变量

自动变量的定义格式是：

[auto]　数据类型　变量名 1[=expr1]，变量名 2[=expr2]，…;

关键字 auto 可以省略，故很少写出来，如：

```
double  x;
char  cx, y = 'a';                    /* 变量 y 初始化为'a' */
```

显然，迄今为止所使用的变量都是自动变量。

自动变量存储于动态存储区，具有如下一些特点。

（1）自动变量生存期短

自动变量并不总是存在的，只有当程序运行到复合语句并遇到变量定义时，才为其分配内存并建立。一旦流程离开此复合语句，自动变量所占用的内存被释放，即变量被销毁。这种变量管理方式遵循着"用之则建，用完即撤"的原则，特点是节约存储空间，但当流程重复进入同一个复合语句时，自动变量的值不能被继承下来。

作为一种自动变量，形参变量占用的存储空间在函数被调用时创建，在函数调用结束时撤销。

（2）自动变量无缺省初始化

在计算机工作时，内存中是"不干净"的。正如 2.4 节所述，在为一个自动变量分配存储空间后，系统并不清理其内存。因此，如果未对自动变量初始化或赋值，其值是不确定的。

可以利用下述代码组成简单程序，并在不同的系统上运行：

```
int  a;
printf("%d", a);
```

当系统环境变化时，程序所产生的输出一般是不同的。事实上，这种代码在编译时会使系统产生未初始化的警告。这样的代码常常隐含着严重的错误，反映在指针变量时可能会导致极为严重的后果。

★工程
> 建议对每个变量做定义初始化，尽管并不总是必要的，但会使代码更安全。

（3）初始化与赋值语句作用相同

尽管变量初始化和赋初值并不是相同的概念，不过，自动变量的定义初始化与赋初值所得到的结果是相同的。例如，从结果上说，下述两种做法是等效的：

```
int  x = 10;                    /* 定义初始化 */
int  x;                         /* 先定义*/
x = 10;                         /* 再赋初值 */
```

例 5.8　说明运行下述程序的输出结果。

```
#include<stdio.h>
void  inc( )
{
   int  x = 0;
   ++x;
   printf("%2d", x);
}
```

```
void main( )
{
  inc( ), inc( );
}
```

　　每次调用函数 inc 时，变量 x 都被重新分配存储单元，并执行对存储单元的初始化操作，得到初始值 0。因此，程序运行后，显示结果为"1　1"。

　　此例不仅说明了自动变量初始化的方法，也反映了自动变量的值没有可继承性。

　　为自动变量提供的初始化表达式没有特殊约束，只要保证在为变量分配存储单元时其值可以被计算出来即可，例如：

```
void func(int n)
{
  int x = 0, y = 2+3, z = 0.5 * y;
  char c1 = 'A', c2 = c1 + 1;
  int m = n+1;                      /* 形参 n 先于 m 被初始化*/
  double s = sin(y) + 1.0;          /* 用函数调用表达式作初始化表达式 */
  ⋮
}
```

　　自动变量是程序设计中使用最为广泛的一类变量。

2. 寄存器变量

　　寄存器变量的定义格式如下：

　　　register 数据类型　变量名 1[=expr1]，变量名 2[=expr2]，…；

　　例如，下述语句定义了两个寄存器变量：

　　　register int k, m = 1;   /* 定义两个 int 类型的寄存器变量 */

　　寄存器变量的存储单元被安排在通用寄存器中，目的是提高变量的访问速度。除此之外，寄存器变量与自动变量的特点和使用方法完全相同。因此，当寄存器个数不够时，不能得到寄存器的变量会被系统转换为自动变量。

　　通常，寄存器变量主要用作循环的控制变量，目的是通过累积减少运算时间而提高运行效率。不过，因为大多数 C 语言的编译器可以自行决定对哪些变量进行优化，因此，定义寄存器变量已经不十分重要了。

　　此外，一般只能将整型和字符型变量定义为寄存器变量。

3. 静态变量

　　静态变量使用 static 作为修饰字，定义格式为：

　　　static 数据类型　变量名 1[=expr1]，变量名 2[=expr2]，…；

　　静态变量存储于静态存储区，具有如下特点。

　　（1）静态变量生存期长

　　静态变量的存储空间在程序编译时指定，并一次性在静态区内分配。程序运行后，所有静态变量所占用的存储空间固定不变，直到程序运行结束。

> ★提示
> 　　生存期与作用域是不同的概念，生存期指时间上的长短，而作用域是指可用范围的大小。

（2）静态变量自动初始化

与自动变量不同，如果程序没有明确的初始化代码，系统会自动用0初始化静态变量（清空内存）。例如，定义如下静态变量和数组，所有对象的初始值均为0：

```
static  int  x;
static  char  cx;
static  double  a[10];
```

如果没有static修饰，这些变量的值都是不确定的。

（3）静态变量的初始化不同于赋初值

静态变量的空间分配和定义初始化仅在程序运行之前一次性处理，在程序运行后，不再处理定义和初始化语句。因此，定义初始化与赋初值是完全不同的。例如，考虑如下两组语句：

```
① static  int  x = 1;              /* 定义初始化，仅处理一次 */
② static  int  x;                  /* 仅定义，由系统初始化为 0 */
   x = 1;                          /* 为变量赋初值，每次遇到都执行一次 */
```

对于第一组定义，系统仅在运行程序前处理一次，为变量x分配空间并用1作为初始值；第二组定义中的第一个语句定义了变量x，由系统自动初始化为0，也仅处理一次。第二个语句为x赋初值1，该语句会在流程每次进入复合语句时都被执行。

例5.9 说明程序运行的输出结果。

```
#include <stdio.h>
int  func(int n)
{
    static int  f = 1, g;
    g = g + n;
    f = g * f;
    return f;
}
void  main( )
{
    int  i;
    for(i=1;  i<=3;  ++i)
        printf("%d ", func(i));
}
```

由于函数func中的f和g都是静态变量，语句"static int f = 1, g;"只在编译时被处理一次，使f和g分别得到初始值1和0且维持存储空间不变。因此，3次循环的结果为：

① i=1，有g=0+1=1, f=1*1=1;

② i=2，有g=1+2=3, f=3*1=3;

③ i=3，有g=3+3=6, f=6*3=18。

因此，程序的输出结果为：

```
1␣3␣18␣
```

（4）静态变量的初始化表达式必须是常量表达式

静态变量的初始值要在编译时被确定下来，因此，其定义初始化表达式必须是常量表达式，不能含有变量或函数。例如，下述初始化形式是正确的：

```
#define N 100
static  int  x = 0, y = N+2;
```

如下代码中对于变量 y、a 和 c 的初始化方式是错误的：

```
static  double  x = 1.0, y = x;    /* 错误的初始化 */
int  a = 10;
static  int  b = a;                /* 错误的初始化 */
static  double  c = sin(0.5);      /* 错误的初始化 */
```

究竟什么情况下需要使用静态变量呢？由于静态变量在程序执行期间一直存在，使用同一个存储单元，因此这种变量的值有"可继承性"。或者说，无论何时，重新进入定义静态变量的复合语句或函数体时，该变量原来的值仍存在。类似记录一个函数被调用的次数之类的应用就需要使用静态变量：

```
void  f( )
{
  static  int  count = 0;
  ++count;                          /* 记录函数 f 被调用的次数 */
  ⋮
}
```

由于静态变量本身是局部的，有如同自动变量类似的"隐藏性"，不致于受到外界影响。

5.6.3　外部变量

定义在函数体之外的变量称为"外部变量"。有两种定义形式：

> **数据类型　变量名 1[=expr1]，变量名 2[=expr2]，…;**
> **static　数据类型　变量名 1[=expr1]，变量名 2[=expr2]，…;**

外部变量存储于静态存储区，其作用域具有一定的全局性。

总体上看，除了作用域的不同外，外部变量的其他特点与局部静态变量完全相同。例如，系统会自动将外部变量初始化为 0，且初始化在编译时只处理一次，故初始化表达式只能是常量表达式。外部变量在程序运行期间一直存在。

这两种格式定义的变量在使用上稍有差异，此处仅说明第一种。

1．外部变量具有全局性

外部变量定义在函数体之外，不局限于任何函数，其可用范围为从定义位置起直到该文件末的所有函数。例如，下述程序中，外部变量 a 可以在所有函数中使用，而变量 b 只在函数 fb 和 fc 中可见。

```
int  a;
void  main( ) { ... }
int  fa( ) { ... }
double  b;
double  fb( ) { ... }
void  fc( ) { ... }
```

a 的作用域

b 的作用域

2．外部变量作用域的扩充

如果需要，可以扩充外部变量的作用域，以使其在更大的范围内可见。扩充的方法是对已定义的外部变量进行声明，格式为：

```
extern  数据类型  变量名;
```

例如，为了扩充前述程序中变量 b 的作用域，要对其做如下声明：

```
extern  double  b;
```

彻底理解外部变量的声明涉及到许多细节问题，初学者可不必深究。

★提示

　　C 语言中的外部变量声明是一种"定义性声明"，如果此声明被置于局部，则不能含有初始化部分；如果声明被置于函数体外部，在外部变量已被定义时，它仅起到扩充可见范围的作用，不能含有初始化部分，而在外部变量未被定义时，它起到的是变量定义作用，也就允许含有初始化部分。此时，外部变量声明的实质是外部变量定义。

具体地说，外部变量的作用域有 3 种扩充方式。

（1）扩充到一个函数中

对于前文定义的外部变量 b，如果需要在 main 函数中引用，可以在 main 函数中增加变量声明：

```
void  main( )
{
  int x;
  extern  double  b;          /* 声明 b 是外部变量 */
  b =5.14;                    /* 引用外部变量 b */
  ...
}
```

经过声明后，main 函数可以像使用自己的变量一样引用变量 b，即 b 在 main 函数内是可见的。

这样的声明可以仅置于一个更小的局部。因此，如果将外部变量的声明置于某个复合语句内，则只在此复合语句内可见，但应注意此局部不能再定义同名的变量。

（2）扩充到整个程序文件

如果在一个外部变量定义之前的多个函数中都要引用该变量，在每个函数中做一次外部声明就显得很烦琐，取而代之的方法是将声明语句写在所有函数之前：

```
int  a;
extern  double  b;
void  main( ) { ... }          扩充后的 b 的作用域        a 的作用域
...
```

这与直接将变量 b 的定义置于所有函数之前乃至文件的开头没有什么分别。简单说，将声明语句置于哪个函数之前，变量的作用范围就从此函数开始。

（3）扩充到其他文件中

当一个完整的程序由几个文件（如 F1.c 和 F2.c）组成时，一般需要将这些文件分别编译，形成目标文件(.OBJ)，再用链接程序将.OBJ 文件链接在一起。如果外部变量 x 定义于文件 F1.c 中，可以在文件 F2.c 中用上述方式进行外部变量声明，以使得文件 F2.c 中的函数可以使用变量 x。

★工程

　　利用 extern 可以将一个其他文件中定义的外部变量的作用域延伸到当前文件中，这是扩充外部变量作用域的主要原因和用途。

5.6.4　static 修饰、变量屏蔽和外部变量的使用

1. static 修饰

在 C 语言中，static 是一个很有用的修饰字。除了用于静态变量的说明之外，static 还可以用来修饰外部变量和函数。

（1）静态外部变量

如果在外部变量定义前增加 static 关键字，则称此类变量为静态外部变量。定义格式为：

> **static**　数据类型　变量名 1[=expr1]，变量名 2[=expr2]，…;

此即前小节中说明的第二种外部变量定义格式。例如：

```
static int x;
```

静态外部变量的作用域局限于定义它的文件内，不能被扩充到与其连接的其他文件中。这是静态外部变量与普通外部变量的唯一差别。

> ✎**工程**
> 　　当一个程序由若干人共同编制时，利用静态外部变量可以很好地防止不同文件中定义的外部变量之间的冲突。

（2）静态函数

通常，一个函数定义以后，可以在定义文件中调用它，也可以直接在相连接的其他文件中调用，也就是说，函数定义隐含为外部的，也可以在定义函数时加 extern 修饰来明确说明。不过，函数还可以按下述方式定义，并称之为"静态函数"。

> **static**　数据类型　函数名（形式参数说明表）
> {
> 　/* 函数体 */
> }

静态函数只在定义它的文件内可用。这种用法较为少见。

2. 名字冲突与变量引用规则

变量可以定义在函数体内，或函数体的某个复合语句内，以及函数体之外，可能产生变量同名的问题。为了解决同名变量之间的冲突，需要引入一些规则。

首先，在同一作用域内，数据名（常量和变量）和函数名彼此不能重复，类型名也不能重复。其次，当代码中出现一个名字时，按以下顺序确定名字的身份：

① 检查名字所在的局部作用域中的声明。若没有，逐渐扩大局部作用域，直到整个函数。

② 如果在函数内找不到名字的声明，检查外部定义和声明。

③ 如果仍不存在外部名字，检查与其连接的其他文件的外部定义和声明。

如果在某一层次上找到了定义或声明则使用它，否则通知变量没有定义的错误。这种检查次序导致局部名字对外部名字具有屏蔽作用。

```
#include <stdio.h>
double x;                          /* 外部定义 */
void main( )
```

```
{
    int  k, x = 5;                          /* main 函数体内局部定义 */
    for(k=0; k<3; ++k)
    {
        double x = 1;                       /* 块内局部定义*/
        printf("%lf,", x++);                /* 块内的 x 屏蔽 main 及以外的 x */
    }
    printf("%d,", x);                       /* main 的 x 屏蔽外部 x */
    {
        extern double x;
        printf("%lf", x);                   /* 外部变量 x */
    }
}
```

上述程序演示了变量的引用和查找规则，运行程序的输出结果为：

```
1.000000,1.000000,1.000000,5,0.000000
```

3. 慎重使用外部变量

通常，使用外部变量的目的只有一个，就是解决两个以上的函数共用同一个数据的问题。

例如，假定在一个应用中有两个函数 set 和 run，run 函数需要根据 set 函数的状况确定自身的功能。使用外部变量设计程序时，可以由函数 set 设置一个标志 flag，而 run 函数依据标志完成相应处理。下述代码模拟了此过程：

```
#include <stdio.h>
int  flag = 0;
void  set( )
{
    scanf("%d", &flag);
}
void  run( )
{
    switch(flag)
    {
        case 1:  printf("the first method.");  break;
        case 2:  printf("the second method.");  break;
        default: printf("other method.");  break;
    }
}
void  main( )
{
    set( );  run( );
}
```

在函数之间存在共用的变量时，一个函数对变量的修改必须及时反映给其他函数，否则就会产生错误。同时，为了检查一个函数中对外部变量的修改是否正确，将不得不分析所有与之相关的函数，这会给程序设计和检查带来很大困难。

取代外部变量完成函数间沟通的方法是使用函数的参数与返回值。利用参数，可以将信息传递给被调用函数，而借助返回值，又可以将信息传递给调用函数，这就避免了令人担忧的外部变量。下述代码演示了对 set 函数和 run 函数的一种合理的设计方法：

```
#include <stdio.h>
int  set( )
{
  int  flag = 0;
  scanf("%d", &flag);
  return flag;
}
void  run(int  flag) { ...  /* 同前 */ }
void  main( )
{
  run(set( ));
}
```

5.7　编译预处理指令

为了有效地组织一个项目，可以在程序中使用几种以"#"开头的预处理指令，包括#define、#include、#ifdef 以及#error 等。这些指令不是语句，在源程序被真正编译之前，由一个预处理器将其替换成标准 C 语言程序，称为"预处理（器）指令"或"预处理（器）命令"。

预处理指令通常写在程序开头，所定义的符号从定义位置起到文件末尾或局部作用域末尾有效。合理地使用它们，可以提高程序的可读性和可移植性，也使程序容易实现模块化，更易于调试、维护和合理地组织项目。

5.7.1　宏定义

一种常见的预处理指令是"宏定义"，也称为"宏替换"，具有如下基本形式：

#define　宏名　[宏体]

指令中的宏体部分可以没有。以下代码给出了几种不同的定义形式：

```
#define _STRING_H
#define TRUE 1
#define ABS(x) ((x)>0?(x):-(x))
```

1. 简单的宏

第一种没有宏体的宏定义主要用于条件编译，其目的是说明常量_STRING_H 已经被定义过。

第二种形式定义一个常量 TRUE，其值是 1。在预处理时，位于此指令后的所有代码内独立的标识符 TRUE 都将被替换成1。这种宏定义了 C 语言程序的符号常量，目的是用一个符号来表示具有固定含义的常数，以使其意义更明确易读。

宏替换中不会发生任何计算行为，预处理器只是"忠实地"将名字替换成宏体所指定的内容。只要需要，宏体可以任意指定，但必须保证在替换后符合语法要求，如：

```
#define  format  "R=%6.2f,AREA=%6.2f"
#define  PRTLINE  printf("********************"); putchar('\n');
#define  PRINT printf
```

这几个宏分别描述了一种格式、一种输出方式和一个用 PRINT 表示的 printf 函数，下述代码使用了这些定义：

```
PRINT(format, r, area);                /* 按格式输出半径和面积 */
PRTLINE                                /* 输出一行*号 */
```

就应用程序设计而言，这样的宏不仅没有使代码变得清晰，反而更不易读，是不可取的。

2. 带参数的宏

第三种定义设置了一个带参数的宏 ABS。因为允许使用参数，增强了宏的功能。可以像函数一样使用带参数的宏，如：

```
int  x = ABS(2+1);
```

上述语句在预处理时被替换成如下的形式：

```
int  x = ((2+1)>0?(2+1):-(2+1));
```

为了交换两个变量的值，也可以定义一个专门的宏：

```
#define SWAP(x, y)  { int t = x; x = y; y = t; }
```

于是，可以用如下的代码交换变量a和b的值：

```
double  a = 1.5, b = 3.1;
SWAP(a, b)
```

在外观上，宏与函数、宏的参数与函数的参数都较为近似，但二者是完全不同的。处理带参数的宏时，预处理器先用宏体替换掉宏名，再用参数的实际值替换掉参数，此过程仅原样替换而不会发生任何计算操作。因此，在设计带参数的宏时，通常要在参数和宏体上加圆括号，以避免因运算优先次序变化造成计算错误。

例5.10　说明下述程序的运行结果。

```
#include <stdio.h>
#define  MACRO(x)  x*x+2
int macro(int x) {  return  x*x + 2;  }
void  main()
{
  printf("%d", MACRO(2+3)*4);
  printf(",%d", macro(2+3)*4);
}
```

上述程序的输出结果是 19, 108。这是因为表达式"MACRO(2+3)*4"被替换后的结果是"2+3*2+3+2*4"。

相比之下，因为 macro 是一个函数，则形参 x 将得到的实际参数值为 5，其结果是(5*5+2)*4=108。正确的做法是采取如下定义形式：

```
#define  MACRO(x)  ((x)*(x)+2)
```

为了将符号常量与普通变量相区别，通常采用特殊的名字（如大写方式）作为宏名。如果宏体较长，不能写在一行内，可以在行末加 "\" 字符来表示宏体换行。如：

```
#define  PRT  printf("*****");\
               printf("#####");
```

除了宏体之外，"\" 字符还可以用于其他数据的换行，如字符串以及数组等。

3. 撤销宏定义

对于不再使用的宏，可以使用#undef 指令明确撤销其定义，格式为：

#undef　宏名

例如：

```
#undef  PRT
```

在撤销定义以后，程序中不能再使用宏名 **PRT**。

> ★**工程**
> 　使用特殊的名字，如大写，将宏名与其他名字分开是一种便于检查的有效措施。

5.7.2　文件包含

文件包含指令#include 的功能是将另一个文件的全部内容嵌入到本文件中。有两种具体的使用格式：

#include　<文件名>
#include　"文件名"

例如，若在程序文件中插入如下指令：

```
#include <stdio.h>
```

在预处理时，系统将查找磁盘文件 stdio.h，并将该文件的内容嵌入到指令处，替换掉该指令。这与直接将该文件的内容嵌入在指令处的作用相同。

> ★**工程**
> 　#include 指令应尽量置于程序头部，函数之外，否则可能引起错误。

在一个项目由多文档组成时，#include 命令可以使程序的组织更合理，并减少代码的重复。通常，使用#include 指令包含的文件有.h 文件和.c 文件两类，且以.h 文件为主。

上述两种格式的差异仅仅是对包含文件的查找地点不同。采用第一种格式时，主要查询系统的标准路径，一般在开发环境的 Directories 功能中指定（VC6 为 Tools→Options→ Directories→include files）。而按第二种格式指定时，预处理器会查找更多的地点，如标准路径、当前文件夹等，甚至可以直接将文件的存放路径指定在命令中，如：

```
#include "D:\VC6\MYTEST\GRAPH.C"
```

一般用第一种格式包含库头文件，用第二种格式包含自定义的头文件和程序文件。

> **工程**
> 利用#include <x.h>包含库头文件，用#include "x.h"包含自定义头文件。

文件包含是一种有效的程序组织手段。通常，可以将经常使用的常量（宏定义）、数据类型定义及函数声明等独立组织成一个（或几个）头文件，再用#include 指令将其包含到程序中。这样做不仅减少了多文档时的代码重复，也可以将函数声明部分与实现部分分离，起到对代码的保护作用。

5.7.3　条件编译

条件编译指令使预处理器能够有选择地取舍参加编译的代码，是为了提高程序的可移植性而设置的指令，最常用的条件编译指令格式为：

```
#ifdef  宏名
    代码段1
[#else
    代码段2]
#endif
```

这里的#else 部分是可选的。条件编译的含义是：如果已定义了宏，代码段1 部分参加编译，否则代码段2 部分参加编译（如果有#else 部分）。

如果把#ifdef 换成#ifndef 或#if !defined 就构成了否定形式，含义是：如果未定义宏，代码段1 参加编译，否则代码段2 参加编译。

应注意if 语句和条件编译的区别。对于一个已编译的if 语句，其整体都被编译成可执行代码，只是程序运行时执行不同的部分，但条件编译只使一部分代码（或代码段1，或代码段2）参与编译，并形成可执行代码。

条件编译指令会出现在每一个C 语言的头文件中。通过阅读系统提供的头文件，可以了解利用条件编译指令组织自定义头文件的方法。

> **工程**
> 应该这样组织自己的头文件 MyDefine.h:
> ```
> #ifndef  _MY_DEFINE_H        /* 一个与文件名吻合的特殊宏名 */
> #define  _MY_DEFINE_H        /* 定义这个宏 */
> 自定义函数声明；                /* 自定义的声明 */
> 自定义常量、类型等；
> #endif                      /* 条件编译结束 */
> ```
> 这种组织方法使程序仅在第一次包含 MyDefine.h 时定义宏_MY_DEFINE_H,且全部代码参加编译。重新包含此头文件时，因该宏已定义而避免了代码被重复包含。

5.8　习　题

5-1　说明下述程序运行后的输出结果。

（1）

```
#include <stdio.h>
int  f(int  a)
```

```
{
  int  b = 0;
  static int c = 3;
  b++;
  c++;
  return  (a+b+c);
}
void  main( )
{
  int  a = 2, i;
  for(i=0;  i<3;  ++i)
    printf("%4d", f(a));
}
```

(2)

```
#include <stdio.h>
int  a, b;
void  fun( )
{
  a = 100;
  b = 200;
}
void  main( )
{
  int  a = 5,  b = 7;
  fun( );
  printf("%d %d", a, b);
}
```

(3)

```
#include <stdio.h>
long  fun(int  n)
{
  long  s;
  if(n == 1 || n == 2)
    s = 2;
  else
    s = n - fun(n-1);
  return  s;
}
void  main( )
{
  printf("%ld\n", fun(3));
}
```

(4)

```
#include <stdio.h>
```

```
unsigned f(unsigned num)
{
  unsigned k = 1;
  do
  {
    k *= num%10;
    num /= 10;
  }while(num);
  return k;
}
void main( )
{
  int x = 26;
  printf("\n%d", f(x));
}
```

（5）

```
#include <stdio.h>
int x = 1;
void fun(int y)
{
  int x = 5;
  x += y++;
  printf("%d", x);
}
void main( )
{
  int a = 3;
  fun(a);
  x += a++;
  printf("\n%d", x);
}
```

（6）

```
#include <stdio.h>
#define SQR(X) X*X
void main( )
{
  int a = 10, k = 2, m = 1;
  a /= SQR(k+m)/SQR(k+m);
  printf("\n%d", a);
}
```

（7）

```
#include <stdio.h>
int f1(int x)
{
```

```
    return  x==1? 1: x+f1(x-1);
}
long f2(int  y)
{
    return  (y==1 || y==2)?
            2: f1(y)*f2(y-1);
}
void  main( )
{
    printf("\n%ld", f2(3));
}
```

5-2 按功能要求实现相应的宏定义。

（1）判定一个年份是否为闰年（能被 4 整除而不能被 100 整除，或能被 400 整除的年份）。

（2）将大写字母转换为小写字母。

（3）计算两个变量的最大值。

（4）判别一个字符是否为数字字符。

5-3 编写函数，按下述描述实现函数 $f(x, y, z)$。

$$f(x, y, z) = \frac{\sin x}{\sin(x-y)\sin(x-z)} + \frac{\sin y}{\sin(y-z)\sin(y-x)} + \frac{\sin z}{\sin(z-x)\sin(z-y)}$$

5-4 编写一个函数计算一个整数的所有因子之和。例如，72 的因子之和为 2+2+2+3+3。

5-5 编写一个函数统计任意两个正整数之间的素数个数。

5-6 编写一个函数 invert，计算将整型变量 x 的从第 p 位开始的 n 个位按位求反之后的结果。位号从 0 数起，由右至左，第 0 位为最低位。

5-7 编写一个函数 getbits(x,p,n)，计算整型变量 x 的从第 p 位开始的 n 个位组成的无符号整数值。位号指定方法同习题 5-6。

5-8 编写一个函数 move(value,n)，实现对 value 的左、右 n 位的循环移位。若 n<0，左移，否则右移。

5-9 编写递归函数 Ack(m, n)计算 Ackermann（阿克曼）函数，其定义如下：

$$\begin{cases} \text{Ack}(0, n) = n+1, & n \geq 0 \\ \text{Ack}(m, 0) = \text{Ack}(m-1, 1), & m > 0 \\ \text{Ack}(m, n) = \text{Ack}(m-1, \text{Ack}(m, n-1)), & m > 0, n > 0 \end{cases}$$

5.9 编 程 实 战

E5-1 题目：方差计算

内容：编写函数，从键盘输入 10 名学生的成绩 x_i，按如下公式计算所有数据的方差 σ（方差是一个可以用来衡量数据离散程度的统计量）：

$$\sigma = \frac{1}{n} \sum_{i=1}^{n} \left(x_i - \frac{1}{n} \sum_{i=1}^{n} x_i \right)^2$$

目的：掌握函数设计方法，熟悉循环流程控制结构。

思路：利用数组接收数据，先用循环计算均值，再用循环计算方差并返回。

E5-2   题目：语法检测

内容：编写函数 syntaxCheck，功能是接收一行字符，并检查其中的{和}、[和]、(和)是否匹配，即是否符合 C 语言的语法要求。

目的：掌握函数设计方法，熟悉数组和循环流程的用法。

思路：定义字符型数组及几种符号的个数变量，初始化为 0。循环测试每个字符，每次遇到左括号时，对应的个数变量增 1，遇到右括号时，对应的个数变量减 1。每次个数变量改变后进行一次判定，若为负则不符合要求。最后，判别所有个数变量是否为 0。若为 0，则说明输入符合语法要求，否则不符合。

E5-3   题目：数据转换

内容：设计递归函数 convertor 将一个整数转换成字符串输出。

目的：掌握递归函数的设计方法。

思路：对于一个整数 n，若 n<10，表达式 n+'0'就是转换后的字符，不需要调用任何函数。如果 n ≥10，如 1178，可以先输出整数 117，再输出 8。输出 117 可以调用 convertor(n/10)实现。特殊情况是，如果 n<0，应该先输出一个负号，再输出–n。

E5-4   题目：宏定义

内容：定义一个宏，按海伦公式计算三角形的面积。

目的：掌握带参数的宏定义方法。

思路：由于海伦公式可表示成：

$$\text{area} = \sqrt{s(s-a)(s-b)(s-c)}, \quad s=(a+b+c)/2$$

因此可先定义一个宏计算 s，再定义宏 area，它们都以三角形的 3 个边长为参数。在 area 宏中要"调用"宏 s 实现面积计算。

E5-5   题目：程序调试

目的：掌握程序调试的基本方法，了解单步运行程序和变量跟踪的一般步骤。

内容：给定如下程序，函数 fun 的功能是统计小于或等于一个整数 m（m≥3）的素数个数（不包括 1 和 2）。不增加和减少代码行，且不修改程序的结构，将程序修改正确。

```
#include <stdio.h>
int  fun(int  m)
{
  int  i, k, num = 0;
  for(i=3; i<=m; i+=2)
  { k = 2;
    while(k <= i && (i%k) == 0)
        k++;
    if(i = k)
        num++;
  }
  return num;
}
void  main( )
{
  int  n;
```

```
    printf("\nPlease enter n:");
    scanf("%d", &n);
    printf("\nResult = %d", fun(n));
}
```

思路：

① 首先浏览程序，大致弄清各部分的主要功能，尤其注意循环语句的功能。

② 编译和链接程序，查找简单错误。

③ 运行程序，输入必要的测试数据，如 4，系统显示结果为 Result = 2。因为不超过 4 的素数只有 3，正确的输出应该是 Result = 1。

④ 跟踪程序。先核对一下外层循环（for 循环）总是有益的。由于偶数必然不是素数，程序中的 i += 2 步长变化是正确的，且循环的初始值和终止值都无问题。据此判断，错误可能出现在内层的 while 循环上。

跟踪程序中的 while 循环，以检查函数参数 i 的值及 num++ 运算。为此，将光标移到语句行 "while(k <= i && (i%k) == 0)"，执行 "运行到光标处" 功能，并输入 4 使程序执行到该行。此时，先查询一下参数 i，其值为 3，正确。显然，对于 i=3 的情况，循环应该用 k=2 和 k=3 分别去除 i，以判别是否能够整除，即循环应该进行 2 次。

执行 "单步" 功能使程序单步执行，发现程序并没有执行循环而直接跳到语句行 "if(i = k)"，这说明 while 循环的终止条件为 0。该条件表达式由 2 个表达式组成，查询表达式 k <= i，其值为 1，那么第二个表达式 (i%k) == 0 必然为 0。这说明，错误是因为将 i%k != 0 误写成了 i%k == 0 所致，故将其修改为 (i%k) != 0 或 (i%k)。

撤销跟踪，运行程序并输入 4，显示结果正确，为 Result = 1。再次运行程序，输入一个稍大的整数，如 10，发现程序死锁。通过关闭控制台来终止程序。

因为 while 已经正确，将光标置于 "if(i = k)" 行，使程序运行到光标处，并输入 10。观察变量窗口，i 和 k 均为 3，正确。单步执行，发现 i 的值由 3 变为 2，这显然是不正确的，原因是 i==k 被误写为 i=k。

撤销跟踪，修改程序。重新运行并用 10 测试，结果正确。

第6章　指　针

　　任何程序的执行都离不开内存，但常量、变量和数组的内存安排由系统自动确定，程序只能通过变量名来重复访问内存数据。在复杂的应用中，常常需要自己决定存储区的大小，或者直接访问内存中的某个位置。绝大多数高级语言不允许直接操作内存，这主要是出于安全性的考虑。

　　C语言继承了高级语言的内存管理机制，但同时提供了对直接访问内存的支持，以增强程序的控制能力。这种技术就是指针。本章介绍指针的基本概念和指针的运算，讨论如何利用指针在函数间高效地传递信息，以及利用指针访问一维数组的方法。

6.1　指针与指针变量

　　指针是使C语言成为功能强、效率高的高级语言的重要原因，也是C语言最主要的特征之一。

6.1.1　指针是经过包装的地址

　　指针是内存地址的代名词，但含有比内存地址更丰富的信息。通过指针操作，可以对任何一个内存单元进行访问。

1. 存储器编码

　　内存是计算机的重要部件之一，所有程序都要在内存中运行，所处理的数据也要读入内存中进行运算，当运算完成后再将结果传送出去。

　　软件设计中主要关心的不是内存硬件的种类或来源，而是存储地址空间，也就是对存储器编码（编码地址）的范围。所谓编码是指为每个物理存储单元按字节分配一个号码，称其为"编址"，目的是为了便于找到它，完成数据的读写，这就是所谓的"寻址"。

　　仅从使用角度考虑，可以认为内存地址是从1开始直到最大内存空间为止的编号，用整数来表示。因此，在讨论中常常假定一个变量存储在某个整数地址上，如2000。特别地，由于0不是有效的地址，可用作无效指针的标志。图6.1为内存编码的示意图。

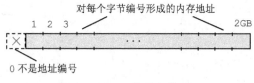

图6.1　从1开始的内存地址

2. 变量的地址

　　为了存储数据，最简单的方法就是定义变量。根据定义，系统会把空闲的内存单元分配给变量，利用变量名可以重复对此单元的数据进行访问，如读出或写入，后者就是变量的值可以被改变的原因。

　　定义一个变量所得到的内存单元大小由变量的数据类型决定，通常仅几个字节，而此单元被分配在内存中的位置由系统决定。事实上，在系统内部维系着一张变量名与其内存位置的对照表，当程序中出现变量名时，系统会按此表查找对应的内存单元。

　　例如，定义如下变量：

```
int x;
char y;
double z;
```

这些变量与其内存位置的对照表示意图由图 6.2 表示。

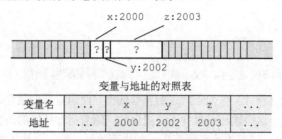

变量与地址的对照表

变量名	...	x	y	z	...
地址	...	2000	2002	2003	...

图 6.2 变量的名称与内存地址表

在表中，变量 x 占用 2 字节，起始地址为 2000。变量 y 存放在 x 之后，占 1 字节，起始地址为 2002。变量 z 在最后面，占 8 字节，起始地址是 2003。应该说明，这些具体值与内存生长方向有关，一般是逐渐减小的，这里采用变大的数值仅是为了直观。

本质上，在经过编译后，源程序文件中的变量名已经在目标文件中被替换为变量的地址。因此，对变量的一次存取，就是根据地址找到正确位置，再依据变量的类型将内存单元中存储的数据正确地读出，或者以正确的格式写入的过程。

3. 指针与指向

程序中并不需要明确了解一个变量的存储位置的具体编号，有更方便的表示方法。原因之一是，仅知道变量的存储位置并不能实现数据的正确存取，还要了解该单元存储了一个什么样的数据，这需要数据类型的配合。因此，为了直接访问内存，必须明确两方面的信息，其一为一个内存地址，其二为存储在其中的目标对象的数据类型。二者相结合所构成的一种新数据类型称为"指针"。

简单地说，指针是由内存地址与目标对象数据类型组成的混合体，是经过包装的内存地址。

因为一个确定的指针总是同一个内存单元的地址相关联，故可以称"指针指向此单元"。如果它是分配给某对象的内存单元，也称为"指针指向此对象"。

4. 指向变量的指针与取地址运算符&

得到一个指向变量的指针依赖于一个专门的运算符&，称为"取地址运算符"。该运算符只有一个操作数，即变量名，语法格式为：

> **&变量名**

表达式"&变量名"就是指向该变量的指针，也可解释为该变量的地址。

例如，定义如下变量：

```
char x;
double y;
```

表达式&x 和&y 就是分别指向变量 x 和 y 的指针。因为变量的地址是已分配的，因此这种指向是固定不变的，故&x 和&y 都是常量。

> ✖ **提示**
> 严格地说，应该称&x 和&y 为"只读的量"。

考虑到指针与内存地址并不是完全等同的概念，因此，"取指向变量指针的运算符"是对运算符&的更确切的称谓。只是在多数情况下，名词"指针"和"地址"可以混用而不加区别。

作为测试，可以通过如下代码查看变量的存储地址：

```
short x;
char y;
double z;
printf("%x,%x,%x", &x, &y, &z);        /* 可能输出 18ff44,18ff40,18ff38 */
```

上述代码将变量地址（指针）作为十六进制整数输出，此为查看变量存储位置的标准方式，但也可以将%x 换成%p。不过，这些输出结果并不是固定的，随着运行环境的改变，变量会被分配到不同的内存地址上。因此，&x 可以正确地表示变量 x 的内存地址，而一个具体的整数值 18ff44 仅对一次运行有效，这就是程序中并不直接使用一个具体地址的原因之一。

例如，利用 scanf 函数输入一个变量的值就使用了变量的地址：

```
scanf("%d", &x);
```

很明显，scanf 工作时要依赖指向变量的指针。从键盘输入的值被存储到指针&x 指向的内存单元，这就等同于为变量 x 赋值。

6.1.2　指针变量

尽管可以将内存地址用整数来表述，但由于指针由内存地址和目标对象的数据类型构成，并不是整数。因此，不能采用整型变量或其他简单类型来存储指针。存储指针需要使用一种专门的变量，即指针变量。

指针变量应按下述方式定义：

类型符　*变量名 [= 指针表达式];

通常会有两种定义指针变量的风格：

```
double *p;                    /* 一种风格，有助于理解*p 的数据类型 */
char *q;
double* p;                    /* 另一种风格，有助于理解指针 p 的数据类型 */
char* q;
```

定义中的*符号可以靠近类型符，也可以靠近变量名（甚至可以独立放在中间，但不可取），这在一定程度上取决于对指针的理解。不过，最好应保持只使用其中的一种风格。

1．指针变量的类型

指针变量的类型就是指针类型。进一步说，对于上述定义中的变量 p，其数据类型是"double*"，而变量 q 的类型为"char*"。由此可见，虽然"double*"与"char*"都是指针类型，但二者也不相同。

一个值得注意的问题是，尽管可以将"double*"理解为指针的类型，但并不能直接将它当作类型名来使用。例如：

```
double* p, q;                    /* q 为整型变量而非指针变量 */
```

这样的定义使编译器将 p 理解为指针变量，而 q 被定义为 double 变量。除非将"*"放在每个变量名之前：

```
double *p, *q;
```

应该说，指针变量不过是一种专门存储指针的变量而已，就像 double 类型的变量只存储浮点数一样。

✦工程
不要将指针与其他变量放在一起定义，单独定义每个指针变量，以避免引起混淆。

2. 指针的基类型

指针变量定义中的目标对象类型常被称为"指针的基类型"。基类型不是指针的类型，而是指针指向的内存单元对象的数据类型。

例如，对于图 6.2 所定义的变量 x，指针&x 的类型为"int*"，基类型是 int，因为&x 指向的内存单元中的对象 x 的类型为 int。同样，指针&y 的数据类型为"char*"，因为它指向一个字符，故基类型为 char。

很明显，为了通过指针引用正确的数据，首先要保证其指向正确的内存位置，其次，利用正确的基类型说明引用一个什么样的目标对象。

✦提示
指针变量定义中的"*"不仅是一个标识，实质上，它是指针变量的数据类型的一部分。

3. 指针变量的存储

指针变量占用固定大小的存储单元。由于指针的基类型可以通过字面识别，因此，为指针变量分配的存储空间只需保存指针所代表的内存地址，它在本质上是一个整数或长整数，故指针变量占用 2 字节或 4 字节的存储空间（C 语言中的普通指针占用 2 字节，远指针占 4 字节）。

✦提示
指针变量所占用的存储空间大小是固定值，与指针的基类型无关。

6.2 指针变量的赋值与指针的间接引用

6.2.1 指针变量的赋值

为了通过指针变量来存取数据，首先要将指针变量正确指向目标对象。

1. 使用类型完全匹配的指针

为指针变量赋值与为普通变量赋值的语法规则是相同的，只是所提供的表达式必须是指针类型的表达式，更重要的是保证其类型与指针变量的类型完全相同。

例如，对于如下定义：

```
double  x = 10;
double  *p;
```

为了通过指针变量 p 来访问 x，需要将 p 指向 x。为此，应将 x 的地址赋予变量 p：

```
p = &x;
```

经过上述赋值，就得到了指向变量 x 的指针变量 p。应该说，指针 p 和&x 具有完全相同的类型和指向，差别仅在于 p 为变量，而&x 相当于常量。赋值所产生的实际操作是将变量 x 的内存地址写入变量 p 的存储空间，参见图 6.3。

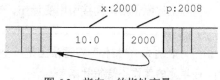

图 6.3 指向 x 的指针变量 p

2. 指针类型的强制转换运算符

不同类型的指针是"类型不相容"的。因此，为了实现不同类型指针之间的正确运算，必须采用强制类型转换符来实现。由于指针类型为"基类型*"，故指针类型转换运算符可描述成：

(基类型*)

将上述运算符作用到一个指针上就构成了指针类型转换表达式。

例如，定义如下变量：

```
double  x = 2.5;
char  *p;
```

由于变量 p 的类型为"char*"，但指针&x 的类型为"double*"，二者并不相同，不能直接将&x 赋值给 p。为了使 p 能指向 x，要将&x 做强制类型转换：

```
p = (char*)&x;
```

指针类型转换的本质是指针基类型的变化而不是数值改变。

6.2.2 *运算符与间接访问

1. 间接引用运算符*

使用指针的最终目的是访问其指向内存中的对象。在得到一个指向变量的指针后，可以借助该指针来表示和读写变量的值。通常，使用变量名来引用变量的值被认为是直接访问方式，而借助指针来引用其值是间接访问方式，故常称之为"间接引用"。

间接引用需要利用间接引用运算符"*"来实现。这是一个仅以指针为操作数的单目运算符，语法形式为：

*指针表达式

当指针的基类型为 type 时，表达式"*指针表达式"在语法上是一个由该指针指向的存储单元构成的 type 类型变量。

例如，定义如下变量：

```
char  x = 'A';
double  y = 3;
```

地址&x 和&y 分别是指向变量 x 和 y 的指针，类型为 char*和 double*。自然地，*(&x)和*(&y)分别是 char 和 double 类型的变量，它们分别等同于 x 和 y。

如果将指针保存在指针变量中，就可以借助变量实现间接引用，如：

```
char  *p;
double  *q;
p = &x;
q = &y;
```

在上述赋值后，间接引用变量*p、*q 分别等同于变量 x 和 y。

★**提示**

　　表达式"*指针"在语法上是一个变量。使用指针的主要目的是借助指针修改或引用其他内存单元的值而不是指针本身。

根据运算的作用可知，*运算符与&运算符是一对可以"互相抵消"的运算符。若 x 是一个变量，则&x 是指向 x 的指针，*(&x)又等同于变量 x，而&(*(&x))又是指向 x 的指针，如此反复。

2. 利用指针访问类型不匹配的变量

如果指针的基类型不匹配，尽管指针具有正确的指向，也不可能得到正确的结果。例如，下述代码利用指向 x 的指针变量 p 间接引用 x：

```
double  x = 3;
char   *p;
p = (char*)(&x);                    /* 指向 x */
*((double*)p) = 3.5;                /* 为 x 赋值 */
printf("%lf", *((double*)p));       /* 读出 x 的值并输出 */
```

由于指针&x 的基类型为 double 类型，而变量 p 的基类型为 char。为了将&x 赋给 p，或者使 p 指向 x，需要将&x 的类型转换为(char*)&x。

经过赋值后，指针 p 的值与&x 相同，即 p 已正确指向变量 x，但*p 是一个 char 型变量，只由变量 x 的一个字节构成。这意味着，*p 并不等同于 x。

为了借助 p 来表示一个 double 型变量，需要将 p 的基类型转换为 double 后再做间接引用，即表达式*((double*)p)才是与 x 相同的变量。

观察如下代码中的错误，有助于更清楚地理解不匹配指针带来的问题。

```
int  *p1, *p2, x = 10;
double  y = 2.5;
p1 = &x;
p2 = &y;                            /* 危险的赋值 */
printf("%d, %lf", ++(*p1), (*p2)++);  /* 错误的输出 */
```

代码中的错误来自于输出语句中的表达式*p2。因为 p2 的基类型为 int，故*p2 表示由变量 y 的前两个字节组成的无意义整数。正确的输出语句是：

```
printf("%d, %lf", ++(*p1), (*(double*)p2)++);
```

此外，因为指针&y 与变量 p2 的类型并不相同，语句"p2=&y;"采用了不匹配的指针。这种赋值是一种危险的做法，编译时可能会引发警告或错误提示。为了避免潜在的威胁，必须通过类型转换实现这种赋值：

```
p2 = (int*)&y;
```

在程序设计中，指针的类型并非总是匹配的。尽管类型转换初看起来略显烦琐，但这是避免指针引用错误、提高程序代码质量的有效措施。

★工程
保证指针类型的严格匹配是编写正确程序的基本要素。

3. void 类型的指针

虽然指针的基类型对指针运算和间接访问具有重要的指示作用，但 C 语言仍支持空类型的指针，可以在使用一个指针访问不同类型的变量或者难以肯定具体类型时使用它。例如，下述代码定义了一个 void 类型的指针变量：

```
void *p;
```

变量 p 的基类型为 void。C 语言允许将任何类型的指针在不经类型转换的情况下赋值给空类型的指针变量。但是，一个空类型指针只有记录地址的作用，在参与运算之前必须经过类型转换。例如，下述代码说明了使用空类型指针变量访问不同类型对象的方法：

```
double  x = 4.8;
int  y = 3;
void  *p = &x;                          /* 不必转换 */
printf("%lf", *(double*)p);             /* 必须转换 */
p = &y;                                 /* 不必转换 */
printf("%d", *(int*)p);                 /* 必须转换 */
```

C 语言中与内存操作的库函数如动态内存分配函数 malloc、内存块赋值函数 memcpy 等均使用了 void 类型的指针。

★工程

尽量避免使用 void 类型的指针，以防止因类型缺失而引起的错误。

6.2.3　指针变量的初始化

1. 为指针变量提供正确的初始值

与普通变量的初始化一样，指针变量也可以进行定义初始化，且这种初始化对保证代码的安全性尤为重要。

例如，定义如下变量并初始化指针变量 p：

```
double  x;
double  *p = &x;
```

对于自动变量 p 而言，这与赋初值没有什么不同。

可以作为初始化表达式的指针很多，包括变量的地址、数组名、动态分配内存函数的调用表达式、字符串等，形参变量还可以在函数调用时通过实际参数得到初始值。

2. 避免空悬指针

无论何时，使用一个未初始化的变量都是必须避免的问题。对于指针变量来说，未初始化将会导致更严重的后果。例如，比较如下的程序片段：

```
① int  *p;          ② int  x, *p = &x;          ③ int  x, *p;
   *p = 20;             *p = 20;                     *p = x;
```

代码①中的自动变量 p 未经初始化或赋值，其值是不确定的，这使它随机指向内存中的某个未知地址，位置无法把握，更不能保证是空闲的内存区域。因此，*p 表示一个由某个未知内存单元构成的 int 型变量，而间接赋值语句将 20 写入了这个内存单元，覆盖了不可知的数据或程序代码。

代码②中指针变量 p 得到变量 x 的地址，即 p 指向 x，而变量 x 的存储单元是由系统分配的，*p = 20 与 x=20 作用相同，这种操作是正确的。

代码③与代码①的错误相同，一般是混淆了 p 与*p 的含义所致。

类似代码①中的未经初始化的指针常被称为"空悬指针"，使用空悬指针是 C 语言程序中最危险的错误，也是导致系统崩溃的主要根源之一。这样的错误所引发的异常现象常常时隐时现，很难查找。

杜绝使用空悬指针。为此，在程序中没有对 p 初始化之前绝对不能使用间接引用变量*p。

3. 预防空悬指针的有效措施

由于 0 是一个无效的内存地址，故可以用来作为空悬指针的标志。在定义一个指针变量时可以将 0 作为初始值，使得后续代码能够通过测试来确定其是否为一个未初始化的指针。

为了区分用于表示指针的 0 和整数 0，stdio.h 头文件中定义了一个常量 NULL：

```
#define  NULL  0
```

C 语言程序一般使用 NULL 表示无效指针，并称其为"空（悬）指针"。这比直接使用 0 具有更好的可读性。

例如，下述代码依据空指针测试来判别其是否可用：

```
char *p = NULL;                    /* p 为空（悬）指针 */
char cx;
...
for(k=0;  k<5;  ++k)
{
  if(p == NULL)                    /* 若 p 未初始化则 */
    p = &cx;                       /* 对 p 赋初值，使其指向 cx */
  *p = getchar( );                 /* 安全的间接引用 */
}
```

C 语言中，大量与内存管理、文件操作等相关的库函数都返回 NULL 以表示操作无效。

一个值得重新回顾的问题是分清对指针变量赋值与对间接引用变量赋值的不同：

```
① char *p = 0;        ②char *p;          ③char *p;
                         p = 0;              *p = 0;
```

代码①含义是变量 p 的定义初始化，以表明 p 是一个不能间接引用的空悬指针。代码②先定义指针变量 p，再对其初始化，表明 p 是一个空悬指针。这两段代码基本等同。代码③定义指针变量 p 后对*p 赋初值，间接引用了一个空悬指针，是一种致命的错误。

在可能的情况下，将指针变量放在它指向的变量之后定义，并使其直接指向那个变量，有助于防止出现空悬指针的错误。

6.3 指针的运算

除了参与赋值和间接访问外，指针主要能参与加减算术运算、比较和逻辑运算。在这些运算中，基类型起着决定性的作用。

6.3.1 指针的加减算术运算

指针仅可以与指针和整数进行部分加减算术运算。

1. 指针与整数的加减法

指针可以与整数进行加减法运算，结果仍是指针。表达式"指针+正整数"得到一个新的指针，其内存地址值增加。相反，表达式"指针–正整数"得到一个新的指针，其内存地址值减小。

定义如下变量并假定变量x的起始内存地址为2000，令p指向变量x，二者之间的关系可如图6.4所示。

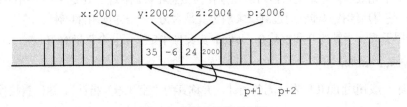

图6.4　指针与整数的加法

```
int x = 35, y = -6, z = 24;
int *p = &x;
```

测试下述输出语句：

```
p = p + 2;
printf("%d ", *p);              /* 指向 z，输出值24 */
p = p - 1;
printf("%d", *p);               /* 指向 y，输出值-6 */
```

代码的输出结果为"24␣-6"，这说明，指针p在初始时指向变量x，而p+1和p+2分别指向变量y和z。因此，*(p+1)、*(p+2)分别等同于变量y和z。

示例说明，指针与整数的加减运算与普通整数之间的加减运算完全不同，指针加减运算在本质上按单位加减，这里的单位就是基类型。之所以指针按基类型做加减法运算，目的是使指针实现对一个完整数据的正确访问，而不是只存取它的一部分。

下述代码可用作对指针加法后的内存地址变化进行测试：

```
void main( )
{
    int a = 10;
    printf("%x ", &a);
    printf("%x", &a+9);
}
```

一次在VC 6中运行程序的输出结果为：

```
18ff44␣18ff68
```

18ff68显然不是18ff44与9相加的结果，而是与9*sizeof(int)=9*4=36之和，即&b与&a的实际差值为36（VC 6中sizeof(int)为4）。

只有基类型为单字节类型如char时，指针与整数的加减法与简单类型的数据加减法在数值上才是一致的。不过，实际的程序设计中几乎永远不会计算这些内存地址的数值，理解"按基类型做单位长度的加减"才是正确处理指针运算的根本。

> ★ 提示
> 一个指针加1或减1是为了使它指向相邻的下一个对象或前一个对象，而不是为了做加减法。

2. 整数与指针的加减法

一个整数与指针的加法结果仍是指针，但整数不能与指针做减法运算。

3. 指针与指针的加减法

两个指针不能进行加法运算，因为结果无意义。两个指针可以做减法运算，但结果不再是指针而是一个整数，表示两个地址之间相距的"单位数"。如：

```
int  x;
int  *p = &x;
int  *q = p+2;
printf("%p, %p, %d", p, q, p-q);
```

观察代码的输出结果可知，指针的差值表示二者相差的单位数，而不是两个地址值之差。

★工程

如果不是在数组中做位置移动，应谨慎使用指针的算术运算。

6.3.2　指针的自加和自减运算

指针变量可以进行自加和自减运算，含义与普通整型变量的自加、自减运算一致，只是按基类型为单位进行运算而已。

例如，针对图 6.4 中的定义，执行下述语句使指针变量 p 指向变量 x：

```
p = &x;
```

由于表达式 p++ 的值等于 p，因此，p++ 是一个指向 x 的指针，但表达式处理后 p 自加，指向变量 y。对其他运算如 ++p、p-- 和 --p 可做类似的解释。

在通过指针变量访问一块连续的内存单元时，常常需要逐次进行指针变量的自加或自减运算，且伴随着间接引用，需要根据运算的优先次序以及 ++p 和 p++ 的区别来理解这些运算的真实含义。

仍以图 6.4 中的定义为例，假定指针变量 p 指向变量 x，以下简要说明几种与自加相关的常见指针运算的含义。

（1）表达式 *p++ 和 *(p++)

++运算与 * 运算的优先级别相同，但它们的结合次序都是由右至左的，故这两个表达式的含义相同，均等同于 x。不过，在计算表达式后，p 加 1，指向 y。

（2）表达式 *++p 和 *(++p)

这两个表达式含义等同。因为表达式 ++p 的值为 p 加 1 运算后的值，等于 &y，指向 y，故表达式等同于变量 y。

（3）表达式 (*p)++

由于变量 *p 与变量 x 等价，此表达式等同于 x++，值为 35。

（4）表达式 ++(*p)

此表达式与 ++x 等价，值为 36。

6.3.3　指针的比较

可以使用关系运算符比较两个指针的大小，但通常是在两个指针指向同一目标，如一个数组或一个动态分配的内存块时才使用。特别地，可以将一个指针与 0 或 NULL 进行比较，以测试该指针是否已指向某一确定的内存地址，即是否为空悬指针。

例如，下述代码将指针变量指向数组的第一个元素，并依赖指针之间的比较确定元素的个数，进而输出数组的所有元素。

```
int  a[10] = { ... };
int  *first = &a[0];
int  *last = &a[0]+10;
for(first = &a[0]; first<last; ++first)
  printf("%d", *first);
```

除了上述运算外，指针还可以参与逻辑运算，一般用于测试一个指针是否为空（NULL），可表现为类似如下的代码形式：

```
if(!p)
  ...                        /* p 为无效指针 */
if(p1 && p2)                 /* p1 和 p2 均是非 0 指针 */
  ...
```

表达式!p 在 p 为无效指针 NULL 时为真，而表达式在 p1 和 p2 均非 NULL 时为真。在这样的运算中，指针是作为整数看待的。

6.4　指针作函数的参数

6.4.1　修改实参变量的值

任何一种类型的变量都可以作为函数的形式参数，以便在函数之间传递不同的信息，指针也不例外。在语法形式上，指针作函数参数只是与普通变量存在数据类型的差异，但应注意调用函数时必须提供指针表达式作为实参数。

例如，下述程序说明了一个调用函数 f 显示变量内存地址的过程。

```
void  f(int *p)
{
  printf("%p", p);              /* 显示变量 p 的值，是一个内存地址 */
}
void  main( )
{
  int  x;
  float  y;
  f(&x);                       /* 显示变量 x 的内存地址 */
  f((int*)&y);                 /* 显示变量 y 的内存地址 */
}
```

此程序仅用于演示指针作函数参数的语法形式，以及实参数和形参之间的完全对应，几乎没有任何实际作用。

使用指针作函数参数的主要目的有二，其一是利用被调用函数修改实参变量的值，其二是为了减少需要传递的参数个数。在函数之间需要传递一个大数据块时，可以通过仅传递其起始地址来代替传递所有数据，从而提高代码的效率。

例 6.1　利用调用函数修改实参变量的值。

```
void set(int *p)
{
  *p = 10;                          /* 等同于*(&x) = 10，即 x = 10 */
}
void main( )
{
  int x;
  set(&x);                          /* 传递指向 x 的指针 */
  printf("%d", x);
}
```

此为例 5.4 的"改良版本"，解决了利用被调用函数修改实参变量值的问题。

在调用函数 set 时，形参变量 p 得到实参表达式&x 的值，使得指针 p 指向 x。因此，间接引用变量*p 就是实参变量 x，表达式"*p = 10"等效于"x = 10"，从而使得实参变量 x 的值在被调用函数中被修改。

相比之下，例 5.4 中的形参变量仅得到实参变量的值，被调用函数中引用的是形参变量本身而不是实参变量。

✦ 提示

不要将传递指针误解为"传地址调用"。地址仅是指针的一种成分。传地址调用是指形参不是独立变量，不分配存储空间，而是由系统定位到实参变量的存储空间的参数结合方法。

C 语言只有传值调用一种参数处理方式。形参是与实参无关的独立变量。

例 6.2 构造能够交换两个变量值的函数。

借助指针作形式参数，可以将两个实参变量的地址作为实际参数传递给形参，再利用间接引用得到实参变量。于是，就可以实现对两个实参变量值的交换。

```
#include <stdio.h>
void swap(int *x, int *y)
{
  int t = *x;                       /* *x 是 a */
  *x = *y;                          /* *y 是 b */
  *y = t;                           /* 交换间接引用变量 */
}
void main( )
{
  int a = 10, b = 20;
  swap(&a, &b);                     /* 传递实参变量的地址 */
  printf("%d, %d", a, b);
}
```

详细分析如下代码，有助于消除对指针的错误理解。

```
void errorSwap(int *x, int *y)
{
  int *t = x;
  x = y;
  y = t;
}
```

　　从外表上，该函数也使用指针作参数。如果用同样的 main 函数调用它，则指针变量 x 和 y 分别得到变量 a 和 b 的地址，即 x 指向变量 a 且 y 指向变量 b。不过，函数体内只交换了变量 x 和 y 的值，这使得形参变量 x 指向变量 b，y 指向变量 a。这些操作与变量 a 与 b 的值没有任何关联，毫无意义，a 与 b 不会产生变化，不能达到交换实参变量值的目的。

★工程
　　一个变量将自己的地址作为指针传递给函数的目的永远是让函数依据地址通过间接引用找到自己。

6.4.2　从被调用函数取得信息

　　从被调用函数获取信息的常见做法是依赖函数值。在被调用函数中需要一个特别安排的 return 语句带回一个表达式，其值代表了函数的计算结果，也就是函数调用表达式的值。

　　不过，return 语句只能带回一个表达式。如果需要从被调用函数中取得两个甚至更多的值又将如何呢？这里，函数的指针参数为我们提供了一条可行的途径。

　　例 6.3　定义一个函数，使之能够计算两个整数的最大公约数和最小公倍数，计算最大公约数的函数 gcd 已在第 5 章定义过，此处重新给出了一种简化写法。

```c
#include <stdio.h>
int gcd(int u, int v)
{
   return v == 0? u: gcd(v, u%v);
}
void func(int a, int b, int *GCD, int *LCM)
{
  *GCD = gcd(a,b);                 /* 用间接引用变量存储最大公约数 */
  *LCM = (!(*GCD)? 0: a*b/(*GCD));  /* 用间接引用变量存储最小公倍数 */
}
void main ( )
{
  int  x = 6, y = 8;
  int  u, v;
  func(x, y, &u, &v );
  printf("GCD = %d, LCM = %d.", u, v);
}
```

　　为了从被调用函数 func 取得两个值，main 函数准备了两个变量 u 和 v，并将其地址传递给形参变量 GCD 和 LCM。函数 func 则将最大公约数和最小公倍数分别保存到 GCD 和 LCM 指向的变量，即 u 和 v 中。

　　一种典型的错误来自于如下形式的调用：

```c
int  x = 6, y = 8;
int *u, *v;
func(x, y, u, v);
```

　　这是一种非常严重的错误，产生的原因是 u 和 v 都是未初始化的空悬指针。

　　重新分析库函数 scanf 的工作方式是有益的，有助于领会如何通过传递变量地址来间接得到需要的值。scanf 是一个典型的取得多个结果的函数。例如，为了接收两个整数，函数 scanf 内部采取了类似如下的函数原型和设计方式：

```
int  scanf(const char *frmt, int  *var1, int  *var2)
{
  /* 解析 frmt，分析格式 */
  *var1 = 输入值 1;
  *var2 = 输入值 2;
}
```

在设计程序时，需要按如下方式准备变量并调用 scanf 函数：

```
int a, b;
scanf("%d%d", &a, &b);                 /* 实参为 a 和 b 的地址 */
```

在 scanf 函数内部，输入值被赋值到间接引用变量：

```
*(&a) = 输入值 1;                      /* 等同于 a = 输入值 1; */
*(&b) = 输入值 2;                      /* 等同于 b = 输入值 2; */
```

当然也可以借助指针变量实现：

```
int a, b;
int *p = &a, *q = &b;                  /* 初始化指针变量 */
scanf("%d%d", p, q);                   /* 实参仍是 a 和 b 的地址 */
```

如果没有第二行的初始化，p 和 q 就成了空悬指针。同时，如果函数调用时不使用 a 和 b 的地址而是将变量本身作为实参数，输入的值就无法存储到变量中。

6.5　利用指针访问一维数组

在 C 语言中，数组的元素连续存储。因此，由任何一个元素的存储位置都可以查找到其他所有元素的内存地址。这种特点使程序能够利用指针来访问数组，也导致指针与数组在形式和操作上都有着十分密切的关联。

6.5.1　利用指针实现快速数组元素访问

引用数组元素的最一般方式是使用下标，但根据数组元素存储位置的连续性，也可以通过指针对数组元素逐个进行间接访问。

例如，定义如下数组：

```
double  a[10];
```

数组的元素由 10 个 double 型变量 a[0]～a[9]组成。为了存储这些变量，系统为数组分配了 10*sizeof(double)字节的内存块，以内存地址逐个递增的方式连续存储这些元素。

因为 a[0]是数组的第一个变量，&a[0]是其内存地址，即指向 a[0]的指针，也是数组 a 的起始地址。因此，对于任意的 k，0≤k≤9，指针&a[0]+k 就是变量 a[k]的内存地址，与&a[k]完全等同。自然地，间接引用变量*(&a[0]+k)与 a[k]完全相同。可见，在表示变量 a[k]的地址时，&a[k]+k 与&a[k]等效，而表示变量时，*(&a[k]+k)、*(&a[k])与 a[k]也都是等效的。

在设计中，可以利用&a[k]+k 代替&a[k]输入数组元素的值，用*(&a[k]+k)代替 a[k]输出数组的所有元素：

```
for(k=0; k<10; ++k)
    scanf("%lf", &a[0]+k);
for(k=0; k<10; ++k)
    printf("%lf", *(&a[0]+k));
```

如果借助于一个指针变量来存储地址&a[0]，可以使之稍微得到简化：

```
double *p;
p = &a[0];
for(k=0; k<10; ++k)
  scanf("%lf", p+k);
for(k=0; k<10; ++k)
  printf("%lf", *(p+k));
```

本质上，上述代码仅是表现形式不同，与直接通过数组名和下标访问数组元素并无区别。不过，因为指针 p 是变量而非常量，所以可以依赖指针变量的自增运算实现上述功能：

```
double *p;
p = &a[0];                          /*令 p 指向数组的起始地址 */
for(k=0; k<10; ++k)
    scanf("%lf", p++);
p = &a[0];                          /* 令 p 重新指向数组的起始地址 */
for(k=0; k<10; ++k)
    printf("%lf", *p++);
```

这种做法的好处来自于自加运算，因为++运算要比普通整数加法快，可以提高代码的效率。

6.5.2 一维数组名的指针含义

由于 C 语言中频繁使用指针访问数组，因此，编译器将数组名识别为一个指针。该指针指向数组的第一个元素，且其基类型与数组元素的类型相同。

例如，定义一个一维数组：

```
double  a[5] = {12, -1, 6, 3, 2};
```

那么，数组名 a 是一个指针常量，其值是第一个元素 a[0]的地址，基类型是 double。由此可见，a 与&a[0]完全相同。

✦**工程**┄┄┄
     对数组名的准确说法是 "只读的量"，这是指数组名不是左值，不能被修改。
┄┄┄

利用指针 a 代替&a[0]可以进一步简化引用数组元素的代码：

```
double  a[10];
double  *p = a;
for(k=0; k<10; ++k)
  printf("%lf, %f, %f", a[k], *(a+k), *p++);/* 3 个表达式代表相同的变量 */
```

因为直接使用数组名 a 更简洁明了，因此程序中一般总是使用指针 a 而不是&a[0]。这里首先要注意的问题是数组名 a 并不代表整个数组，只是一个指向变量 a[0]的指针。其次，由于数组在定义和分配空间后已固定下来，因此，a 只相当于常量而非变量。任何企图改变 a 的操作都是错误的，如：

```
a = a + 1;              /* 错误的赋值，因为 a 不是变量 */
a = &a[0];              /* 错误的赋值，因为 a 不是变量 */
```

输出数组元素的代码中增加的指针变量突出了 a 与 p 的不同。很明显，*p++不能换成*a++。

⭐**工程**

> 不能为数组整体赋值，类似 a={…}这样的表达式意味着企图修改一个只读的量。

6.5.3 指针与数组的一致性

为了通过指针访问内存，通常需要借助间接引用运算符*。事实上，C 语言的内部是以指针方式查找数组元素的，因此完全可以借用下标形式来表示间接引用变量。换言之，指针和数组都可以采用下标引用方法和间接引用方法表示间接引用，表达式"*指针"与"指针[0]"具有相同的含义。

例如，定义如下数组：

```
int  a[10];
```

那么，数组元素的基本表示法为 a[k]，0≤k<10，这是下标表示法。由于 a 是等同于&a[0]的指针，故也可以将 a[k]表示为*(a+k)。特别地，a[0]等同于*a。

一个指针同样可以采取两种间接引用表示方法：

```
int  x;
int  *p = &x;
```

通常，我们使用*p 来代表间接引用变量 x，但也可以采用下标形式 p[0]来表示。

正是因为指针的间接引用在写法上可以与数组完全相同，因此，仅从写法上常常难以分辨一个变量是指针还是数组，只有查看其定义。而对于指针或数组名 p 来说，理解表达式 p[0]和*p 均为正确的间接引用变量表示方法有助于弄懂 C 语言中复杂表达式的含义。

例 6.4　在一个数组 a 中查找某个指定的值 x 是否存在。若存在则删除数组中第一次出现的对应元素，否则什么也不做。

为了简单，假定数组 a 和 x 都是 int 类型的。解决此问题需要两个步骤：其一是在数组中查找 x 是否出现，可以从头开始逐个将数组的元素与 x 进行比较；其二是在找到之后将此数组元素删除，方法是将被删除元素之后的所有元素都向前移动一个位置，参见图 6.5。

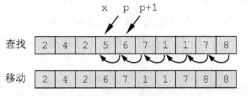

图 6.5　x=5 时的查找与向前复制

```
#include <stdio.h>
#define  N  10                          /* 数组元素个数 */
void  main( )
{
  int  a[N], x, *p, *last = a+N;
  printf("\nInput an array with 10 elements:\n");
  for(p=a; p<last; ++p)                 /* 利用指针变量 p 读入数组元素 */
    scanf("%d", p);
  printf("Input a integer number:");
  scanf("%d", &x);
  for(p=a; p<last && *p != x; ++p);     /* 查找 x */
  if(p<last)                            /* x 出现在数组 a 中 */
```

```
    {
        for(++p; p<last; ++p)                 /* 元素逐个前移一位 */
         *(p-1) = *p;
    }
    for(p=a; p<last; )
        printf("%5d", *p++);
}
```

顺序查找 x 是否在数组 a 中出现的循环有两个可能的结束条件。如果 x 在数组中出现，则必然满足表达式 p<last。因此，循环结束后表达式 p<last 为真说明 x 在数组 a 中出现。

6.6　向函数传递一维数组

数组是由若干个元素组成的集合，代表着一个大的数据块。如果需要向函数传递数组中的一个或少量的几个元素，可以使用普通变量作为函数参数，但在需要传递的数组元素较多或者整个数组时，就需要考虑替代的技术。

由于数组元素连续存储，因此，只要得到数组的起始地址和元素个数，就等同于得到了整个数组。于是，在将一个数组传递给函数时，只要传递数组的起始地址（一个指针变量）和数组长度（一个整型变量），就起到了传递整个数组的作用。这种技术既可以提高效率，也可以使代码得到简化。

例如，有如下数组：

```
    double  a[10];
```

为了计算这些浮点数的最大值，考虑设计一个专门的函数 getMax，它应具有如下的函数原型：

```
    double  getMax(double *array, int count);
```

不过，C 语言仍允许以数组形式来定义形式参数：

```
    double  getMax(double array[10], int count);
```

对于这样的"形参数组"，编译器自动将 array 理解为指针变量。因此，这里的长度并不会产生实际的操作，也不会被处理，仅在阅读程序时能够起到提示作用。正因为如此，可以不明确指出其长度而采用如下原型：

```
    double  getMax(double array[], int count);
```

这说明，一维数组作函数参数时可以采用以上 3 种形参书写方式，但它们都代表指针变量而没有数组含义。

一旦形式参数定义为数组或指针，实参数必须是一个指针。因此，需要使用数组名 a 或第一个变量的地址&a[0]作为实参数，只是后者略显麻烦。

当然，在被调用函数内，总需要以间接引用变量访问数组的元素，这些元素可以表示为 array[k] 或*(array+k)。

例 6.5　计算浮点数数组的最大元素值。

```
    #include <stdio.h>
    double  getMax(double *array, int count)
    {
        int i;
        double  max = 0;
```

```
    for(i=1; i<count; ++i)
      if(array[i] > array[max])
        max = i;
    return array[max];
}
void main( )
{
    double a[ ] ={2.0, 4.0, 2.0, 5.0, 6.0, 9.0, 1.0, 1.0, 7.0, 8.0};
    printf("%lf", getMax(a, 10));
}
```

很容易说明具有数组外形的形式参数是指针变量而不是真正的数组。下面是一个专门的测试函数：

```
void test(double array[10])
{
    printf("%d", sizeof(array));
}
```

如果 array 是一个数组，sizeof(array)的值应等于 10*sizeof(double)。但上述函数的输出结果为 2 或 4，说明 array 是一个指针而非数组。

引入上述测试代码的主要目的是为了提醒读者，注意形参数组并非数组而是指针变量的本质特性。

⚙️工程

在程序中利用表达式 sizeof(a)/sizeof(a[0])表示数组 a 的元素个数是一种有用的技巧。

例6.6 设计一个函数，统计一个字符序列中的单词个数。

一个字符序列含有多个字符，可以通过字符数组来存储，并将指向第一个字符的指针传递给函数。这里的设计是对例4.10 提出的单词切分问题的简单函数封装。

```
#include <stdio.h>
int extractWords(char text[], int size)
{
  int i;
  int count = 0, startWord = 0;          /* 单词个数和单词开始标志 */
  for(i=0; i<size; ++i)
  {
    if(text[i] == '␣')
      startWord = 0;
    else
      if(startWord == 0)
      {
        ++count;                          /* 单词个数累加 */
        startWord = 1;
      }
  }
  return count;
}
void main( )
{
```

```
    char  text[80];
    int  k;
    for(k=0; k<80; ++k)
      text[k] = getchar();
    printf("%d", extractWords(text, sizeof(text)/sizeof(text[0])));
}
```

本例回答了 6.4.1 节中提出的问题：使用指针作函数参数的另一个重要目的是为了向被调用函数传递大的数据量。

不过，由于仅传递数组的起始地址，在被调用函数中只能以间接引用方式访问数组元素，要注意函数中对间接引用变量的操作就是对实参数组元素本身的操作。

★ 提示

　　数组是通过指针传递给函数的，函数中对元素的引用是数组元素本身而不是它的复制品。

采用向函数传递指针的方法不仅解决了整个数组的传递问题，还带来了两个额外的好处。首先，这种方式为从被调用函数得到多个数据提供了途径。例如，下述代码利用传递数组方式重新定义了例 6.3 中的 func，功能是计算两个整数的最大公约数和最小公倍数：

```
void func ( int a, int b, int *rslt)
{
  rslt[0] = gcd(a,b);                    /* rslt[0]等同于*rlst */
  rslt[1] = (!rslt[0]? 0: a*b/rslt[0]);  /* rslt[1]等同于*(rlst+1) */
}
void main ( )
{
  double  x = 6, y = 8, z[2];
  func (x, y, z);
  printf ("GCD=%d, LCM = %d.", z[0], z[1]);
}
```

修改后的程序在 main 函数中准备了一个数组而不是两个变量，可以只传递一个起始地址给函数 func。

使用指针作形参的另外一个好处是，只要简单调整实参，可以仅传递部分数组而非全部。例如，对于例 6.5 中的函数 getMax，下述代码将得到变量 a[2]~a[8]、a[0]~a[5]的最大值：

```
double  a[ ] ={2.0, 4.0, 2.0, 5.0, 6.0, 9.0, 1.0, 1.0, 7.0, 8.0};
printf("%lf", getMax(a+2, 6));
printf("%lf", getMax(a, 5));
```

例 6.7　编写一个函数，利用二分检索方法，在一个已经排序的数组 a 中查找某个指定的数据 x 是否存在。若出现，返回对应的数组元素下标，否则返回-1。

"二分检索"也称"折半查找"，是指利用仅与区域的中间元素比较的方法来查找元素。假定 N 为数组的元素个数，数组 a 的元素已按升序排序，则利用二分检索方法查找 x 的过程为：将 x 与 a 的中间元素 a[N/2]比较，如果相等则查找成功，结束；否则，若 x<a[N/2]，由于 a 有序，x 只可能出现在前半个数组中；若 x>a[N/2]，则 x 只可能出现在后半个数组中。因此，可以将可能包含 x 的半个数组视作原来的数组，继续重复上述过程，直到发现一个相等的元素或数组的所有元素比较完成。图 6.6 描述了算法的流程。

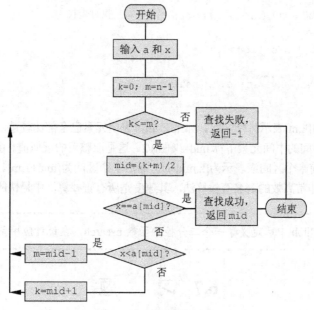

图 6.6 二分检索算法流程

```
#include <stdio.h>
#define N 50
int bSearch(int *a, int n, int x)    /* 参数为数组、元素个数和被查找的值 */
{
  int k = 0, m = n-1, mid;           /* 被查找区间的最小、最大和中间元素下标 */
  while(k <= m)
  {
    mid = (k+m)/2;                   /* 取中间元素下标 */
    if(x == a[mid])
        return mid;                  /* 查找成功，返回元素下标 */
    else
        if(x < a[mid])
          m = mid-1;                 /* 查找范围调整到前半个数组 */
        else
          k = mid+1;                 /* 查找范围调整到后半个数组 */
  }
  return -1;                         /* 查找失败，返回-1作标志 */
}
void main( )
{
  int a[N], x, n, rslt, k;
  printf("Input count(<=50):");
  scanf("%d", &n);                   /* 输入元素个数 */
  printf("Input all elements:");
  for(k=0; k<n; ++k)
    scanf("%d", &a[k]);              /* 输入数组元素 */
  printf("Input data searched:");
  scanf("%d", &x);                   /*输入被查的值*/
```

```
    rslt = bSearch(a, n, x);              /* 执行查找 */
    if(rslt == -1)
      printf("\nNot found.");
  else
    printf("\nFound at:%d.", rslt);
  }
```

函数 bSearch 利用[k,m]表示目标区间。如果 k>m，表明元素已全部比较过，且没有发现与 x 相等的元素，查找失败。区间的中间元素下标 mid=(k+m)/2，这是取整后的近似值。由于每次循环时 a[mid] 已经比较过，因此，前半个区间应表示为[k,mid-1]，而后半个区间为[mid+1,m]。

二分检索是一种非常高效的著名查找算法，其速度是所有查找算法中最快的，应用十分频繁。

✦工程
C语言在库 stdlib.h 中已定义了一个二分检索函数 bsearch，在设计应用系统时可直接调用。

6.7 习　题

6-1　选择适当的答案。

（1）若字符型指针 p1 和 p2 已初始化，下面哪个语句是不符合语法要求的？

  (a) *(p1+(p1-p2)) = 30;   (b) if(p1==p2) printf("equal.");
  (c) *(p1-2+p2) = getchar( ); (d) *(p1 += 2) = *p2;

（2）定义如下变量：

```
    int a[ ] = {1,2,3,4,5,6,7,8,9,10}, *p= a, i;
```

在 0≤i≤10 时，下面哪个表达式是对数组元素的错误引用？

  (a) *(a+i) (b) a[p-a+i] (c) p+i (d) *(&a[i])

下述表达式中哪个是对数组元素地址的正确表示？

  (a) &(a+1) (b) a++ (c) &p (d) &p[i]

6-2　给出如下定义：

```
    int a[10] = {1,2,3,4,5,6,7,8,9,10};
    int *p = a;
```

表达式*p+4、*(p+4)、*p+=3 和 p+4 的值分别是多少？

6-3　阅读程序，说明运行时的输出结果。

（1）

```
    #include <stdio.h>
    void main( )
    {
      int a[ ] = {5,8,7,6,2,7,3};
      int y, *p = &a[1];
      y=(*(--p))++;
      printf("%d", y);
    }
```

（2）

```c
#include <stdio.h>
void main( )
{
   char  a[10] = {9, 8, 7, 6, 5, 4, 3, 2, 1}, *p = a+5;
   printf("%d", *(--p));
}
```

（3）

```c
#include <stdio.h>
void func(int  *a, int  *b)
{
   int  *k;
   k = a; a = b; b = k;
}
void  main( )
{
   int  a = 3, b = 6, *x = &a, *y = &b;
   func(x, y);
   printf("%d, %d", a, b);
}
```

（4）

```c
#include <stdio.h>
void main( )
{
   int a[ ] = {1, 2, 3, 4, 5, 6, 7, 8, 9, 0}, *p;
   p = a;
   printf("\n%d", *p+9);
}
```

（5）

```c
#include <stdio.h>
int  func(int  *s, int  y)
{
   static int  i = 3;
   y=s[i--];
   return  y;
}
void  main( )
{
   int  s[ ] = {1,2,3,4};
   int  i, x = 0;
   for(i=0; i<4; ++i)
   {
      x = func(s, x);
```

```
        printf("%d,",x);
    }
}
```

6-4　在程序中的画线处填上适当的内容使程序完整。

（1）下述程序的功能是计算数组中的最大元素值及其下标。

```
#include <stdio.h>
void findmax(int *s, int t, int *k)
{
    int p;
    for(p=0, *k=p; p<t; p++)
      if(s[p] > s[*k])
        _____;
}
void main( )
{
    int a[10], i, k;
    for(i=0; i<10; ++i)  scanf("%d", a+i);
    findmax(a, 10, &k);
    printf("%d,%d", k, a[k]);
}
```

（2）下述函数 func 的功能是将 x 的值转换成二进制数，并将其每一位写入数组 b，且 b[0]为最低位。

```
void func(int x, int *b)
{
    do
    {
        int r = x % ____①____ ;
        *b++ = r;
        x /= ____②____ ;
    }while(x);
}
```

（3）函数 move(x,n,m)将指针 x 指向的长度为 n 的字符串后移 m 个字符位，移出的字符按原来的先后次序存入字符串首部，即实现 m 位的循环右移，n≥m≥0。

```
void move(char *x, int n, int m)
{
    int i, j;
    for(j=0; j<m; ++j)
    {
        char w = ____①____ ;
        for(i=0; i< ____②____ ; ++i)
        *(x+n-1-i) = ____③____ ;
        *x = w;
    }
}
```

6-5　编写一个函数 void　fun (int　*a, int　n, int　*odd, int　*even)，其功能是分别求出数组 a 中所有奇数之和以及所有偶数之和。利用形参 n 指定数组元素的个数，利用指针 odd 和 even 分别返回奇数之和与偶数之和。最后，编写 main 函数调用 fun 组成完整程序。

6-6　编写函数 void　fun(int　m, int　*k, int　*x)，其功能是将所有大于 1 且小于整数 m 的非素数存入 x 指向的数组中，非素数的个数保存到 k 指向的单元。

6-7　编写函数，在一个元素已升序排列的整型数组中插入一个整数，要求插入后的数组元素仍是有序的。

6.8　编　程　实　战

E6-1　题目：数的筛选

内容：编写函数 int　fun(int　*a, int　n)，求出 1 到 n 之内能被 7 或 11 整除、但不能同时被 7 和 11 整除的所有整数并将它们放在 a 指向的数组中，返回值为这些数的个数。

目的：了解向函数传递指针和数组的方法。

思路：数组由调用函数准备，调用函数 fun 时采用的实参应为数组名。在函数内部，fun 利用间接引用访问的是实参数组本身。函数 fun 准备一个计数变量 count，初始值为 0。从 1 至 n 对每个 k 判断表达式(k%7==0||k%11==0)&&(k%77!=0)是否为真，若是则 count 自加。返回 count。

编制 main 函数，定义足够大的数组，从键盘输入一个整数 n，调用 fun 来测试其正确性。

E6-2　题目：数组元素的删除

内容：编写一个函数 int　fun(int　b[ ], int　*n, int　y)，其中 n 所指向的存储单元中存放了数组 b 的元素个数。函数的功能是删除数组 b 中所有值为 y 的元素，删除后数组 b 所剩元素的个数仍存入 n 指向的单元。

目的：掌握向函数传递指针和数组的方法，熟悉循环流程控制结构及数组的使用方法。

思路：由 main 函数定义数组、数组长度变量 count 和变量 y，从键盘接收 count 与数组元素的值，以及变量 y 的值；调用 fun 组成完整程序。函数 fun 的实参数应为数组名、count 和 y；函数 fun 利用一个二层循环，外层循环在数组中查找与 y 相等元素的下标 k，内层循环将下标大于 k 的元素逐个复制给前一个元素。每次删除时，令变量*n 减 1。函数的返回值为*n。

第7章　字　符　串

在程序设计中，字符串是一种经常使用的基本数据，C语言也提供了大量的字符串操作函数。每个字符串都是由若干个字符组成的整体。在存储字符串时，系统并不存储字符串的长度，而是在存储区的最后增加一个字节存放字符串结束符'\0'，以此作为字符串的结束标志。这是C语言字符串操作的一个重要特性，所有与字符串操作相关的函数都要通过检测结束符来判别字符串是否结束。

本章详细讨论由字符数组与指向字符串常量的指针所形成的两类"字符串变量"，重点说明了字符串的一般性处理方法。同时，介绍了由库函数支持的字符串输入、输出、复制、连接等技术。此外，还介绍了指针数组及指向指针的指针等内容。

7.1　用字符数组作字符串变量

C语言没有专门的字符串类型，自然也不会有字符串变量。因此，通常需要利用字符数组来"充当"字符串变量。

7.1.1　对字符数组的特殊处理

为了使一个对象能够存储字符串并构成变量，要求它必须是能够存储足够多字符的整体，并可以被修改，这使字符型数组成为一种可以充当字符串变量的有效工具。

一个普通的字符数组遵循着数组使用的一般规则，例如：

```
char s[5] = {'H', 'e', 'l', 'l', 'o'};
```

由于数组名仅起指针常量的作用，因此数组不能作为整体来操作。对于这样的数组，总要通过单独处理其元素以达到各种各样的目的：

```
s[0] = 'h';
for(k=0; k<5; ++k)
  putchar(s[k]);
```

第一个语句对数组元素s[0]重新赋值，使得整个数组产生变化。第二个语句循环输出数组的每个元素，相当于整个数组被输出。

下述示例演示了普通字符数组的一般使用方法。

例7.1　最简单的密码是通过字符置换实现的。例如，一种密码的置换方式是将每个字母替换成位于其后4位的字母，即A替换为E，a替换成e，W替换成A，w替换成a，参见图7.1。试编写一个函数来处理密码，以得到相应的密文。

明文及密文都需要用字符数组来组织，它们具有相同的长度，可以使用同一个数组来存储。此外，为了使函数能够正确工作，还需要向其传递字符的个数。

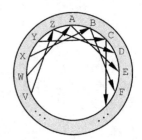

图7.1　字符移位加密

```
#include <stdio.h>
void encryption(char plaintext[], int count)
```

```
{
  int  i;
  char  c;
  for(i=0; i<count; ++i)
  {
    c = plaintext[i];
    if((c >= 'a' && c <= 'z') || (c >= 'A' && c <= 'Z'))
    {
      plaintext[i] += 4;                    /* 转换为后 4 位的字母 */
      if(c >= 'w' || (c >= 'W' && c <= 'Z'))   /* 校正最后 4 个字母 */
        plaintext[i] -= 26;
    }
  }
}
void  main( )
{
  char  plaintext[27];
  int  k, count = sizeof(plaintext)/sizeof(plaintext[0]);
  for(k=0; k<count; ++k)
    plaintext[k] = getchar();
  encryption(plaintext, count);             /* 加密 */
  for(k=0; k<count; ++k)
    putchar(plaintext[k]);
}
```

运行程序，输入"拂晓发起攻击"的明文"Begin␣to␣attack␣the␣dawn↵"，则程序产生如下密文：

```
Fikmr␣xs␣exxego␣ex␣xli␣hear
```

代码中的 plaintext 是一个"纯粹的"数组。因此，main 函数要将数组元素的个数传递给 encryption 函数，main 和 encryptio 都要根据此长度逐个变换、输入和输出数组元素，设计工作显得繁复且笨拙。

事实上，我们需要的是能够将字符串作为一个整体来处理的方法，这包括直接输入和输出一个字符串而不是它的每个元素，传递一个字符串也不必指出其长度。

既然 printf 函数能够利用格式描述"%s"输出一个字符串，是否可以将字符数组直接输出呢？答案是否定的。例如：

```
char  text[5] = {'H','e','l','l','o'};
printf("%s", text);
```

这里的数组名 text 仍是指向数组第一个元素的指针。printf 函数的处理方法是从此地址开始，逐个输出其后的每个字节，直到遇到'\0'字符结束。很明显，没有任何机制能够保证紧跟在数组 text 之后的数据一定是'\0'字符。因此，printf 无从得知 text 数组的字符个数，参见图 7.2。

存在一种十分简单的问题解决方法，就是在数组中人为地增加一个字节，存放字符串的结束符'\0'。因此，仅需要按如下方式修改数组 text：

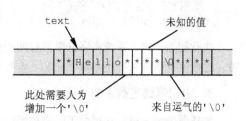

图 7.2   无'\0'不能使数组与其他数据分开

```
char  text[6] = {'H', 'e', 'l', 'l', 'o', '\0'};
printf("%s", text);
```

代码中增加的'\0'字符将包含在数组 text 中的字符与内存中的其他数据分开，使得在读取字符串时，可以只处理结束符之前的所有字符。注意，'\0'只是一个用作分隔的标志，并不属于字符串本身。

如果在一个字符数组的最后没有字符串结束符'\0'，只能称为"字符数组"，需要逐个处理数组的元素。在字符数组末尾增加的结束符'\0'使这些字符构成了一个整体，也就可以称其为"字符串变量"。因此，字符串变量只是字符数组的一种特殊应用形式，也代表着字符数组最常见的使用方法。

初学者需要认真分辨几个常量'\0'、0 和'0'的差异。字符'\0'是 ASCII 码表中的第一个字符，其编码为整数 0，故字符'\0'与整数 0 相同。以下两个语句没有任何差别，都可以将结束符'\0'填入数组的最后一个元素 text[5]：

```
text[5] = '\0';
text[5] = 0;
```

不过，不能使用字符'0'作为结束符。这是第一个数字字符，其 ASCII 编码值为 48，也就等同于整数 48。

> ⭐**工程**
> 为字符数组增加一个字节的存储空间，存入一个结束符'\0'，使其成为"字符串变量"。

7.1.2　用作字符串变量的字符数组初始化

在多数情况下，一个字符序列总是按字符串的方式来操作的，这是因为有大量的库函数可用，不必自己编写循环语句逐个处理每个字符，且初始化方式也可以得到简化。

从本质上说，对用作字符串的字符数组的初始化只是增加一个字节存入'\0'字符而已，可以通过多种方式达到目的。

1．完整的数组方式

完全按照数组的初始化方法提供初始值。例如：

```
char  s[6] = {'H', 'e', 'l', 'l', 'o', '\0'};
```

这种方式较少见，因为在字符个数很多时书写麻烦。

2．使用字符串常量提供初始值

编译器支持如下两种写法，处理结果完全相同：

```
char  s[6] = {"Hello"};
char  s[6] = "Hello";
```

执行初始化时，系统将字符串常量的所有字符复制到数组 s 的存储空间中，包括字符串的结束符'\0'。这个字符串结束符是常量"hello"本身的结束标志。

3．由初值确定数组的长度

与普通数组一样，在提供了所有初始值时，可以不明确指出数组的长度：

```
char  s[ ] = "Hello";
```

这是普遍使用的字符串初始化方式。此时，系统自动根据字符串常量计算出字符个数作为数组 s 的长度，可以避免因疏忽而造成的数组越界错误。

不论采用哪种方式，必须保证字符数组的长度不小于要存储的字符个数加 1，否则就会因为覆盖相邻的存储区而产生严重错误。由于增加了一个元素保存结束符'\0'，在长度为 n 的字符数组 s 中，全部字符被保存在元素 s[0]～s[n–2]内，而 s[n–1]是结束标志。字符串的长度是指不包括'\0'在内的元素个数。

★**工程**
不能为字符数组直接赋值，修改字符数组 a 的值应该采用串拷贝 strcpy(a, 字符串)。

7.2 指向字符串常量的指针变量

通常，程序中的常量与变量分配在不同的存储区，且常量是不可寻址的，自然也就不能改变常量的值。然而，因为指针的引入，可以利用指针变量记录常量的地址，从而使其表现出"变量的特性"。

7.2.1 界限模糊的字符串常量与变量

程序中的字符串常量属于"字面值"，由系统自动计算长度，分配适当空间进行存储，且包括额外的一个字节存储结束符'\0'。不过，C 语言允许将字符串常量的起始地址保存在一个字符型指针变量中，如：

```
char *p = "a str";
```

对指针变量 p 的初始化也可以通过赋初值方法实现：

```
char *p;
p = "a str";
```

这是使用字符串的另一种常见的形式。代码中的 p 是指向字符串常量的指针变量。

正确理解指向字符串的指针与用作字符串的字符数组之间的差别十分重要。例如，比较如下的字符数组：

```
char s[] = "a str";
```

二者的差别是：通过指针变量并不能实际存储字符串的内容，系统只是将字符串的起始地址保存在变量 p 中。相反，数组被分配足够的空间，字符串中的所有字符被复制给数组的每个元素。因此，数组真正地"装载"（存储）了这个字符串。参见图 7.3。

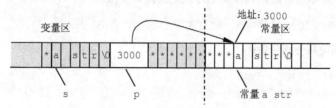

数组 s 存储 a str，变量 p 存储 a str 的起始地址

图 7.3 数组与指针变量表示字符串时的差异

★**工程**
不要向指针拷贝字符串，通常它只是一个位置指示器，没有存储字符串的空间。

利用指针存储字符串常量的地址使常量和变量的界限变得模糊。这是因为指针的间接引用构成了"变量"。于是，不仅可以借助指针单独访问字符串常量的每个元素，也可以修改其中的任何一个字符，这说明指向字符串的指针也可以有"字符串变量"的表现。

下述代码逐个处理字符串常量的每个字符，将其所有小写字母转换成大写。指针的间接引用起到了"变量"的作用。

```c
#include <stdio.h>
void main( )
{
  int  k;
  char *p;
  p = "This is a variable constant";
  for(k=0; p[k] != '\0'; ++k)
  {
    if(p[k] >= 'a' && p[k] <= 'z')
      p[k] = p[k] - 32;
    putchar(p[k]);
  }
}
```

程序逐个输出转换后的字符。字符串长度是通过测试当前字符是否为结束符'\0'实现的。

因为利用指针与数组名表示间接引用变量时形式上并无差别，因此 p[k]也可以写成*(p+k)。

✦工程
> 不要修改字符串常量的值，如果需要改变这些字符，使用字符数组来代替字符串常量。

7.2.2　利用 const 限制指针的行为

通过指针修改字符串常量需要十分小心，以免使用了越界的指针。事实上，很难找到需要利用指针变量修改字符串常量的应用。因此，利用 const 对指针进行限定是一种安全的做法。本质上，这是对指针变量的一种约束，形式为：

const char *变量名;

这种指针变量一般称为"常（量）指针变量"，以表示其间接引用是一个只读的量。例如，对于一个不应被修改的字符串常量，可以按如下方式定义指针变量：

```c
const char *p = "const string";
```

或者，利用赋值方式使其得到初值：

```c
const char *p;
p = "const string";
```

这种限制并不影响变量 p 本身，但其间接引用被界定为只读的量（常量）。因此，*(p+k)或 p[k]都表示字符常量，不能被修改。例如，下述代码是错误的赋值：

```c
p[k] = 'C';                        /* 错误的操作 */
```

为了保证代码的安全性，应该重视 const 指针与非 const 指针的差异，const 指针可以指向 const 或非 const 类型的指针：

```
const char  *p;
const char *q = "string";
char *r = "string";
p = q;                          /* 类型完全匹配 */
p = r;                          /* 指向非 const 指针 */
p = "string";                   /* 指向字符串常量 */
```

不过，将非 const 指针指向 const 指针是不正常的，可能存在隐患：

```
const char *q = "string";
char *p = q;                    /* 错误的指向 */
```

一旦变量*p 被修改，也就意味着修改了*q，这与 q 的 const 定义存在矛盾。

大量的以字符串为参数的函数中都采用 const 关键字进行形式参数限制，以防止函数内部错误地修改了字符串的值。

比较以字符数组构成的字符串与借助指针变量记录的字符串会发现，后者主要处理字符串常量，因为指针变量本身没有存储字符的空间，而字符数组可利用系统分配的存储空间保存字符串中的所有字符，它们才是"真正的变量"。

> ✈ **提示**
> 使用 const 限定指向字符串常量的指针 p，以明确说明 p[i]和*(p+i)是只读的。

7.3 字符串的输出与输入

无论使用字符数组还是指针变量充当字符串变量，或者使用字符串常量，其根本目的都是为了以整体方式处理字符串，而不是逐个处理每个字符。

C 语言的函数库中提供了丰富的字符串操作函数，都能针对字符串整体进行处理，包括输入、输出、复制和连接等。这些函数工作时都依赖字符串结束符'\0'，且在形成新字符串时也会在字符串末尾自动增加结束符。

这里主要说明头文件 stdio.h 文件中定义的与字符串输入和输出相关的库函数。

7.3.1 字符串输出

主要包括函数 puts 和格式化输出函数 printf，它们的共同要求是需要得到一个指向字符串的指针作为实参数。

（1）puts 函数
puts 函数的一般使用格式为：

```
puts(const char  *str);
```

此语句的作用是原样输出字符串 str 的所有字符，如：

```
char  *p = "This is a string.";
char  s[] = "This is a string.";
puts(p);
puts(s);
puts("This is a string.");
```

这 3 个语句会得到相同的输出结果。在输出字符串后，puts 函数自动将光标移到下一行开头。

（2）printf 函数

除了输出简单类型的数据外，printf 也可以输出字符串，一般使用格式为：

```
printf("%-m.ns", const char *str);
```

其中，"-"表示数据左对齐，m 表示输出时所占用的总字符位数，n 为实际输出的字符个数，都可以省略。只含有 m 且 m 小于字符串长度时，m 被忽略，不起作用。应注意类型符 s 必须小写。

例如，使用 printf 可以这样按指定格式输出字符串 s：

```
char s[] = "This is a string.";
printf("%s", s);
printf("%10s", s);                      /* m 小于字符串长度 17，无效 */
printf("%20s", s);
printf("%-10.4s", s);                   /* 占用 10 位仅输出 4 个字符 */
```

这些代码将产生如下的输出结果：

```
This␣is␣a␣string.This␣is␣a␣string.␣␣␣This␣is␣a␣string.This␣␣␣␣␣␣
```

函数 printf 在输出字符串后不自动换行。

由于输出函数只要求得到一个地址，并由此为起点逐个输出字符直到结束符'\0'为止。因此，无论常量或变量均可作为实参数，还可以借助一般表达式输出字符串的全部或部分。如：

```
char *p = "This is a string.";
printf("%s", "This is a string.");  /* 全部输出 */
printf("This is a string.");        /* 全部输出 */
printf(p);                          /* 全部输出 */
puts(p+8);                          /* 输出 a string. */
```

7.3.2　字符串输入

主要包括 gets 函数和格式化输入函数 scanf。无论使用哪个函数输入字符串，先要准备一个具有足够长度的字符数组，再以数组名（指针）作为实参数传递给这些函数。

（1）gets 函数

gets 函数的一般使用格式为：

```
gets(char *buffer);
```

输入的字符串被保存到内存 buffer。例如，下述代码利用数组 cs 接收一个长度不超过 9 的字符串：

```
char cs[10];
gets(cs);
```

gets 函数无法限制输入的字符个数，在接收多于 9 个的字符时，会发生覆盖其他存储区的数组超界错误。

（2）scanf 函数

采用 scanf 函数输入字符串时可以限制输入字符的个数，一般使用格式为：

```
scanf("%ms", char *buffer);
```

输入的字符串被保存到内存 buffer。第一个参数中的 m 表示字符个数，可以省略。例如，对于前述的数组 cs，除了结束符外，至多可容纳 9 个字符，故可以用 9 作为宽度限制：

```
scanf("%9s", cs);
```

在没有 m 或 m>9 时，输入字符数超过 9 时会产生数组超界错误。

gets 和 scanf 函数在接收输入的字符后，都会自动加上字符串结束符'\0'。

接收字符串输入时应慎重组织代码。首先，接收的字符串必须保存在由系统分配的内存中，一般是字符数组，也可以是后文中的动态申请的内存（参见 8.2 节）。下述代码说明了一种典型的严重错误：

```
char *cs;
gets(cs);
```

这里的 cs 并未指向系统分配的内存，是未经初始化的空悬指针。

其次，由于不容易限制输入字符的个数，通常要适当加大数组的定义长度。此外，scanf 将空格、制表符及回车都视为数据分隔符，不能接收含有空格或制表符的字符串。例如，如果输入字符串为 "a␣b"，scanf 函数只能接收到字符串 "a"。不过，函数 gets 只用回车键标志输入结束，不存在此类问题。

> **工程**
> 在字符串输入函数中使用数组名而不是指针变量，有利于避免向未知内存写入数据的错误。

7.3.3　内存格式化

有时，需要将数据输出到内存而不是显示器，也需要从一个数组而不是键盘接收数据，这种操作可以起到数据类型转换的作用。

在 stdio.h 中有两个专门用于内存输出、输入的函数 sprintf 和 sscanf，它们的使用格式与标准格式化输出、输入函数完全一致，仅需要一个额外的指针表示数据的去向或来源，其格式为：

sprintf(char　*buffer，格式描述字符串，输出表达式表**)；**
sscanf(const char　*buffer，格式描述字符串，地址表**)；**

例如，下述代码将几个数据转换为一个字符串输出到数组 s 中：

```
char item[50];
char name[] = "Tom";
long tele = 25494639;
double dist = 13.6;
sprintf(item, "Name:%s,␣Tel:%d,␣Dist:%lf", name, tele, dist);
printf("%s", item);
```

代码模拟生成电话簿中的一个条目，通过 sprintf 将几个数据合成一个字符串。输出结果为：

```
Name:Tom,␣Tel:25494639,␣Dist:13.600000
```

反之，可以利用 sscanf 将数据从字符串读入到变量中：

```
char data[] = "2.5,6.67", *s = "4913";
double x, y;
int z;
sscanf(data, "%lf,%lf", &x, &y);      /* 从字符串 data 中读浮点数到变量 x 和 y */
sscanf(s, "%d", &z);                   /* 类型转换 */
sprintf(z, "%d", data);                /* 类型转换 */
```

当只有一个数据时，sscanf 与 sprintf 实现了在此数据与字符串之间的类型转换。

7.4　字符串操作

7.4.1　向函数传递字符串

与普通数组一样，向函数传递字符串的实质是传递字符串的起始地址，即一个字符型指针。因此，函数中需要使用一个字符型指针变量作为形式参数。不过，由于字符串是一个整体，其元素个数可以依据结束符进行测试，不再需要传递字符的个数，这比传递普通数组的情况更简单。

例 7.2　编写一个函数计算字符串的长度，即字符串中所包含字符的个数。

函数的实现只需要逐个检测每个字符，在遇到结束符'\0'时返回。

```c
#include <stdio.h>
int length(char *s)
{
  char *t = s;
  while(*t++);                        /* 无循环体 */
  return t-s-1;                       /* 返回字符串长度 */
}
void main( )
{
  char s[100] = "array", *p = "point to";
  printf("%d, %d, %d, %d, %d", length(s), length("const."),
         length(p), length(p+6), length("hello\0tom"));
}
```

程序的输出为"5, 6, 8, 2, 5"。main 函数分别使用字符串常量、数组以及指针变量为实参数，本质上它们都是 char 类型的指针。

在函数 length 开始工作时，使用一个临时指针 t 指向字符串的起始地址。由于'\0'与整数 0 意义相同，while 循环在表达式*t++为'\0'时结束。不过，因为 t 仍会自加 1，循环结束时指向了'\0'字符的后一个位置，故 t-s-1 才是字符串中所包含的字符个数。

可以将 while 循环改写成 for 循环：

```c
int length(char *s)
{
  char *t;
  for(t=s; *t; ++t);
  return t-s;
}
```

这里的表达式"*t"与"*t != '\0'"意义相同。由于++t 运算在条件测试之后执行，故字符串的长度为 t-s。

利用这种参数处理技术可以重新修改例 7.1 和例 6.6 中的函数原型：

```c
void encryption(char plaintext[]);
int extractWords(char text[]);
```

字符串 plaintext 和 text 的长度均可通过测试当前处理的字符是否为'\0'得到。

7.4.2 返回指针的函数

一个函数的函数值可以是任何一种数据类型，包括指针类型。此时，函数的返回语句 return 必须带回一个指针。这种函数的定义与一般函数并无本质差别，只是函数返回值的类型为指针类型，通常具有下述函数原型：

type *函数名(形参说明表)

这里的"*"标志着函数的返回值为指针，type 是指针的基类型。下述代码演示了一个返回指针函数的语法：

```
int  *increase( )
{
  static  int  x = 0;
  x++;
  return  &x;                /* 不良代码，返回了局部变量的地址 */
}
```

函数 increase 只是简单地将自己的静态变量 x 加 1，并带回 x 的地址。于是，表达式 increase()是一个指针，等同于&x。因此，可以通过间接引用修改变量 x 的值：

```
*increase() = 20;
increase()[0] = 20;
```

这是两个具有相同作用的语句，表达式*increase()和 increase()[0]都代表着间接引用变量，等同于 increase 函数中的 x。

示例说明，返回指针函数的调用表达式与普通函数在使用上是有一定差异的，因为函数调用表达式是指针，自然可以产生间接引用行为。

在实现返回指针的函数时，指针的来源是至关重要的问题。因为任何非静态的局部量都会在作用域之外被销毁，函数中定义的所有非静态变量都在函数调用结束后消亡，函数返回它们的地址没有任何意义，且存在着非法引用的危险。这是函数 increase 中使用了静态变量的原因。

> ⭐ **提示**
> 函数 increase 可以说明返回指针函数的语法，实际应用中极为罕见，也难以理解。

理论上，函数返回的地址可以是传递给形式参数的实参数、被调用函数中的静态变量和数组的地址、动态分配的内存块地址（参见 8.2 节），以及外部变量的地址，而实际应用中，这种函数的返回值基本上只有实参数和动态内存区的起始地址两种情况，且返回实参数指针是返回指针函数的主要返回值来源，在字符串操作中十分常见。

例 7.3 编写一个函数 toUpper，功能是将一个字符串中的所有小写字母转换为对应的大写字母。

```
#include <stdio.h>
char *toUpper(char *s);      /* 函数原型声明 */
void  main( )
{
  char  s[20] = "This is a string.";
  char  *p = toUpper(s);
  puts(p);
```

```
}
char *toUpper(char *s)
{
  char *src = s;
  while(*src != '\0')                /* 判断指针是否指向串结束符，等效于*src */
  {
    if(*src >= 'a' && *src <= 'z')
      *src = *src + 'A' - 'a';
    ++src;
  }
  return s;                          /* 返回实际参数字符串的首地址 */
}
```

函数 toUpper 返回的指针是形参 s，也就等于实参数。之所以如此设计，原因可以通过将 main 函数中的代码做如下修改来说明：

```
char s[20] = "This is s string.";
puts(toUpper(s));                    /* 表达式 toUpper(s)与 s 相同 */
```

很明显，返回指针使函数 toUpper 的功能得到增强，代码也得到简化，因为表达式 toUpper(s)就是字符串 s。

如果被调用函数中产生了大量数据，可以将其存储为一个数据块，并使函数返回数据块的起始地址，这是定义返回指针函数的另一个主要理由。

示例函数 set 演示了这种应用的原理，它生成 10 个 100 以内的随机数，保存到数组，函数带回了数组的起始地址。

```
#include <stdlib.h>                  /* 函数 srand 和 rand 定义于 stdlib.h 文件 */
#include <time.h>                    /* 函数 time 定义于 time.h 文件 */
#define RANGE 100                    /* 生成的随机数范围 */
int *set( )
{
  static int a[10];
  int k;
  srand((unsigned)time(NULL));       /*产生一个以当前时间开始的随机种子 */
  for(k=0; k<10; ++k)
    a[k] = rand() % RANGE;           /* 生成一个 0～RANGE-1 之间的随机数 */
  return a;                          /* 返回数组名 */
}
```

下述代码调用 set 函数得到一个指向内存块的指针并显示所有元素的值：

```
int k;
int *p = set( );                     /* 调用函数 set 并用 p 记录返回值 */
for(k=0; k<10; ++k)
  printf("%d", p[k]);
```

在实际应用中，这种存储区是用动态申请的方法得到的，而不是来自于静态数组 a。毕竟，静态数组是一种长期占用存储空间的数据结构，且长度必须是已知的。

> **工程**
>
> 绝对不要返回局部变量的地址。

7.4.3 字符串运算函数

因为不是 C 语言的固有类型，字符串不能像其他简单类型的数据一样参与运算，实现这些操作依赖定义于 string.h 文件的库函数。

1. 计算字符串的长度

库函数 strlen 的功能是计算一个字符串的长度，一般使用格式为：

```
strlen(char *str)
```

这是一个 int 类型的表达式，其值是字符串的实际长度，即字符串中包含的字符个数，不包括结束符。例如：

```
char  s[80] = "a string.";
printf("%d", strlen(s));                    /* 输出为 9 */
printf("%d", strlen("This is a string."));  /* 输出为 17 */
printf("%d", strlen(s+2));                   /* 输出为 7 */
```

应注意字符串长度与字符数组的定义长度的区别。事实上，函数 strlen 与例 7.2 中定义的函数 length 功能完全相同。

考察如下代码的输出结果可以加强对字符串的理解：

```
char  s1[10] = {'A', '\0', 'B', 'C', '\0', 'D'};
char  *s2 = "\t\v\\\0next\n";
char  *s3 = "\x32m2\041\082";
char  s4[4] = {'s', '4'};               /* s4[2]=s4[3]=0 */
printf("%d, %d, %d, %d", strlen(s1), strlen(s2), strlen(s3), strlen(s4));
```

这些字符串从不同角度反映了一些常见的问题。在作为字符串使用时，它们分别等同于"A"、"\t\a\\"、"2m2!" 和 "s4"，其输出结果为 "1, 3, 4, 2"。

不管字符串中含有多少个 '\0' 字符，只有第一个有效，代表着字符串的结束位置。

2. 字符串复制

利用函数 strcpy 可以为一个字符数组赋值，一般使用格式为：

```
strcpy(char *dest, char *src);
```

函数 strcpy 的功能是将字符指针 src 所表示的字符串复制到字符指针 dest 指向的内存空间中，包括结束符。

例如，下述语句将字符串 "string" 复制到字符数组 cs 中：

```
char  cs[20];
char  ps[] = "string";
char  *p = "string";
strcpy(cs, ps);              /* 源对象为字符数组 */
strcpy(cs, p);               /* 源对象为指针变量 */
strcpy(cs, "string");        /* 源对象为字符串常量 */
```

代码中的 3 个复制语句结果相同。在执行字符串复制后，cs 中原有的内容被覆盖。

要保证数组 cs 具有足够的空间存储字符串的所有字符，包括结束符，否则会导致数组超界的错误。

> **★提示**
> 　　对字符串（数组）的"赋值"要采用字符串拷贝而不能是赋值运算。

3．字符串连接

利用函数 strcat 可以实现字符串的"加法"，一般使用格式为：

```
strcat(char *dest, char *src);
```

函数 strcat 的功能是将字符指针 src 表示的字符串连接到字符指针 dest 表示的字符串末尾，形成一个更大的字符串。在语法格式上，函数 strcat 与函数 strcpy 完全相同。

下述代码将字符串"second"连接到字符串"first"之后：

```
char  s1[12] = "first", s2[12];
strcpy(s2, "second");
strcat(s1, s2);
puts(s1);                          /* 输出为 firstsecond */
```

上述字符串连接过程及内存使用情况可参见图 7.4。

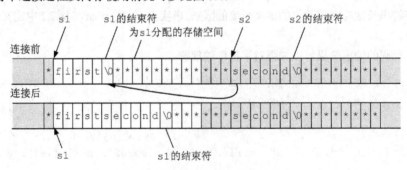

图 7.4　字符串连接操作的内存变化

注意到连接后的字符串存放在 s1 的存储空间里，因此，为数组 s1 所分配的内存空间必须大于 s1 和 s2 的字符个数之和，否则就会产生覆盖超界存储区的错误。

4．字符串比较

利用函数 strcmp 可以比较两个字符串的大小，一般使用格式为：

```
strcmp(char *s1, char *s2)
```

字符指针 s1 和字符指针 s2 代表被比较的两个字符串，比较结果是一个用于说明其大小的整数值：

$$
返回值 = \begin{cases} 0, & 字符串s1 = 字符串s2 \\ 正数, & 字符串s1 > 字符串s2 \\ 负数, & 字符串s1 < 字符串s2 \end{cases}
$$

两个字符串的大小是按"字典序"来比较的。strcmp 从前到后逐个比较两个字符串中的对应字符，若全部相同则返回 0，否则返回第一对不相等的元素的差。

字典序就是指英文字典中单词的排列次序，由前到后逐渐增大。两个字符串按字典序的比较方法为：

从前到后逐个比较每对字符至有一个字符串结束或遇到一对不相同的字符结束：若存在一对不同的字符，则字符小的字符串小；若每对字符均相同，则字符串长度相同时二者相等，否则长度短的字符串小。

这里的字符大小按其 ASCII 码衡量，大写字母小于小写字母。

下述函数利用 strcmp 计算两个字符串中的最大值：

```
char *maxStr(char *s, char *t)
{
  if(strcmp(s, t) >= 0)              /* s>t */
    return s;
  return t;
}
```

比较两个字符串 s1 和 s2 是否相等不能使用表达式 s1==s2，因为它们代表着指针，在关系运算中只相当于两个地址（整数）参与比较，通常总为假。

提示

（1）尽管 0 代表的逻辑意义是假，但 strcmp(s1,s2) 的值为 0 时表示两个字符串相等。

（2）关系表达式 p1==p2 只能比较两个指针所代表的地址是否相等而不是字符串是否相等。

5. 大小写转换

函数 strupr 将字符串中的所有字母转换为大写字母，而函数 strlwr 将字符串 s 中的所有字母转换为小写字母，非字母字符不变。一般使用格式为：

```
strupr(char *s);
strlwr(char *s);
```

例如，下述代码将字符数组 s 中的所有小写字母转换为大写字母：

```
char s[ ] = "String";
strupr(s);                          /* s=STRING */
```

6. 字符串查找

在一个字符串中查找另一个字符串（称为子串）的出现和位置是文字处理程序中必备的功能，可以利用 strstr 实现，函数原型为：

```
char *strstr(char *s1, char *s2);
```

函数 strstr 在字符串 s1 中查找字符串 s2（子串）第一次出现的位置。若出现，返回所在处的位置指针，否则返回无效指针 NULL。

下述代码在一个字符串中查找 "is"，并输出从第一次出现位置开始的剩余字符串：

```
char s[ ] = "This is a string";
char *pos = strstr(s, "is");        /* 用变量 p 记录返回的指针 */
```

```
            if(pos != NULL)
                puts(pos);                          /* 显示剩余的字符串"is is a string" */
```

7. 字符串操作中的核心问题

总体上看，字符串操作函数的语法较为简单，但正确使用这些函数依赖于对指针的透彻理解，更需要仔细检查内存空间是否被分配和是否大到足够容纳需要存储的字符。

首先，分清指针变量和数组名，因为指针变量可以重新被赋值，但数组名仅代表一个不能被修改的指针常量。例如，在下述代码中，第四个语句企图为字符数组赋值，从而引发语法错误：

```
            char  *s1 = "string";
            char  s2[ ] = "string";
            s1 = "string";
            s2 = "string";                          /* 错误：试图修改一个常量 */
```

其次，分清指针与指针的间接引用变量，二者完全不同：

```
            char  *p;
            *p = "string";                          /* 错误：将字符串赋值给字符变量 */
            printf("%s", *p);                       /* 错误：将字符变量误用作指针 */
```

更重要的是，小心避免内存使用上的错误，这包括两个方面，其一，避免未初始化的空悬指针。例如：

```
            char  *p;
            scanf("%s", p);                         /* 错误：p 为空悬指针 */
            strcpy(p, "string");                    /* 错误：p 为空悬指针 */
```

为此，在涉及到字符串的写操作时，必须保证内存单元是可使用的。下述代码的错误更为隐蔽，编译器无法察觉此类问题：

```
            char  *p = &c;
            strcpy(p, "hello");                     /* 错误：存储空间不足 */
            puts(p);
```

代码中指针变量指向的内存只有一个字节的可用空间，复制的结果使未知内存区被覆盖，这种代码很容易导致程序死锁。事实上，写操作的目标几乎总是字符数组，直接将一个指针作为写操作的对象是很少见的。

其二，即便使用字符数组保存复制或连接后的字符串，也必须保证其空间大小足以容纳新构成的字符串，并有一个空余的字节存放字符串结束符'\0'。

> **★工程**
>
> 如果在字符串处理函数中存在写操作，那么，写的对象几乎总是数组或动态分配的内存地址而不是其他指针。

7.4.4　字符串处理函数的设计

例 7.4　不使用任何库函数，编写与 strcat 具有相同功能的函数 strCat。

设计任何字符串操作函数都应该小心地确定函数原型。为了简单起见，7.4.3 节中关于字符串运算函数仅介绍了基本的使用格式。事实上，这些函数具有如下函数原型：

```
int  puts(const char *s);
int  strlen(const char *s);
char* strupr(char *s);
char* strlwr(char *s);
int  strcmp(const char *s1, const char *s2);
char *strcpy(char *dest, const char *src);
char *strcat(char *dest, const char *src);
char *strstr(const char *s1, const char *s2);
```

以 strcpy 和 strcat 为例，之所以第二个指针 src 采用了 const 进行约束，是因为函数内部应该只从 src 读出字符而不应该改变它。两个函数的返回值都是字符指针，其值就是 dest，表示操作后所得到的新字符串。事实上，大多数字符串操作函数的返回值都是指针，代表了处理后的字符串。

> ✤**工程** ------------------------------------
> 仅用作输入（提供值）的指针参数，应在类型前加 const 作为限制词，以防止指针指向的对象在函数体内被意外修改。

实现字符串连接需要两个步骤，分别是查找字符串 dest 的结束符位置 p，再将字符串 src 复制到 p 开始的内存中。

```
#include <stdio.h>
char *strCat(char *dest, const char *src)
{
  char *p;
  const char *q = src;              / q 与 src 类型要匹配 */
  for(p=dest; *p; ++p);             /* 令 p 指向 dest 的结束符处，即 *p='\0' */
  while(*q)                         /* 将 src 复制到 p 开始的内存中 */
    *p++ = *q++;
  *p = '\0';                        /* 写入结束符 */
  return  dest;
}
void main( )
{
  char s1[80], s2[80];
  printf("Input s1:");  gets(s1);
  printf("Input s2:");  gets(s2);
  puts(strCat(s1, s2));             /* 输出连接后的 s1 */
}
```

本质上，组成函数 strCat 的两个过程分别是计算字符串长度和字符串复制。读者可以自己将上述代码独立包装成函数。另外，存储 src 的指针变量 q 被定义为 const char* 类型，以保证与 s 的数据类型匹配。

例 7.5 编写函数，删除一个字符串在另一个字符串中的全部出现。

在一个字符串中查找另一个字符串（子串）可借助 strstr 函数实现，而删除一个子串需要将后面的元素逐个前移，覆盖掉被删除的部分，实现此功能的最简单方法是采用 strcpy 进行部分字符串的复制。

```
#include <stdio.h>
char *deleteText(char *dest, const char *src)
```

```
{
    char  *p = dest;
    int len = strlen(src);              /* 记录子串长度 */
    do
    {
      p = strstr(p, src);
      if(p == NULL)                     /* 不存在子串，终止 */
        break;
      strcpy(p, p+len);                 /* 复制字符串 p+len 到 p 指出的位置 */
    }while(1);
    return dest;
}
void  main( )
{
  char  s[] = "this is a string";
  puts(deleteText(s, "is"));
}
```

程序运行的输出结果为：

```
th␣␣a␣string
```

利用字符串复制函数 strcpy 删除一个子串可以这样理解：第一次查找时，p 指向第一个 i 字符。因为子串的长度 len=2，p+2 指向第一个空格位置，代表字符串"␣is␣a␣string"。因此，复制后使第一个子串"is"被覆盖，也就相当于该子串被删除。第二次删除过程类似。图 7.5 描述了第一次的删除过程。

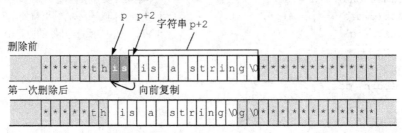

图 7.5   第一次删除子串"is"

★工程
    利用 mem.h 和 string.h 中定义的 memcpy、memmove 等函数可以复制和移动一个大的内存块。

7.5 指 针 数 组

除了 void 之外，任何类型的数据都可以组成数组，指针也不例外。当程序中需要使用较多的指针变量时，代之以定义一个指针数组会更方便，而指针数组的每个元素自然都是指针变量。

7.5.1 指针数组的定义与引用

指针数组的定义形式与普通数组一致，只是数组的元素类型为指针类型：

数据类型 *数组名[整型常量表达式 expr];

例如，定义如下的指针数组：

```
int *a[3];
```

数组 a 有 3 个元素，即 3 个指针变量。数组名 a 仍代表第一个元素 a[0] 的地址 &a[0]，可以通过下标 a[0]、a[1] 和 a[2] 或指针间接引用方式 *a、*(a+1) 和 *(a+2) 表示数组的元素，它们都是 int* 类型的指针变量。

通常，定义指针数组 a 与直接定义 3 个指针变量并没有大的差异，但数组元素更容易通过循环结构来访问。

例 7.6 计算 4 个整数的最大值。

```
#include <stdio.h>
void main( )
{
  int  k, max;
  int  x1 = 25, x2 = 69, x3 = 13, x4 = 60;
  int  *a[4];
  a[0] = &x1; a[1] = &x2; a[2] = &x3; a[3] = &x4;  /* 赋值：分别指向 x1～x4 */
  max = 0;                        /* 假定 x1 为最大值 */
  for(k=1; k<4; ++k)
    if(*a[max] < *a[k])           /* 将最大值与 x2～x4 逐个比较 */
      max = k;
  printf("\n%d", *a[max]);
}
```

如果用 4 个独立变量来记录这些整数，需要使用大量 if 语句来判断它们的大小关系。上述代码将变量的地址"搜集"在一个指针数组里，再利用间接引用访问这些变量，使程序得到简化。事实上，因为变量 x1～x4 已先于数组 a 定义，故数组的定义和赋值可用更简单的定义初始化代替：

```
int *a[4] = {&x1, &x2, &x3, &x4};
```

7.5.2 字符串数组

最常见的指针数组应用是字符串数组。在应用程序中，存储一组字符串主要有两种方法，其一是使用二维字符数组，其二为字符型指针数组，它们分别来自于 7.1 节和 7.2 节中介绍的两种字符串变量表示方法，即字符数组和指针变量。

下述代码使用二维字符数组实现了字符串数组：

```
char strs[ ][7] = {"This", "is", "a", "string", "!"};
```

数组 strs 由 4 行组成，每行都是一个一维字符数组，各自存储一个字符串。应注意数组的列数为 7，这是由字符串"string"的长度决定的，数组的列数必须按最长字符串来指定。因此，如果字符串的长度差异较大，使用二维数组会消耗较多的内存。

如果操作对象是一组字符串常量，可以将所有字符串常量的起始地址保存在一个数组中，从而构成指针数组。例如，下述代码采用指针数组重新定义了 strs：

```
char *strs[ ] = {"This", "is", "a", "string", "!"};
```

指针数组 strs 并不像二维数组那样真正地存储这些字符串，仅能够保存它们的起始地址，即每个元素 strs[k] 作为指针变量在初始化时分别指向一个字符串常量。

对于指针数组，也可以在定义数组之后再对元素赋初值，如：

```
char *strs[5];
strs[0] = "This";
strs[1] = "is"; strs[2] = "a";
strs[3] = "string"; strs[4] = "!";
```

不过，使用二维数组时则每行需要采用字符串复制来赋值，但二维数组才是真正的字符串变量数组：

```
char  strs[5][7];
strcpy(strs[0], "This");
strcpy(strs[1], "is");
strcpy(strs[2], "a");
strcpy(strs[3], "string");
strcpy(strs[4], "!");
```

认真辨析下述代码有助于分清二者的细微差别：

```
int  i;
char *str1[2], *str2[2][6], *t1, *t2;
gets(str1[0]); gets(str1[1]);                    /* 错误 */
gets(str1[0]); gets(str1[1]);                    /* 危险 */
t1 = str1[0]; str1[0] = str1[1]; str1[1] = t;
t2 = str2[0]; str2[0] = str2[1]; str2[1] = t;    /* 错误 */
```

例7.7　有若干个名字组成的字符串，试用气泡排序法将这些名字按升序排序。

气泡排序也称为冒泡排序，核心思想是连续比较相邻的两个元素，并将小的元素交换到前面的位置（参见第4章习题中对气泡排序法的描述）。这里的问题是，如果采用指针数组来存储这些名字，则只能交换指针变量的指向位置而不是字符串的值。

```
#include <stdio.h>
#include <string.h>
#define N  7
void main( )
{
    int  k, m;
    char *names[N] = {  "Xue Z",
                        "Fu B W",
                        "Jia J",
                        "Yang D G",
                        "Niu L Q",
                        "Feng H W",
                        "Shao Z"
                     };
    for(k=0; k<N-1; ++k)                   /* N-1 次扫描 */
    {
        for(m=0; m<N-k-1; ++m)             /* 循环比较相邻元素 */
          if(strcmp(names[m+1], names[m]) < 0)
          {
            char *t = names[m];           /* 交换指针变量的值 */
            names[m] = names[m+1];
            names[m+1] = t;
```

```
        }
    }
    for(k=0; k<N; ++k)
      printf("%s\n", names[k]);
}
```

在程序中，如果两个指针指向的字符串常量的顺序不正确，则交换指针变量的指向，使靠前的指针指向小的字符串。所有字符串常量的位置和值都没有任何改变。图 7.6 描述了第一次扫描后的指针状态。

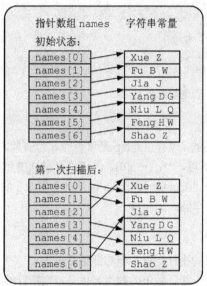

图 7.6　第一次扫描结果

7.6　指向指针的指针

指针的基类型确定了指针指向数据的类型，也是通过该指针得到的间接引用变量的数据类型。如果一个指针的基类型仍是指针，则称之为"指向指针的指针"。

7.6.1　指向指针的指针常量与变量

存在着很多对象在概念上表现为指向指针的指针。例如，定义如下变量：

```
double  x = 2.5;
double  *p = &x;
```

在初始化后，变量 p 存储了指向 x 的指针&x，而指针变量 p 的地址&p 自然指向 p 本身。因此，&p 是一个指向指针 p 的指针常量。参见图 7.7。

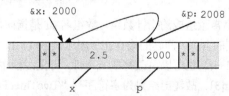

图 7.7　指向 x 的指针变量 p 和指向 p 的指针&p

　　上述概念的引入是十分自然的。内存中可以存储各种数据对象，包括整数、浮点数、字符以及指针等，在利用指针指向这些数据时，就分别形成了指向整数、指向浮点数、指向字符以及指向指针的指针。

　　如果一个指针指向另一个指针，则该指针的基类型就是指针类型。例如，因为指针&p 指向 p，故 &p 的基类型与 p 的类型相同，为 double*。于是，它的间接引用变量*(&p)就是 p，也是一个指针。因为*p 与变量 x 相同，因此，*(*(&p))等同于*p 和 x。这种引用方式称为"双重间接引用"。

　　在需要存储一个指针变量的地址时，可以按下述格式明确定义指针变量：

　　　数据类型　**变量名；

　　这就是指向指针的指针变量。例如：

　　　double　**q;

　　利用变量 q 可以存储变量 p 的地址&p：

　　　q = &p;

　　经过赋值后，q 与&p 是相同的，差异仅是&p 是常量而 q 为变量。因为指针 q 指向 p，故*q 或 q[0] 就是 p。又因为指针 p 指向 x，所以，**q、*q[0]、(*q)[0]和 q[0][0]都等同于变量 x。

　　应该说，变量 q 的基类型为"double*"，且&q 也是一个指向 q 的指针，但它是"3 重"的指针，可以定义一个 3 重的指针变量来存储，如：

　　　double　***r = &q;

　　只要需要，可以定义更多重的指针变量，但实际意义不大。

　　除了指针变量的地址外，一个指针数组的数组名也是指向指针的指针常量。这是因为数组名是指向其元素的指针，而每个元素也是指针。

　　由于上述概念本身有一定复杂性，且通过指针或数组名的间接引用又可以采用*运算和下标两种表示形式，这会使很多不同的写法具有相同的含义。通过写法的转换常常更容易辨明其内涵，这在理解一个复杂的表示形式时是一种有用的技巧。

　　例 7.8　阅读下述程序，说明其输出结果。

```c
#include <stdio.h>
void main( )
{
  char *str[ ] = {"One", "Two", "Three", "Four"};
  char **p = str;
  int i;
  for(i=0; i<3; ++i)
    printf("%s", (p+1)[i]);
}
```

　　程序中的 str 是一个字符串常量组成的指针数组，数组名 str 是指向指针 str[0]的指针。指针变量 p 经过初始化后，与 str 具有相同的含义。问题的难点在于表达式(p+1)[i]，其实质是对指针 p+1 加 i 后的地址做间接引用，可写作*(p+1+i)，也可以再改写成 p[i+1]。可见，程序的输出为字符串 p[1]、p[2]和 p[3]，也就是 str[1]、str[2]和 str[3]。故输出结果为字符序列"TwoThreeFour"。

7.6.2 指针数组作函数参数

如果需要向函数传递较多的字符串，使用指针数组作参数是很方便的，这与传递普通类型的数组类似，只是形参和实参均为指针，且它们的基类型为指针类型。

例如，定义下述的指针数组：

```
char *s[3] = {"Hello", "World", "!"};
```

为了将数组 s 传递给函数 func，在函数中需要定义一个接收数组的形参，但必须是一个能够存储地址的指针变量，允许采用数组的写法，故可以有如下 3 种函数原型：

```
type func(int count, char *strs[ ]);
type func(int count, char *strs[3]);
type func(int count, char **strs);
```

在调用函数时，应该将数组名 s 作为实参数。

利用指针数组作函数参数的一个重要应用实例是主函数 main。尽管我们一直使用没有返回值且没有任何参数的 main 函数，但由于 main 函数可由操作系统或其他进程调用，故仍可以包含返回值和参数。这里所给出的是 main 函数的另一种原型，在 C++ 和 Windows 环境中它比 void 类型的 main 函数原型更为普遍，可表现为以下两种写法：

```
int main(int argc, char *argv[ ]);
int main(int argc, char **argv);
```

函数 main 的返回值一般是 0 或 1，分别用于表明程序正常执行结束和发生了异常。形式参数 argv 是一个指向指针的指针，其实参数是 char 型指针数组，即每个元素都是一个指向字符串的指针，argc 是数组的长度，表示字符串的个数。

与普通函数不同，main 函数的实参数由命令行而非调用函数传来。下述程序模拟了从命令行传递参数的过程：

```
#include <stdio.h>
int main(int argc, char *argv[ ])
{
  int k;
  for(k=0; k<argc; ++k)
    printf("argv[%d]=%s ", k, argv[k]);
  return 0;
}
```

如果将程序命名为 TEST.C，编译成可执行文件 TEST.EXE，并在命令行上按下述方式执行此命令：

```
D:\>TEST this is a test↙
```

程序将产生如下的输出：

```
argv[0]=D:\TEST.EXE␣argv[1]=this␣argv[2]=is␣argv[3]=a␣argv[4]=test
```

由于在命令上所输入的字符串共 5 个（包括命令 TEST 本身），故 argc 为 5，而指针变量 argv[0]～argv[4] 依次指向这 5 个字符串。

在集成化环境中也可以设置命令行字符串。例如，图 7.8 为 VC 6 的设置窗口，功能项的位置是菜单项 Project→Settings 的 Debug 选项卡上的域 Program Arguments。

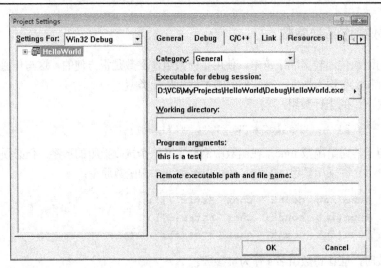

图 7.8　VC 6 的命令行参数设置窗口

7.7　习　　题

7-1　找出下列代码中的错误并予以修正。

（1）下述代码实现了字符串的连接和复制。

```
char  *s1, s2[ ] = "Hello ", s3[4], *s4;
s3 = "Tom";
s4 = "!";
strcat(s2, strcat(s3, s4));
strcpy(s1, s2);
```

（2）下述代码循环接收输入的字符串并显示，直到输入的字符串为"!"时终止。

```
char  s[80], *p = s;
do
{
  gets(s);
  while(*p)  printf("%c", *p++);
}while(strcmp(s, "!"));
```

7-2　写出下述程序或程序片断的输出结果。

（1）

```
char  s[ ] = "ABCD", *p = s;
printf("%d\n", p[4]);
```

（2）

```
char  s[10] = {'a','b','c'};
printf("\n%d", strlen(s+2));
```

(3)
```
int  i;
char  *s="a\045+045\'b";
for(i=0;  *s++;  ++i);
printf("%d", i);
```

(4)
```
int  a[] = {1,2,3,4,5,6},*p = a;
*(p+3)  += 2;
printf("%d,%d", *p, *(p+3));
```

(5)
```
char  s[10] = {'A', 'B', 'C'};
printf("%d", strlen(s+2));
printf("%d", sizeof(s));
```

(6)
```
char  *s = "a string";
char  *t = s;
while(*t++);
printf("%d", t-s);
```

(7)
```
char  s[ ] = "Googbye";
char  *cp = &s[7];
while(--cp >= s)  putchar(*cp);
putchar('\n');
```

(8)
```
char  s1[20] = "Front";
char  s2[20] = "Behind";
char  *ps1 = s1, *ps2 = s2;
while(*ps1++);
while(*ps1++ = *ps2++);
*ps1 = '\0';
printf("%s", s1);
```

7-3 选择正确答案。

(1) 下述字符串赋值或初始化方式中哪一个是不正确的?

```
(a) char  *str;  str = "string";
(b) char  str[7] = {'s','t','r','i','n','g','\0'};
(c) char  str[10];  str = "string";
(d) char  str[ ] = "string";
```

（2）定义如下数组 s：

```
char  s[81];
```

下述语句中哪一个不能从键盘接收字符串"This␣is␣a␣string."到数组 s 中？

```
(a)  gets(s+2);
(b)  scanf("%20s", s);
(c)  for(i=0; i<17; ++i)
        s[i] = getchar( );
(d)  while((c=getchar( ))!='\n')
        s[i++] = c;
```

（3）执行下述代码之后：

```
int  a[12] = {0}, *p[3], **pp = p, i;
for(i=0; i<3; ++i)
  p[i] = &a[i*4];
```

下述表达式中的哪一个不能表示数组 a 的元素？

```
(a) a[12]        (b) p[2][3]        (c) a[10]            (d) pp[0][1]
```

7-4　在程序中的画线处填入适当的内容使程序完整。

（1）下述程序的功能是统计命令行中第一个参数中出现的英文字母的个数。函数调用表达式 isalpha(x)在字符 x 是英文字母时为真。

```
#include <stdio.h>
#include <ctype.h>
void  main(int  argc, ___①___  argv[])
{
  char  *str;
  int  count = 0;
  if(argc < 2)  return;
  str= ___②___ ;
  while(*str)
    if(isalpha( ___③___ ))  count++;
  printf("count:%d", count);
}
```

（2）下述程序在不移动字符串的条件下对 n 个字符指针所指的字符串进行升序排列。

```
#include <string.h>
void  sort(char  *sa[ ], int  n)
{
  int  i, j, k;
  for(i=0; i<n-1; ++i)
  {
    k = i;
```

```
        for(j=i+1; j<n; ++j)
          if(    ①    )  k = j;
        if(i != k)
        {
          char  *t = ____②____ ;
            ____③____  ;
          sa[k] = t;
        }
      }
}
```

7-5　编写函数，接收一个字符串，将其中的所有大写字母转换成对应的小写字母，其他字符不变。要求不使用任何库函数。

7-6　编写函数 strCpy，使其具有与 strcpy 函数相同的原型和功能。

7-7　编写函数 reverse，翻转一个字符串中所有字符的前后顺序。

7-8　编写程序，将一个以十六进制形式输入的数字字符串转换成十进制整数输出。例如，输入的字符串为"A0F"，则应输出 2575。

7-9　编写函数，将一个整数转换为二进制表示的字符串。例如，若输入 131，则转换后的字符串为"10000011"。

7-10　编写函数，将一个数字字符串转换成浮点数。

7-11　编写函数，接收两个字符串 s1 和 s2，判断 s2 是否在 s1 中出现。要求不使用任何库函数。

7-12　编写函数，接收一个字符串，将其中每个单词的第一个字母改成大写，其余字符不变。单词是指用空格分隔的字符序列。

7-13　编写函数，接收一个字符串，将所有下标为偶数同时 ASCII 值也为偶数的字符删除。

7-14　编写一个函数 getMaxStr(char　*s[ ], int　n, char　**max)，从传入的 n 个字符串中找出最长的一个，并通过形参指针 max 传回该字符串地址。

7-15　编写函数，将一个浮点数表示的万元以下的钱数转换成人民币大写形式，如"2134.54"应转换为"贰千壹百叁十肆元伍角肆分"。

7.8　编 程 实 战

E7-1　题目：字符串比较

内容：编写函数 strCompare，使其具有与 strcmp 完全相同的原型和功能。

目的：掌握字符串的操作方法。

思路：利用循环从头逐个比较两个字符串中的对应字符，在其中的某个字符串达到末尾或遇到两个不相等的字符时循环结束。返回对应字符的差。

E7-2　题目：删除字符串中的空格

内容：编写函数 char　*trim(char　*str)，功能是删除一个字符串中所有的空格。

目的：掌握字符串操作的一般方法和指针在函数之间的传递方法。

思路：此项目与例 7.5 有类似之处，但在字符串中仅删除空格而不是子串，设计时主要考虑的因素是效率。利用一个二层的循环，在外层循环每次查到一个空格时，内层循环继续查找连续的空格，使连续的空格可被一次性删除。字符串中间的连续空格可利用将后面字符前移的方法进行覆盖，字符串末尾的连续空格可利用将'\0'赋值给第一个空格的方法进行截断。

E7-3　题目：表达式的语法检查

目的：掌握字符串操作方法。

内容：编写函数，接收一个字符串，检查其中的{和}、[和]、(和)是否匹配，即是否满足 C 语言的语法。

思路：题目要求的检查函数应以一个字符串为参数，返回一个标志。函数的主要工作是循环检查每个字符。为了验证符号是否配对，且不互相交叉，采用一个字符数组存储检查到的左括号，其初始化方式是：

```
char  signs[1024];
int  i = 0;
```

在遇到一个括号时，若为左括号，赋值给 signs[i++]；若为右括号，检查 i 是否为 0，若是，返回 0。否则，若 signs[i-1]不是同类的左括号，返回 0，否则，令 i=i-1，含义是从 signs 中删除同类左括号。继续检查下一个字符。在所有字符被检测后，若 i=0，返回 1，否则返回 0。

第 8 章　　与指针相关的其他技术

在 C 语言中，指针既是一种增强语言能力，提高代码效率的手段，也是实现某些特殊功能的支撑性技术。高维数组可以借助指针提高访问速度，但也带来了容易使人困惑的新概念。动态内存分配是大量应用中经常使用的技术，但只有借助指针才能得以实现。此外，指向函数的指针也是依赖指针才能体现出来的概念。

本章首先介绍了围绕高维数组形成的各类指针及对应的变量，重点阐明了 C 语言仅有一维数组的本质。其次，说明利用库函数 malloc 和 free 控制动态内存分配和释放的技术，以及函数指针的概念与主要用法。

8.1　二维数组的指针访问

在程序设计中，根据问题选择适当的数据结构是十分重要的工作。在存储大规模数据时，数组是一种可以考虑的选择。例如，一幅图像由一个矩形的点阵组成，每个点称为一个像素。存储一幅图像主要是指存储每个像素的颜色或灰度。对于真彩色图像，每个像素的颜色至多需要用 4 字节的整数来表示（包括一个表示透明度的 α 通道）。因此，使用如下的二维数组来存储图像的像素值是非常直接的办法：

```
long  image[512][512];              /* 512×512 为图像尺寸 */
```

每一行内的像素值被存储在数组 image 的一行里，而查找或修改任何一个像素的值可以利用变量 image[i][j] 来实现，这就是数组元素的下标引用方法。

在内存中，数组 image 的元素被逐行安排在连续的一维存储空间中，这为通过指针访问二维数组元素提供了依据。为了提高效率或者将一个二维数组传递给函数，需要使用指针而不是元素值作为参数。在理解二维数组中所体现的复杂概念时，指针的基类型是核心问题，它决定了通过指针能得到一个什么样的间接引用变量。

8.1.1　二维数组的一维表示

根据二维数组的按行存储特性，可以很容易计算出每个元素在内存中的位置。例如，定义一个 3 行 4 列的数组 a：

```
double  a[3][4];
```

因为 &a[0][0] 是数组 a 的第一个元素的地址，且基类型为 double。因此，&a[0][0]+k 是指向 a[0][0] 之后的各元素的指针，0≤k<3×4。由此可知，对于任何一个 N 列的二维数组 array，其第 m 行、第 n 列的元素 array[m][n] 在内存中的地址为：

```
&array[0][0] + m*N + n
```

对于前述数组 a，元素 a[m][n] 的内存地址就是 &a[0][0] + m*4 + n，0≤m<3，0≤n<4。于是，*(&a[0][0] + m*4 + n) 或 (&a[0][0] + m*4 + n)[0] 是与 a[m][n] 等同的变量。参见图 8.1。

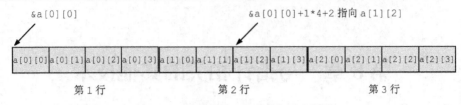

图8.1　二维数组的一维存储与元素位置

在设计中，可以以二维数组的第一个元素的地址为基准，按"一维方式"顺次查找并引用所有元素。下述代码说明了采用二维和一维两种方式输入二维数组所有元素的方法：

```
double  a[3][4];
double  *p, *last = a + 12;
for(k=0; k<3; ++k)
   for(m=0; m<4; ++m)
     scanf("%lf", &a[k][m]);          /* 方式一：二维下标方式 */
for(k=0; k<12; ++k)
   scanf("%lf", &a[0][0]+k);          /* 方式二：一维下标、指针混合方式 */
p = &a[0][0];
while(p < last)                        /* 指针的大小比较 */
   scanf("%lf", p++);                  /* 方式三：一维指针方式 */
```

第三种方式利用对指针变量的自加运算快速移动指针的位置，以避免计算下标。同时，此语句还提供了一个比较两个指针大小的应用范例"p＜last"。

⭐**工程**
从减少内存消耗和提高效率角度考虑，尽量避免使用三维以上的数组。

8.1.2　二维数组名的指针含义

1. 高维数组名是指向集合的指针

在C语言中，任何一个数组名都代表指向其起始地址的指针，此约定对一维数组和高维数组都适用。例如，定义如下数组：

```
int  a[10],  b[5][4];
```

一维数组名 a 是一个指向元素 a[0]的指针常量，其基类型为 int。因此，a 与&a[0]是完全相同的两个指针。自然地，a+k 是指向 a[k]的指针，故*(a+k)和*(&a[0]+k)都与变量 a[k]等同。但是，尽管二维数组（或更高维的数组）名 b 也是指向数组起始地址的指针，但*(b+k)并不能代表任何一个数组元素，其原因是指针 b 的基类型不是数组元素类型，那么指针 b 的基类型是什么呢？

正确回答上述问题的关键在于理解编译器对高维数组的处理方式。在C语言中，所有数组都被作为集合看待，而集合并不存在维数问题。例如，一维数组 a 是集合，二维数组 b 也是集合，但组成集合的元素不同。组成数组 a 的元素是整数，而组成数组 b 的元素仍是集合——一维数组。类似地，三维数组也是集合，组成元素为二维数组。换言之，"任何一个二维以上的 n 维数组本质上都是一维数组，其元素为 $n-1$ 维数组而不是普通变量"，这就是C语言处理高维数组所采用的核心技术。图8.2给出了对几种数组元素的直观表示。

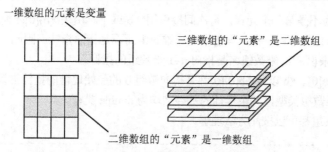

一维数组的元素是变量

三维数组的"元素"是二维数组

二维数组的"元素"是一维数组

图 8.2 "一维数组化"的高维数组用集合作"元素"

由于 C 语言本质上只有一维数组，对一维数组名的约定也是对高维数组的约定，只是"高维数组名都是指向集合的指针，或者说 n 维数组名是基类型为 $n-1$ 维数组的指针"。这种原理完满地解释了任何维数的数组在定义时至多只能省略第一维长度的原因。

> ★提示
> 严格地说，C 语言没有多维数组。所谓 n 维数组其实是由 $n-1$ 维数组作元素组成的一维数组。

2. 来自集合观点的数组元素

在 C 语言将高维数组视为集合之后，自然就产生了一些辅助措施。观察下述数组定义：

```
int b[5][4], c[3][4][5];
```

在系统内部，这两个数组是按如下方式组成的：

```
b ≡ { b[0], b[1], b[2], b[3], b[4] }
c ≡ { c[0], c[1], c[2] }
```

它们的含义是数组 b 有 5 个元素，而数组 c 有 3 个元素。其中，b[k]是代表"第 k 行"组成的一维数组名，c[k]代表"第 k 层"组成的二维数组名，都是正确的表达式，且均为指针。

对于一个固定的 c[k]，如 c[0]，由于是一个二维数组名，代表着如下集合：

```
c[0] ≡ { c[0][0], c[0][1], c[0][2], c[0][3] }
```

于是，每个 c[0][m]也是一种正确的标识符，它们都是代表一维数组名的指针。一般来说，对于一个 n 维数组 array，表达式 array、array[i_1]、…、array[i_1]…[i_{n-1}]都是正确的指针表示。

以下仅以二维数组 b 为例，说明各类指针的来源与转换。

（1）源自数组名 b 的表示法

作为一个由集合组成的"一维数组"，b 是指向其起始地址的指针，基类型为集合（一维数组），运算以一维数组为单位，故指针 b+k 指向"元素"b[k]，间接引用形式为*(b+k)，它们都是指针，代表集合名。

（2）源自指针 b[k]的表示法

因为 b[k]是第 k 行的一维数组名，其间接引用代表 double 型元素，间接引用的结果为*(b[k]+m)，也可以表示为下标形式 b[k][m]。

（3）源自指针*(b+k)的表示法

因为*(b+k)与 b[k]相同，对数组元素的间接引用和下标形式分别为*(*(b+k)+m)和(*(b+k))[m]。

3. 二维数组中的两种层次的指针

一个二维数组的元素存在着大量等价的表示方法，核心是要理解二维数组名 b 是指向集合的指针。

因此，**b** 代表集合而不是第一个元素，再次间接引用**b** 或下标引用(**b**)[0]才能表示变量 b[0][0]。从层次上，b 与指向指针的指针一致，但它指向一维数组而不是指向指针。因此，应称其为"指向一维数组的指针"。一般来说，"n 维数组名是指向 n–1 维数组的指针"。

尽管表达式 b、b[0]、**b** 以及&b[0][0]都是指向数组 b 的起始地址的指针常量，但基类型不同。只有 b 的基类型为一维数组类型，其余指针的基类型均为 double 类型。

任何一种高维数组都可以按此方法理解。

> **✖ 提示**
> n（n>1）维数组名是指向 n–1 维数组的指针，不是指向其元素类型的指针。

例 8.1　定义如下数组：

```
int  a[4][10];
```

假定变量 i 和 j 满足 0≤i<4，0≤j<10，指出下述选项中不能代表数组元素 a[i][j]的表达式。

```
(a)  *(a[0]+10*i+j)              (b)  *(a+i)[j]
(c)  *(*(a+i)+j)                 (d)  *(a[i]+j)
```

选项(a)中的表达式将二维数组视为"纯粹的"一维数组，用一个 int 型指针 a[0]查找每一个元素。选项(c)和(d)中的*(a+i)和 a[i]都是第 i 行的一维数组名，基类型是 int，表达式是对一维数组的间接引用。它们均可代表元素 a[i][j]。

在选项(b)中，因为[ ]运算优先于*运算，故*(a+i)[j]等同于*((a+i)[j])，也等同于*(*(a+i+j))、*a[i+j]及 a[i+j][0]。这是第 i+j 行的第一个元素，不能代表元素 a[i][j]。

8.1.3　指向一维数组的指针变量

由于二维数组名是指向一维数组的指针，不同于普通指针和指向指针的指针。存储这种类型的指针需要定义类型匹配的指针变量，即指向一维数组的指针变量，定义格式为：

> **数据类型**　**(*指针变量名) [整型常量表达式 expr]**；

例如，下述语句中定义了二维数组 a 和一个指向一维数组的指针变量 p，并用其存储 a 的值：

```
double  a[5][6];
double  (*p)[6] = a;
```

定义中的"*"表示 p 是指针变量，而 double[6]说明了指针的基类型，即一个长度为 6 的一维浮点型数组。可见，定义中的整型常量表达式 expr 是用于描述一维数组长度的。

注意定义中的圆括号 ( ) 是必需的，没有圆括号时是指针数组的定义。

> **✖ 提示**
> 不要混淆了指向数组的指针变量和指针数组的定义。

可以用同样的方法推广到高维，如指向二维数组的指针变量等。它们可以统称为"指向数组的指针变量"，也可以解释为"指向集合的指针变量"。

经过赋值以后，指针变量 p 得到 a 的值。除了 p 是变量而数组名 a 是常量外，二者的含义及运算方法是完全相同的。例如，下面的代码利用指针变量 p 输入和输出数组 a 的元素：

```
for(k=0; k<5; ++k)
  for(m=0; m<6; ++m)
```

```
      scanf("%lf", &p[k][m]);
   for(k=0; k<5; ++k)
   {
      for(m=0; m<6; ++m)
       printf("%lf", (*p)[m]);
      ++p;                                /* 指针移到下一行 */
   }
```

程序每次利用自加运算将指针 p 移动到下一行开头，*p 则起到了"降维"的作用，它将指向数组的指针转换成第 k 行的一维数组名。

为了将指针变量 p 指向二维数组的起始地址，只能将二维数组名 a 直接赋值给 p，如果使用其他指针如 a[0]或*a 等需要经过类型转换。

主要有两种原因促使程序使用指向数组的指针变量，其一是在循环处理数组时，使用++p 或--p 之类的运算比下标方式更快，如上述示例。其二是在将二维数组传递给函数时用作形式参数，这是指向数组的指针变量的最典型应用。

8.1.4　二维数组作函数参数

二维数组作函数参数时较一维数组稍微复杂，这是由其自身的特殊性所决定的，其中最为关键的问题在于形参与实参的对应。

由于在二维数组中存在着两类指针，即数组名和降维后的指针。因此，在定义和调用函数时，既可以同时采用指向数组的指针作为形式参数和实参数，也可以均采用降维后的指针作为参数，但不应交叉使用。

例如，假定要传递如下的二维数组 a 给函数 func：

```
   int  a[3][4];
```

一般可以采用如下的函数原型：

```
   type  func(int  (*array)[4], int  rows);
```

这里的 array 是指向一维数组的指针变量，rows 为实参数组的行数。

如同一维数组的处理方法，二维数组参数也可以用数组形式表示，但编译器仍会将其识别为指针变量：

```
   type  func(int  array[3][4], int  rows);
   type  func(int  array[][4], int  rows);          /* 仅可省略一维的长度 */
```

考虑到指针类型的匹配，调用函数 func 时要用数组名 a 作为实参数，如：

```
   func(a, 3)
```

如果采用 a[0]或*a 等已降维的指针作实参数则必须经过类型转换。

如果将二维数组视为纯粹的一维数组，可以向函数传递指向第一个元素的指针。此时，形式参数应定义为普通指针变量，通常采用如下原型：

```
   type  func(int  *array, int  rows, int  cols);
```

因为需要按 array+k*col+m 的形式计算元素 a[k][m]的位置，故增加了一个二维数组的列数参数。此时，调用函数必须采用降维后的指针作实参数，如：

```
func(*a, 3, 4)
func(a[0], 3, 4)
func(&a[0][0], 3, 4)
```

当然，不同的函数原型决定了在被调用函数 func 内所采用的元素表示方法。

✱提示

在用二维数组作参数时，保证实参与形式参数维数上的一致性是至关重要的。

例 8.2　假设每个学生要参加 4 门课程的考试。现有若干名学生的成绩，编写函数计算每个学生 4 门课的平均成绩。

此题目中的学生成绩可以看作一个二维数组，其行数和列数分别为学生数和 4。为了使函数计算出每门课的平均成绩，还应向函数传递一个长度为 4 的一维数组 avgs，使函数能将平均成绩填写到此数组中。

```
#include <stdio.h>
void getAverage(double scores[][4], int rows, double avgs[])
{
  int  k, m;
  for(k=0; k<rows; ++k)
  {
    avgs[k] = 0;
    for(m=0; m<4; ++m)                      /* 累加求和 */
      avgs[k] += scores[k][m];
    avgs[k] = avgs[k] / 4;                  /* 计算平均成绩 */
  }
}
void  main( )
{
  int  k;
  double  scores[][4] = {{87, 77, 96, 92}, {54, 60, 62, 40}, {65, 78, 85, 56}};
  double  avgs[3];
  getAverage(scores, 3, avgs);             /* 求均值 */
  for(k=0; k<3; ++k)
    printf("%lf,", avgs[k]);
}
```

从外观上看，将二维数组传递给函数时，利用指向数组的指针变量作为参数在编写代码时较为简单，而使用一维形式的指针变量时，一般要用"起始地址+k*列数+m"的形式访问数组的元素，显得烦琐一些。不过，二维数组本身具有对列数的限制，即指针变量中必须指明其所指向的一维数组的长度。因此，如果不能事先确定二维数组的列数，使用一维形式的指针来传递二维数组将是更好的选择。

例如，假定学生参加考试的课程数可能因年级不同而异，为了适应列数的变化，下述代码采用一维形式重新计算学生的平均成绩。

```
void  getAverage(double *scores, int rows, int cols, double avgs[])
{
  int  k, m;
  for(k=0; k<rows; ++k)
```

```
      {
        avgs[k] = 0;
        for(m=0; m<cols; ++m)
          avgs[k] += *(scores + k*cols +m);
        avgs[k] = avgs[k] / 4;
      }
    }
```

利用前文的二维数组 scores 和 avgs 调用函数 getAverage 时应该采用如下形式：

```
    getAverage(*scores, 3, 4, avgs);
```

由于表达式"*(scores + k*col +m)"中含有乘法运算，效率低，故应考虑采取进一步的优化措施。

```
    void getAverage(double *scores, int rows, int cols, double avgs[])
    {
      int  k, m;
      double  *p = scores;
      for(k=0; k<rows; ++k)
      {
        avgs[k] = 0;
        for(m=0; m<cols; ++m)
          avgs[k] += *p++;                   /* 不再计算复杂下标的优化版本 */
        avgs[k] = avgs[k] / 4;
      }
    }
```

✖️**工程**

只在具有确定列数时使用二维数组作参数才是合理的，否则应使用一维数组。

8.1.5　利用二维数组实现的字符串数组

由于一维字符数组可用作字符串变量，用二维数组则能够构成字符串变量的集合，可称其为"字符串数组"。

例如，定义如下的二维字符数组：

```
    char  s[ ][9] = {"Chinese", "Japanese", "English", "German"};
```

这种数组已在 7.5 节中提及，其初始化方式来自于字符串的整体初始化形式。利用二维字符数组作函数参数来存储一组字符串，就可以解决例 4.5 提出的对一个字符串中所有单词的切分问题。

例 8.3　编制函数，在一个字符串中切分出所有单词。

题目的目的是在例 6.6 的基础上识别出所有单词。假定输入的字符串长度不超过 80（≤79），则每个单词的长度至多为 80，且不可能超过 40 个单词。于是，可以在调用函数 main 中准备一个字符型的二维数组 words，并作为参数传递给函数 extractWords，再由 extractWords 将抽取出来的单词存入数组 words，并返回单词的个数。

```
    #include <stdio.h>
    int extractWords(char text[], char words[][80])
    {
```

```
      int  j = 0;
      int  count = 0,  startWord = 0;     /* 单词个数和单词开始标志 */
      for(; *text; ++text)
      {
        if(*text == '␣')
        {
          if(startWord)
          {
            words[count-1][j] = '\0';    /* 输入空格时结束单词 */
            startWord = 0;               /* 取消单词标志 */
          }
        }
        else
        {
          if(startWord == 0)             /* 非空格时开始一个新单词 */
          {
            startWord = 1;               /* 设置单词标志 */
            j = 0;
            ++count;                     /* 单词个数累加 */
          }
          words[count-1][j++] = *text;   /* 当前字符加入单词 */
        }
      }
      words[count-1][j] = '\0';          /* 最后单词结束 */
      return  count;
    }
    void  main( )
    {
      char  text[80];
      char  words[40][80];
      int  k, count;
      gets(text);
      count = extractWords(text, words);
      for(k=0; k<count; ++k)
        printf("%s ", words[k]);
    }
```

    函数 extractWords 利用指针变量参数 text 的逐步移动来访问所有的字符。变量 count 是单词的个数，当前单词应存储在一维数组 words[count-1]中。变量 j 表示当前单词中字符的位置。
    不过，虽然此函数能够实现单词抽取，但由于每个单词都需要按最大可能设置长度，导致其消耗内存过大，通过动态内存管理技术可以对设计进行改进，使其更为合理。

8.2 动态内存管理

在编写程序时，内存的使用属于最基本的技术。总体上，程序得到内存主要有两种方式：
首先是定义变量或数组，这样的定义由系统分配适当大小的内存块，而不是由程序本身控制。虽然这种内存分配方式使用方便，但内存空间的大小必须在设计程序时能够事先确定，且一旦分配就不能自由销毁。

其次，存在着大量的应用问题，它们所使用的内存空间要在程序的运行过程中才能确定，或许，虽可事先确定，但内存需求量过大，应根据情况或时段逐步取得内存，并随时将不再使用的内存归还给系统。这是一种在程序运行中根据实际情况来得到内存的方式，称为"动态内存分配"。

一些著名的数据结构要依赖动态内存分配来支持，如链表、堆栈等。文字处理器是内存大小未知的典型应用示例，一个弹出窗口和菜单的程序也要依赖动态内存分配技术才能实现。

8.2.1 动态内存的申请与使用

动态内存分配由一组库函数支持，其核心是 malloc、calloc、free 以及 realloc。这些函数在头文件 stdlib.h 和 alloc.h 中都有定义，但建议使用 stdlib.h（部分 C 语言系统使用头文件 malloc.h）。

使用动态内存分配的基本过程是：在需要时向系统申请指定大小的内存块，并在使用后释放，由系统另行分配，与这两个过程相对应的函数是 malloc 函数和 free 函数。

利用 malloc 函数可向系统申请一块指定大小的连续内存块，函数原型如下：

```
void *malloc(unsigned size)
```

参数 size 表示要申请内存的字节数，通常应根据要存储的数据个数 count 和数据类型 type 来计算，即 size=sizeof(type)*count。例如，为了存储 100 个整数，应使用表达式 sizeof(int)*100 作为 size 的实参数值。

执行成功时，函数 malloc 分配一块 size 字节的连续内存块，并返回内存块的起始地址。为了使用它，一般总要将其保存到一个指针变量中。如果因空间不足等原因不能成功分配，malloc 则返回一个无效指针 NULL。因此，需要在使用内存前检查该指针的有效性。

工程

测试内存分配的状态，绝对不要使用未分配成功的内存。

值得注意的是 malloc 函数所返回的指针是 void*类型的，因此，在将函数调用表达式赋值给指针变量前应进行指针类型的转换。

下述代码说明了调用函数 malloc 实现动态内存分配的一般性做法：

```
double  *p = (double*)malloc(10*sizeof(double);
char  *ps;
ps = (char*)malloc(1024*sizeof(char));
```

第一个语句申请存储 10 个 double 型数据的内存块，并用变量 p 记录其起始地址。第二个示例申请了一块存储 1024 个字符的内存块，并将起始地址赋给指针变量 ps。由于得到了内存块的起始地址，相当于分别定义了一个长度为 10 的 double 型数组，以及一个长度为 1024 的字符数组，变量 p 和 ps 就等同于数组名。

例如，为了利用 ps 保存一个字符串可做如下复制：

```
strcpy(ps, "this is a string");
```

表达式*(ps+k)或 ps[k]均代表"数组"的每个元素构成的字符型变量。

一旦内存块不再使用，需要调用 free 函数将其释放，交还系统，以便下次可以被重新分配给其他对象。free 函数的原型是：

```
void  free(void  *p)
```

函数中的唯一参数 p 就是用于记录内存块起始地址的指针。例如，下述语句调用 free 函数释放了已申请的内存块：

```
if(p != NULL)                          /* 测试并释放非 NULL 的指针 */
  free(p);
if(ps != NULL)
  free(ps);
p = NULL;                              /* 以下是增加的安全措施 */
ps = NULL;
```

由于任何类型的指针都可以代替 void 类型的指针，这里不必做类型转换。

free 函数并不能识别一个 NULL 指针，因此，调用 free 函数之前应测试指针的值，以避免将空指针作为它的参数。同时，在调用函数之后，可以立刻将指针置为 NULL，表明该指针已无效，从而使其他代码能够以正常方式测试该指针。

工程
> 调用 free 释放指针后，立即将指针置为 NULL，以支持后续代码对空指针的检测。

只要记住动态内存块的起始地址，可以在任何适当的地方释放它，而不是必须在分配内存的函数内释放。

下述代码完整地体现了动态建立一个数组的过程。

例 8.4　设计一个接收 10 个整数的无参函数，要求使用动态内存分配机制实现。

为了模拟动态数组的构造和使用过程，题目要求所定义的函数不能使用参数。因此，存储数据的空间应由函数本身动态申请。为了能够获取这些数据，函数还要返回数据区的起始地址。

```
#include <stdio.h>
#include <stdlib.h>
int *read( );                          /* 函数声明 */
void main( )
{
  int *data, k;
  data = read( );                      /* 记录返回地址 */
  if(data == NULL)
    return;                            /* 函数 read 分配空间失败，结束 */
  for(k=0; k<10; ++k)
    printf("%4d", data[k]);
  free(data);                          /* 释放内存 */
}
int *read( )
{
  int  k;
  int *data = (int *)malloc(10*sizeof(int)); /* 分配内存 */
  if(data == NULL)
    return  NULL;                      /* 分配失败时返回无效指针 NULL */
  for(k=0; k<10; ++k)
    scanf("%d", data+k);
```

```
    return  data;                          /* 返回内存块的起始地址 */
  }
```

函数 read 要对内存分配函数的返回值进行测试。如果为 NULL，说明没有足够的内存可用，返回 NULL 作为失败标志。此例说明了在被调用函数中利用动态内存组织数据，而调用函数 main 获取和使用这些数据，并在最后负责释放内存的一般用法。

如果 read 函数产生的数据量不能事先指定，main 函数还需要获得此元素个数。下述代码给出了一种可行的方案：

```
int  *read(int  *count)
{
  int  k;
  int  *data;
  scanf("%d", count);                    /* 确定元素个数 */
  data = (int *)malloc(*count*sizeof(int));  /* 分配内存 */
  if(data == NULL)
    return  NULL;                        /* 分配失败时返回无效指针 NULL */
  for(k=0; k<*count; ++k)
    scanf("%d", data+k);
  return  data;                          /* 返回内存块的起始地址 */
}
```

main 函数应按下述方式调用 read 函数：

```
int  *data, count;
data = read(&count);                     /* count 为数组 data 的长度 */
```

使用动态内存时需要重点强调的问题是：释放不再使用的内存是一个必不可少的环节，这与实际分配的内存块大小无关。不及时释放动态申请的内存块会破坏空闲内存的连续性，使其难以被再次分配和使用，这种现象称为"内存泄漏"，应特别注意避免。

✦ **工程**
> 一定释放不再使用的动态内存，以避免内存泄漏。

8.2.2 calloc 函数与 realloc 函数

一个与 malloc 函数极为近似的函数是 calloc，也用于动态分配内存，其原型为：

void *calloc(unsigned nitems, unsigned size)

函数 calloc 与 malloc 的主要差异是函数原型不同，功能是分配 nitems 个连续的内存块，每块的字节数为 size。由于 calloc 实质上是分配 nitems*size 个字节的连续内存块，因此下述两个表达式的作用基本等同：

```
calloc(nitems, size)
malloc(nitems*size)
```

在处理细节上，calloc 函数会将所分配的整个内存块清 0，而 malloc 函数不清 0，这些字节中的值是不确定的。除了原型不同之外，这是二者之间的唯一区别。

在动态申请一块内存后，其空间大小也可能需要变动。一种可行的方法是先释放已分配的内存块，再按要求重新分配。然而，realloc 函数可以将释放和重新分配在一次调用中完成，其函数原型为：

```
void *realloc(void *block, unsigned size);
```

参数 block 是被释放的内存块的起始地址，而 size 说明了新申请的字节数。函数的使用方法与采用 malloc 直接分配空间较为类似：

```
char  *str;
/* 分配 10 字节空间, str 为起始地址 */
str = (char *) malloc(10*sizeof(char));
strcpy(str, "Hello");                    /* 存储字符串 */
printf(str);
/* 释放 str 并重新分配 20 字节 */
str = (char *) realloc(str, 20*sizeof(char));
strcpy(str, "Hello World!");             /* 存储字符串 */
printf(str);
free(str);                               /* 释放 */
```

例 8.5　编写函数，切分出一个字符串中的所有单词，要求消耗尽量少的内存。

例 8.3 实现的切分函数消耗内存较多。原则上，在字符串长度未知的情况下，存储字符串应采用动态内存分配实现。为避免篇幅过长，这里仅考虑减少切分出来的单词的存储空间消耗问题，全部单词不再采用长度固定的二维字符数组存储，代之以动态内存分配。

```
#include <stdio.h>
#include <stdlib.h>
int extractWords(char text[], char *words[])
{
  int j = 0;
  int count = 0, startWord = 0;
  char word[80];                         /* 存放当前单词 */
  for(; *text; ++text)
  {
    if(*text == '␣')
    {
      if(startWord)
      {
        word[j] = '\0';                  /* 输入空格时结束当前单词 */
        startWord = 0;                   /* 取消单词标志 */
        words[count-1] = (char*)malloc((strlen(word)+1)*sizeof(char));
        if(!words[count-1])
          return count;                  /* 内存分配失效 */
        strcpy(words[count-1], word);    /* 复制当前单词到数组 */
      }
    }
    else
    {
      if(startWord == 0)                 /* 非空格时开始一个新单词 */
      {
        startWord = 1;                   /* 设置单词标志 */
        j = 0;
```

```
        ++count;                              /* 单词个数累加 */
      }
      word[j++] = *text;                      /* 当前字符加入单词 */
    }
  }
  if(startWord)                               /* 最后一个单词 */
  {
    word[j] = '\0';
    words[count-1] = (char*)malloc((strlen(word)+1)*sizeof(char));
    if(!words[count-1])
      return  count;
    strcpy(words[count-1], word);
    ++count;
  }
  return  count;
}
void  main( )
{
  char  text[80];
  char  *words[40];                           /* 记录单词地址的指针数组 */
  int  k, count;
  gets(text);
  count = extractWords(text, words);
  for(k=0; k<count; ++k)
  {
    printf("%s ", words[k]);
    free(words[k]);                           /* 释放一个单词占用的空间 */
  }
}
```

　　函数 extractWords 利用一个临时数组 word 记录每个当前单词。在当前单词测试后，依据 word 的长度分配一个内存块，将其地址记录到 words[count−1] 中，再将字符串 word 复制给它。分配空间采用的表达式 "strlen(word)+1" 中的加 1 是应该注意的重要细节，目的是为了存放字符串结束符。

　　main 函数依据 count 了解实际单词的个数，每次在输出一个单词后释放掉其内存空间。

8.3　指向函数的指针

　　在一些特殊的应用中，待处理的函数不能预先确定，或者说，待处理的函数是未知的、可变的。例如，一个能计算任何数学函数在某个区间上最大值的通用函数、一个能计算函数定积分 $\int_a^b f(x)\mathrm{d}x$ 的通用函数均属此类。这些问题中，被处理函数 $f(x)$ 可能是 $\sin(x)$、$\cos(x)$ 或其他任何一个数学函数。为此，求最大值函数和求定积分函数需要被告知应处理哪一个函数，即需要以被处理的函数为参数。在 Windows 环境中，每个窗口工作时都要调用一个窗口处理函数，且可以在程序运行过程中被新的函数替换，同样要处理变化的函数。解决此类问题需要使用指向函数的指针。

8.3.1　指向函数的指针常量与变量

1.　函数名是指向函数的指针常量

任何函数在编译后都由一系列机器指令组成，程序运行时被读入连续的内存单元，其中的第一条指令地址通常被称为函数的"入口地址"。从指令执行的角度看，函数的一次调用就是通过将其入口地址写入程序计数器实现的。函数的入口地址称为"指向函数的指针"，或简称为"函数指针"。

如同数组名表示指针一样，一个不附带任何其他成分的函数名代表着函数的入口地址，换言之，一个函数名是指向函数本身的指针常量。例如，有如下函数定义：

```
void  func(int  x)
{
  /* body */
}
```

那么，函数名 func 是指向此函数入口的指针。尽管没有特殊说明，但系统在每次调用 func 时都使用了该指针。

可以像查看普通指针一样查看函数的入口地址，但实际应用中并不需要这么做：

```
printf("%p", func);
```

2.　指向函数的指针变量

一般情况下，函数是通过函数名调用的，可以忽略函数指针的概念。但是，如果需要处理变化的函数，就必须了解函数指针，且需要能够存储函数指针的指针变量。

函数指针变量的一般定义形式如下：

数据类型　**(*变量名) (形参说明表)**；

除了"(*变量名)"外，指针变量定义中的其他成分与函数定义完全一样，数据类型与形参说明表都来自被指向的函数，它们限制了指针变量的具体类型，可以将其解释为"函数指针的函数原型"，也是基类型。这等同于说，一个函数指针变量与它指向的函数必须具有完全相同的原型。

例如，定义如下指针变量：

```
double  (*fp1)( ), (*fp2)(int x, double y);
int  (*fp3)(int  x);
```

虽然都是指向函数的指针变量，但这些变量具有不同的数据类型，原因是它们的函数原型不同。假定有如下的函数：

```
double  func2(int x, double y), func1( );
int  func3(int x);
```

此时，指针 fp1、fp2 和 fp3 分别与函数 func1、func2 和 func3 匹配，即类型相同。

3.　为函数指针变量赋值

通常，可以将一个函数指针（如函数名）直接赋给指针变量，或者通过实参与形参结合的方式传递给指针变量，这里的要求仍是类型的完全匹配。例如，对于前述定义的指针变量和函数，可以通过赋值运算实现对指针变量的赋值：

```
fp1 = func1;
fp2 = func2;
fp3 = func3;
```

4．通过函数指针调用函数

尽管一般情况下要借助函数名来调用一个函数，但也同样可以利用指向函数的指针变量（或常量）调用函数。特殊的是，既然函数指针指向函数，间接引用"*函数指针"所得到的也是函数。因此，表达式"*函数指针"与函数指针本身完全等同。于是，C 语言中可以通过以下两种方式调用一个函数，其作用相同：

函数指针 (实际参数表)
(*函数指针) (实际参数表)

例如，在经过赋值以后，指针变量 fp2 指向函数 func2。于是，下述代码都是正确的函数调用表达式，它们没有任何区别：

```
x = func2(3, 5.5);                    /* 4种等效的函数调用 */
x = (*func2)(3, 5.5);
x = fp2(3, 5.5);
x = (*fp2)(3, 5.5);
```

由此可见，函数指针是一类特殊的指针，它与自身的间接引用等效。例如，通常我们以 sin(0.5) 的形式计算 0.5 的正弦值，但也可以使用表达式(*sin)(0.5)。

除了赋值和调用函数之外，指向函数的指针不能参与任何其他种类的运算。

⭐**工程** ┄┄
┊　　　无论赋值还是传递参数，都应该保证函数指针变量所得到的值与自己的类型严格匹配。　┊
┄┄

8.3.2 函数指针的应用

这里讨论函数指针的两种主要用例，其一是作为函数参数，其二是构成指向函数的指针数组。

1．函数指针作函数参数

如果函数以另一个未知的函数作为输入，则需要采用函数指针变量作为形式参数，以使得调用函数能够通过实参数把一个确定的函数传递给它。

例 8.6 编写一个函数 getMax，计算一个数学函数 $f(x)$ 在某个区间内的近似最大值。

在数学上，求函数在区间上的最大值是一个"无限型"的问题，因为区间内含有无穷多个实数。利用程序求解一般要采取近似计算方法，就是将原区间用一个细小的"步长"划分成很多段，计算每一个段的端点（划分点）处的函数值，并返回其中最大的一个。步长可以由调用函数指定。参见图 8.3。

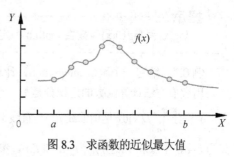

图 8.3　求函数的近似最大值

这里的代码计算了函数 $f(x)=3\sin x+\cos x/2$、正弦函数 $\sin x$ 和自然对数函数 $\ln x$ 在不同区间上的近似最大值。

```
#include <stdio.h>
#include <math.h>
```

```
double  f(double  x)
{
  return  3.0*sin(x)+cos(x)/2.0;
}
double  getMax(double (*func)(double x), double  a, double  b, double  h)
{
    double  v = a, max = func(a);      /* 假定左端点的函数值为最大值 */
    v += h;                            /* v 取下一个划分点 */
    while(v <= b)                      /* 循环比较其他分点处的函数值 */
    {
      double  t = func(v);             /* 利用指针变量调用函数 */
      if(max < t)
        max = t;                       /* 更新 max 的值 */
      v += h;
    }
    return  max;
}
void main( )
{
    printf("f in [3,10] : %lf\n", getMax(f,3.0,10.0,0.05));
    printf("sin in [0,PI/2] : %lf\n", getMax(sin,0, M_PI/2,0.01));
    printf("ln in [3, 10] : %lf\n", getMax(log,3.0,10.0,0.02));
}
```

　　程序中引用了 math.h 中定义的常量 M_PI（π）。函数 getMax 利用循环逐个比较各划分点处的函数值，以找出最大的一个。计算 x 点处的函数值被表示为 func(x)，也可以是(*func)(x)。对于 main 函数中的 3 个函数调用语句，形参变量 func 分别得到实参数值 f、sin 和 log，也就使 func 分别代表了这 3 个函数。

　　运行程序的输出结果为：

```
f in [3,10] : 3.041192
sin in [0,PI/2] : 1.00000
log in [3,10] : 2.302585
```

★**提示**

　　log(x)和 log10(x)函数在 math.h 中定义，分别表示以 e 和 10 为底的对数函数。

　　例 8.7　编写一个函数 integration，计算一个数学函数 $f(x)$在某个区间上的定积分。

　　用数值方法计算函数的定积分是另一个使用函数指针作形式参数的典型应用示例。按数学上的定义，定积分 $\int_a^b f(x)\mathrm{d}x$ 是指曲线 $f(x)$与直线 $x=a$ 和 $x=b$ 围成的面积。如果将其近似地视作梯形，则梯形的高为 $b-a$，上底和下底分别为 $f(a)$和 $f(b)$，参见图 8.4。于是，可以用如下的简单代码实现定积分计算：

```
double  integration(double  (*f)(double x), double  a, double  b)
{
  return  (b-a) * (f(a) + f(b))/2.0;
}
```

在实际应用时，integration 的计算结果未免过于粗糙，可以按例 8.6 所示的办法，用小区间的面积之和作为定积分的结果。而在实际应用中，划分区间的步长一般也要通过迭代精度（两次求得的面积之差）确定而非人为指定。

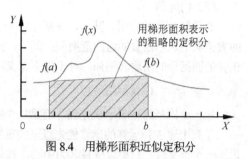

图 8.4　用梯形面积近似定积分

2．指向函数的指针数组

如果使用的指针变量个数较多，可以考虑代之以定义一个函数指针数组。当然，由于数组只能由类型相同的元素组成，这些指针必须指向原型相同的函数。

下述代码从键盘接收一个整数 n，n=0，1，2。程序根据 n 的值分别计算 sin(1)、cos(0) 和 ln(2.71828) 的值。这些函数及常量 M_E（2.71828）都定义于 math.h。

```
#include <stdio.h>
#include <math.h>
void main( )
{
    double  (*fps[ ])(double x) = {sin, cos, log};    /* 数组定义和初始化 */
    double  x[ ] = {1, 0, M_E};
    int  n;
    scanf("%d", &n);
    printf("%lf ", fps[n](x[n]));               /* fps[n]是指向函数的指针 */
}
```

此演示程序说明了将几个函数指针组成数组的方法。由于每个元素都是函数指针变量，在将它们分别指向一个函数后，就可以利用下标表示的指针变量访问那些函数，以避免使用大量 case 组成的 switch 语句，还可以借助循环操作来简化设计。

8.4　定义的识别与数据类型的显式描述

8.4.1　由运算识别复杂的定义

C 语言中存在着种类繁多的定义，且部分定义之间的差别非常微小，容易混淆。掌握定义识别规则、正确识别出定义的内涵是必须掌握的技术。

1．按运算优先级解释定义的方法

对于一个复杂的定义，可以将定义中的运算分类，并依据运算的优先级来识别其内涵，这是识别一个定义内涵的根本方法。

通常，一个定义中除了变量名之外，主要含有 3 种运算，分别是*、[ ]和( )，其含义如下。

（1）*运算

表示指针，其周围（前或后）的文字表示指针的基类型，也就是指针指向的对象类型。

（2）[ ]运算

表示数组，数组之前的文字表示数组类型，也就是数组元素的类型。

（3）（ ）运算

有两种可能的作用。其一，在括号内为空，或者包含参数列表时表示函数。此时，括号之前出现的数据类型表示函数的返回值类型；其二，括号内为表达式，表示优先次序。很容易确定一个定义中包含的圆括号的用途。例如，对于如下定义：

```
int  (*fp)( );
```

第一个圆括号应表示优先级，而第二个圆括号表示函数。

了解上述3种运算的运算优先级至关重要：运算[ ]和( )具有相同的优先级别，且都高于*运算。在识别一个定义时，只要以变量名为中心，按优先级的先后来解释，就可以正确地识别定义的内涵。

提示
> 利用运算的优先次序就能正确识别一个复杂的定义，解释定义中的名字到底是什么。

2. 常见定义的识别

这里列出一些主要的常见定义示例，并按上述原则予以简单解释，以体会前述的识别方法。

（1）数组定义

```
int  a[10];
```

运算[ ]表明名字 a 为数组，int 是数组或者说数组元素的类型。

（2）指针变量定义

```
int  *p;
```

由运算*说明 p 为指针，周围的内容 int 表示指针的基类型。如果将定义改写成如下形式可能更直观一些：

```
int*  p;
```

定义说明变量 p 的类型为"int*"，即一个整型的指针。

（3）函数声明

```
int  f( );
```

由运算( )说明 f 为函数，前面的文字 int 表示函数的返回值类型。

（4）指针数组定义

```
int  *x[10];
```

因为[ ]运算优先于*运算，故先解释 x[10]，说明 x 为数组。int*说明数组元素都是 int 型指针。可见，x 是一个长度为 10 的 int 型指针数组。

（5）指向数组的指针变量定义

```
int  (*x)[10];
```

首先，因为( )和[ ]具有相同的优先级，应解释*x，说明 x 为指针。其次，(*x)[10]说明 x 的基类型为一维数组。最后，int 说明了数组的元素类型。因此，x 是一个指向长度为 10 的一维 int 类型数组的指针。

（6）返回指针的函数声明

```
int  *x( );
```

因为运算( )优先于*，先解释 x( )，说明 x 为函数。再解释*x()，说明函数的返回值为指针。最后的 int 表示指针的基类型。因此，x 是一个返回"int*"类型指针的函数。此语句是函数声明语句。

（7）指向函数的指针变量定义

```
int  (*x)( );
```

先解释*x，说明 x 为指针；再解释(*x)( )，说明指针指向函数，即指针的基类型为函数。最后的 int 说明函数的返回值类型。因此，x 是一个指向 int 类型函数的指针。

（8）指向返回指针函数的指针变量定义

```
int  *(*x)( );
```

*x 说明 x 为指针，由(*x)( )说明指针的基类型是函数，*(*x)( )说明函数的返回值为指针，而 int 说明返回指针的基类型为 int。因此，x 是一个指向函数的指针变量，且函数返回 int 类型的指针。

（9）指向函数的指针数组定义

```
int  (*x[3])( );
```

x[3]说明 x 是数组，*x[3]说明 x 为指针数组，(*x[3])()说明数组中的每个元素是指向函数的指针，而 int 说明函数的返回值类型。因此，x 是一个指向函数的指针构成的数组，且这些函数的返回值类型为 int。

8.4.2　用 typedef 显式描述数据类型

在 C 语言中，一个简单类型具有确定的名字 type，而标识符的定义一般按如下方式给出：

type 标识符；

相同类型的变量还可以借助一个语句定义出来，如：

```
double  x, y;
```

不过，也存在众多的标识符不能按上述语法定义。例如，不能将 int[10]作为数组类型使用，也不能将 int*作为指针类型使用，编译器不能正确解释如下定义，尽管在本质上是合理的：

```
int[10]  a;              /* 理想的数组定义，但不符合 C 的语法要求 */
int*  p, q;              /* 理想的两个指针变量定义，但仅 p 被识别为指针 */
```

编译器认为第一个定义不符合 C 语言的语法规则，第二个定义只将 p 解释为指针变量，而将 q 视为一个 int 类型的变量。

关键字 typedef 提供了一种有效的技术，可以将那些书写麻烦或含义不清，以及难以描述的数据类型用一个自定义的标识符表示出来，以使其能够遵循简单的定义规则。

用 typedef 描述一个数据类型的方法是：若用标识符 identifier 代表某个数据类型，可先将 identifier 作为变量名，按照正常方式写出定义语句，再将 typedef 加到定义之前。那么，此语句的作用是规定一个数据类型描述 identifier 而不是定义变量。

例如，若希望用标识符 Array10 作为长度为 10 的 int 型数组的类型名，可以按如下方法将 Array10 规定为数据类型名：

① 将 Array10 作为变量写出定义语句：

```
int  Array10[10];
```

② 将 typedef 关键字加到语句之前，将其修改成如下的语句：

```
typedef  int  Array10[10];        /* 类型描述语句 */
```

修改后的语句不再是变量定义，而是数据类型描述，它使我们得到了一个数据类型 Array10，含义是长度为 10 的 int 型数组类型。于是，可以按定义简单变量的语法来定义数组：

```
Array10  a, b;                  /* 定义 2 个数组 a 和 b */
```

下述语句规定了基类型为 char 的指针类型是 CPointer：

```
typedef char *CPointer;
```

于是，指针变量的定义可以按如下方式简化：

```
CPointer  p, q, *r;  /*定义 2 个 char*型指针变量 p 和 q，一个指向指针的指针变量 r */
```

如果喜欢用 REAL 作为 float 的类型名，也可以增加一个类型描述：

```
typedef  float  REAL;
```

在描述之后，float 与 REAL 的含义相同。这种处理一般是为了满足平台无关性的要求，因为只要重新调整定义中的 float 就可以适应具体的应用平台。C 语言库函数中的一种常用类型 size_t 就是出于此目的而定义的数据类型（一般定义于 stddef.h）：

```
typedef  unsigned  int  size_t;
```

对于一个复杂的类型，将其用一个简单确切的名字来描述是一种必然的选择。例如：

```
typedef LRESULT CALLBACK (*FPorcessor)(HWND, UINT, WPARAM, LPARAM);
```

此语句描述的 FProcessor 是一个函数指针类型，其他成分是对其指向函数原型的说明，包括返回值、CALLBACK（回调）修饰以及 4 个形式参数的类型。这就是 Window 应用中常见的窗口回调函数原型。通过类型名 FProcessor 可以简化指向回调函数的指针变量定义：

```
FProcessor  proc1, proc2;
```

如果没有 typedef，这样的指针变量很难定义出来，而且不易理解。

typedef 的另一种常见用法是简化对用户自定义数据类型的描述。例如，定义一个结构体类型的基本形式为：

```
struct  date
{
  int  month, day, year;
};
```

编译器要求必须用"struct date"才能表示出这个类型。借助于 typedef 可以为其规定一个简单的名字，如 Date：

```
typedef  struct  date  Date;
```

甚至可以将类型定义与描述合而为一：

```
typedef  struct  date
{
    int  month, day, year;
}  Date;
```

使用名字 Date 比原数据类型名 struct date 更简单明确，尽管二者是相同的。关于用户自定义类型的详细内容在第 9 章中介绍。

为清晰起见，用大写方式表示由 typedef 规定的数据类型是一个好的选择。但应说明，利用 typedef 只是为已有的数据类型创建别名或补充说明，原来的数据类型名与新的数据类型名同样有效。换言之，typedef 并不创建新数据类型，仅是一种描述数据类型的技术。

在 C 语言中，#define 指令也可以描述数据类型，但与 typedef 有着本质的差异。前者是做符号串替换，后者才真正描述出编译器能够识别的数据类型名。

> **💢提示**
>
> typedef 能够用一个简单的名字代替一个描述复杂的类型，但它并不创造新的数据类型。

8.5　习　　题

8-1　选择正确答案。

（1）定义如下的数组 a：

```
int  a[3][4];
```

指出下述选项中不能表示数组元素 a[1][1] 的表达式。

 (a) *(a[1]+1) (b) *(&a[1][1]) (c) (*(a+1))[1] (d) *(a+5)

（2）若有如下定义：

```
int  i, j, a[4][3]={0}, (*p)[3] = a;
```

指出不能保证全部表达式都正确引用数组 a 元素的选项（0≤i<4，0≤j<3）。

 (a) a[i][j]、a[i]+j、*(*(a+i)+j)
 (b) *(p+i)[j]、p[i]+j、*(*(p+i)+j)
 (c) *(p+i)[j]、*(a+i)[j]、*(p+i+j)
 (d) p[i][j]、*(p[i]+j)、*(a[i]+j)

（3）定义如下函数和变量：

```
int  a[10][10], k = 4, i = 3, j = 4;
void  f(int  *x)
{ ... }
```

指出下述函数调用表达式中不正确的选项。

 (a) f(*(a+3))   (b) f(&((a+i)[j]))
 (c) f((int*)(a+7))   (d) f(a[0]+(k<<1))

8-2　阅读程序，说明其运行时的输出结果。

（1）

```
#include <stdio.h>
void  main( )
{
  int  a[3][4] = {{1,2,3,4},{3,4,5,6},{5,6,7,8}}, i;
  int  (*p)[4] = a, *q = a[0];
  for(i=0; i<3; ++i)
  { if(i==0)
      (*p)[i+i/2] = *q+1;
    else
      p++,++q;
  }
```

```
    for(i=0; i<3; ++i)
      printf("%d,", a[i][i]);
}
```

(2)

```
#include <stdio.h>
#include <stdlib.h>
void fut(int **s, int p[2][3])
{
   **s = p[1][1];
}
void main( )
{
   int a[2][3]={1,3,5,7,9,11};
   int *p = (int*)malloc(sizeof(int));
   fut(&p, a);
   printf("%d", *p);
}
```

(3)

```
#include <stdio.h>
void fun(float *p1, float *p2, float *s)
{
   s = (float *)calloc(1, sizeof(float));
   *s = *p1 + *(p2++);
}
void main( )
{
   float a[2] = {1.1, 2.2}, b[2] = {10.0, 20.0};
   float *s = a;
   fun(a, b, s);
   printf("%f", *s);
}
```

8-3　定义一个二维数组，利用正文中说明的不同方式进行初始化。

8-4　编写函数，将一个 n 阶的方阵转置。

8-5　下述函数的功能是计算函数 H 的值。H 定义如下：

$$H(a,b)=\frac{\sin(a+b)}{\cos(b-a)}\times\frac{\cos(a+b)}{\sin(b-a)}$$

在画线处填上适当的代码使函数完善。

```
double func(double (*u)(double a), double (*v)(double b),
            double x, double y)
{
   return    ①    ;
}
double vh(double a, double b)
```

```
  {
    return func(sin, cos, a, b) * func(_____②_____);
  }
```

8-6　有 n 个学生，每人考 m 门课。编写 3 个函数，分别实现如下功能：

（1）找出总成绩最高的学生名和课程名。

（2）找出含有不及格成绩的学生名及其各科成绩。

（3）求出全部学生的所有课程的总平均分数。

8-7　编写函数，计算两个矩阵（二维数组）的乘积。假定矩阵 $A=(a_{ij})_{M \times N}$，$B=(b_{ij})_{N \times P}$，乘积矩阵 $C=A \times B=(c_{ij})_{M \times P}$，其元素的计算公式为：

$$c_{ij} = \sum_{k=1}^{N} a_{ik} \cdot b_{kj}$$

8-8　编写函数 char ＊talk(int　n)，用于接收一个字符串并返回其内容，n 为字符串的长度。要求不使用输入字符串的库函数，存放字符串的内存空间利用动态方式分配。

8.6　编 程 实 战

E8-1　题目：排序与查找

内容：用下述函数组成一个完整的程序：

（1）输入 10 个职工的姓名和职工号；

（2）将职工号按升序排序，姓名也对应调整；

（3）输入一个职工号，用二分查找法找出该职工的姓名。

目的：掌握二维数组的操作方法，熟悉查找和排序的常见方法。

思路：由于排序和查找算法已介绍，此题目主要考虑采用二维字符数组存储姓名和职工号的问题。交换元素时需要实际交换字符串的值而不是指针。

E8-2　题目：定积分计算

内容：编写函数，计算任意函数在[a,b]区间上的定积分，要求满足精度为 10^{-6}。

目的：掌握函数指针的用法，了解工程中无限连续问题的近似求解技术。

思路：依据例 8.7 确定函数原型为：

```
double  integration(double  (*f)(double x), double a, double b);
```

（1）在函数内定义积分变量 s0、s1 和步长变量 h，并为 h 指定一个初始值，如：

```
double  h = (b-a)/10;
```

（2）将原区间[a,b]用步长 h 划分为小区间，每个小区间近似为梯形或矩形，计算出所有小区间的面积之和，记作 s0。

（3）令 h=h/2，即步长加密一倍，重新按步骤（2）计算出新的小区间面积之和，记作 s1。

（4）如果|s1−s0|小于指定精度，终止并返回 s1 作为定积分值。否则，令 s0=s1，转步骤（3）。

第9章　自定义数据类型

数据类型是描述数据的工具，尽管 C 语言本身支持很多种数据类型，但这些内置类型只能描述简单的对象。同时，程序中的常量虽然可以通过字面来理解，但其意义常常并不能通过字面形式得到直观的体现。这些问题可以利用自己定义数据类型的方法来解决，并称所得到的类型为"构造类型"或"用户自定义类型"。

本章首先介绍利用枚举定义常量的方法，重点讲解如何通过定义结构体类型来描述复杂的对象，以及构建一种常用的数据组织形式——链表。此外，简要说明了位段和共用体类型的构造方法。

9.1　枚　　举

一组有限的量通常可用列举的方式来说明。例如，逻辑值只有 true 与 false 两种，一周由 7 天组成，分别是 Sunday、Monday、Tuesday、Wednesday、Thursday、Friday 和 Saturday，16 种颜色包括 black（黑）、blue（蓝）、green（绿）及 white（白）等。一种可行的方法是使用整数来表示，例如，用 0 至 6 分别表示 Sunday 至 Saturday，但当代码中出现一个整数 4 时，究竟是否代表 Friday 要依据上下文才能确定，远不如直接使用 Friday 更直观。

1. 枚举类型定义

所谓"枚举"就是把一个量的有限个可能值——列举出来，每个量用一个名字来标识。在语法上体现为一个枚举类型的定义，一般格式如下：

```
enum  枚举类型名  { 标识符 1, 标识符 2, …, 标识符 n };
```

定义中的标识符称为"枚举名"或"枚举值"，所有枚举名组成的序列称为"枚举表"。

例如，下述代码定义了一个枚举类型：

```
enum day { sunday, monday, tuesday, wednesday, thursday, friday, satday };
```

这个新定义的数据类型名为"enum day"。为了简单，可以用 typedef 将其简化描述成 Week：

```
typedef enum day Week;
```

或将二者合而为一：

```
typedef enum day { sunday, monday, tuesday, wednesday,
                   thursday, friday, satday } Week;
```

事实上，枚举类型定义语句不仅定义了数据类型 enum day，还包括与数据类型同时定义出来的枚举表中的 7 个常量。因此，可以使用数据类型 enum day 或 Week 定义变量，也可以在需要时使用这些常量。但是，Week 型变量的值只能取自这 7 个常量。

例如，下述代码定义了两个可描述一星期中某天的变量：

```
Week d1, d2;
```

它们的值只能从 7 个确定的枚举值中获得，如：

```
Week  d3 = tuesday;
d1 = d3;
d2 = saturday;
```

2. 枚举类型是整数集的子集类型

在系统内部，枚举类型通常是以整数来处理的。系统为每个枚举名分配一个从 0 开始的整数值，即由 sunday 至 saturday 分别得到由 0 至 6 的整数。因此，每个枚举名本质上就是一个整数，一个枚举型变量也占用与整型量相同大小的内存单元，存储其枚举名的值。所以，变量 d1、d2 和 d3 的内存空间中分别存储了整数 2、6 和 2。任何一个枚举名都是代表某个整数的常量而不是字符串。

由此可见，枚举类型只是从全体整数中挑选出了有限个值组成一个子集。例如，Week 相当于采用了子集{0,1,2,3,4,5,6}，它限制了一个 Week 型量的取值范围，枚举名仅是这些整数的符号表示。

如果需要，可以使用任何一个有限的整数子集来定义枚举类型，这相当于自己规定枚举名所代表的整数，其格式为：

enum　枚举类型名　{ 标识符 1=值 1, 标识符 2=值 2, …, 标识符 *n*=值 *n* };

定义中的任何一个整数都可以不指定。例如，考察如下定义：

```
enum  color { black, blue, red = 4, magenta, brown };
enum  direction { east = 3, south, west = 1, north };
```

第一个枚举名无指定值时意味着其值为 0，其他任何没有指定值的枚举名所得到的值是它的前一个枚举值加 1。因此，enum color 类型的值集合为{0, 1, 4, 5, 6}，enum direction 类型的值集合为{3, 4, 1, 2}。

> ★**提示**
> 枚举型变量或枚举名常量代表的是整数而不是字符串。

3. 枚举类型的使用

枚举型与整型具有相同的本质，但仅允许使用有限个整数，且用常量名来代表这些整数。因此，枚举型与整型并不完全相同，但可以在二者之间进行类型转换。如：

```
enum  direction  orientation = south;
int  x = (int)orientation;                    /* 枚举变量值转换为整数 */
x = (int)east;                                /* 枚举常量值转换为整数 */
orientation = (enum  direction)2;             /* 整数转换为枚举常量 */
```

由于枚举类型仅使用整数，能够体现顺序，故可以比较枚举值的大小，也可以在循环等结构中使用枚举类型。下述代码说明了枚举型量可能参加的运算，并将值转换为字符串：

```
char  *captions[ ] = {"sun", "mon", "tues", "wed", "thurs", "fri", "sat"};
day1 = monday;
day2 = (Week)3;                               /* day2= wednesday */
if(day2 > day1)                               /* 按枚举值的序号比较 */
  printf("%s>%s", captions[day2], captions[day1]);
for(day1=sunday; day1<=saturday; ++day1)        /* 用于循环 */
  printf("%6s ", caprions[day1]);
```

无论如何，不应将枚举名理解为字符串常量或变量名。

值得注意是，在 C 语言中，一个数据类型定义是一种声明，与变量定义不同，不会涉及到内存空间分配等问题。

9.2　结构体类型

一个复杂的对象通常含有很多属性。例如，一个人具有身份证号、姓名、性别、年龄、身高及家庭住址等属性，一本图书具有书名、作者、价格、出版日期及出版社等属性，一个三角形具有三个边长属性，一个矩形可由左上角点坐标和右下角点坐标作属性等。这些属性要采用相同或不同类型的数据来描述。

C语言本身并不能支持对复杂对象的直接描述。例如，没有一种称为三角形的数据类型，也就不可能定义出三角形类型的常量或变量。这样的复杂类型需要用户自己构建。很明显，通过构建类型可以将任何复杂对象作为一个整体来看待，这比割裂地处理它的各属性更合理，也有助于问题理解和程序简化。作为一个整体，这种构造类型的对象一般会包含不止一个属性数据项，称之为"结构体类型"。

9.2.1　结构体类型的定义

为了定义能够描述复杂对象的数据类型，首先要分析对象所具有的各种属性，并确定这些属性的数据类型，以及它们的名字，再按如下格式完成结构体类型的定义：

```
struct  结构体名
{
    数据类型1  成员名1;
    数据类型2  成员名2;
    …
    数据类型n  成员名n;
};
```

其中，struct为结构体类型定义关键字，结构体名是类型标识的一部分，花括号中是所有属性的列表，每个属性表现为一个变量定义形式，可称之为"成员"、"属性"、"域"或"字段"。这些成员的数据类型既可以是内置数据类型，如整型、实型和字符型等，也可以是复杂数据类型，如数组、指针和结构体类型等。结构体中的成员之间无内在联系，但属于一个整体的各组成部分。

注意，结构体定义中的成员不能含有初始化部分。

如果一个学生对象可以由学号、姓名、性别、年龄、家庭住址来描述，则可以依据这些属性定义一个"学生类型"的结构体如下：

```
struct  student
{
    char  id[10];              /* 学号 */
    char  name[20];            /* 姓名 */
    char  gender;              /* 性别 */
    int   age;                 /* 年龄 */
```

```
    char  address[40];            /* 家庭住址 */
};
```

上述定义所得到的数据类型名为 "struct student"，它描述了所有学生的共同特征。任何一个学生对象都将由以上 5 个成员（属性）组成。

应该说明，这些成员的类型和长度都已适当简化，在实际的应用中可能不尽合理。例如，如果名字为汉字，成员 name 的长度可定义为 21（一个汉字占用 2 个字节，最长可保存 10 个汉字），家庭住址成员 address 也应适当加长，年龄成员 age 一般应为出生日期，但这需要使用日期类型。

又如，一种零件有长、宽、高和重量 4 种属性，可定义如下的零件类型：

```
struct  part
{
    int  length, width, height;
    double  weight;
};
```

类型 struct part 由 4 个成员组成。对于三角形，如果用 3 个边长描述，可定义如下的三角形类型：

```
struct  triangle { double  a, b, c; };    /* 同类型成员可一起定义，但不可取 */
```

由于定义后的数据类型需要 2 个单词表示，通常会考虑采用 typedef 进行简化，如：

```
typedef struct Student ;
typedef struct triangle Triangle;
```

还可以将类型定义与描述合而为一：

```
typedef struct  student
{
    char  id[10];
    char  name[20];
    char  gender;
    int   age;
    char  address[40];
} Student;
typedef struct triangle { double  a, b, c; } Triangle;
```

经过上述定义后，得到了两个意义非常清晰的数据类型 Student 和 Triangle。

一种数据类型一经定义，就可以按与系统的内置类型相同的语法使用了。如果需要，还可以用这些类型的变量作成员构造更复杂的数据类型。例如，为了使学生类型更合理，首先定义一个描述日期的类型，它由年、月、日 3 个成员组成：

```
typedef struct date { int  year, month, day; } Date;
```

然后，重新定义学生类型如下：

```
typedef struct  student
{
    char  id[10];
    char  name[20];
    char  gender;
```

```
    Date  birthday;
    char  address[40];
} Student;
```

这种类型定义方式可称为"嵌套定义"。

✦工程
> dos.h 头文件中定义了日期类型 date，还有一个时间类型 time 以及相关的函数。

9.2.2 结构体类型的变量定义

由于结构体是一种数据类型，定义变量的方法与普通类型并无分别。例如：

```
Student stud1, stud2;
struct student stud3, stud4;
```

使用 Student 与 struct student 没有任何区别，只是前者略简单些。此外，C 语言允许将结构体（包括其他自定义类型如枚举、共用体等）类型定义与变量定义用一个语句定义出来。例如，下述语句同时定义了一个复数类型和两个复数变量：

```
struct complex
{
    double  re,  im;                 /* 复数的实部和虚部 */
} a, b;
```

很明显，如果在数据类型定义的同时定义变量，就不可能同时使用 typedef 关键字重新描述类型。实际上，这与先定义数据类型 struct complex、再定义变量 a 和 b 是相同的。

✦工程
> math.h 或 complex.h 头文件中定义了复数类型 complex，实际设计中可以直接使用。

允许在类型定义时直接定义变量，这是导致在结构体等类型定义之后必须加分号表示定义结束的根源，没有分号时无法判断定义后的内容是否属于变量。

语法上，也允许不用结构体名来定义数据类型和变量，如：

```
struct { int x, y; } pt;
```

在这种定义方式中，由于未给出结构体名，导致其数据类型无法描述（不能只用关键字 struct 描述）。因此，这种数据类型的对象只能随类型直接定义出来，其后无法再定义该类型的其他变量。容易理解，下述定义没有任何用处：

```
struct { int x, y; };
```

这种没有结构体名的定义方式通常是在局部临时使用的，或者有可能在嵌套定义中使用。例如，下述定义描述了空间中的点类型：

```
typedef struct  point3d
{
    struct                            /* 无结构体名 */
    {
      int  x, y;
    } pt;                             /* 直接定义了变量pt */
    double  height;
} Point3D;
```

通常，一个空间中的点可能直接用 3 个坐标来描述：

```
typedef struct { int x, y, z; } POINT3D;
```

这里所定义的数据类型 Point3D 主要是为了强调对应平面上一点(x, y)具有一个浮点型的高度 height。由于描述点的无名结构体类型定义于 Point3D 内，不仅无法通过数据类型名使用，对外也是不可见的。

再次说明，不要混淆数据类型定义与变量定义的概念。类型定义不分配存储空间，仅起说明作用，而变量定义在处理时要分配存储空间。

> ✖ 提示
> 类型定义是提供给编译器的说明性指令而不是运行程序时需要执行的指令。

9.3　结构体变量的引用

与内置类型数据相比，结构体类型的数据是一个"聚合体"。因此，引用结构体变量有直接引用变量整体和引用变量的成员两种方式。

9.3.1　引用结构体成员

由于结构体变量是由多个成员组成的，经常需要单独处理结构体的成员，这是引用结构体变量时较为常见的方式。例如，任何一个结构体变量不能作为整体输入和输出，只能通过处理每一个结构体成员实现。

引用结构体变量成员的运算符为圆点运算符"."，一般形式为：

> **结构体变量名.成员名**

这里的圆点称为"成员引用运算符"，具有很高的运算优先级。在结构体定义存在嵌套时，引用内层成员同样也要使用圆点运算符，一般形式为：

> **结构体变量名.外层成员名.内层成员名**

在一个结构体的嵌套层数较多时，需要逐层使用成员引用运算符，书写上略显复杂。例如，下述代码定义了一个 Student 型的变量，并为其成员赋值：

```
Student  stud;
strcpy(stud.id, "20110202");
strcpy(stud.name, "Einstein A");
stud.gender = 'M';
stud.birthday.year = 1983;
stud.birthday.month = 3;
stud.birthday.day = 11;
strcpy(stud.address, "ShengYang LiaoNing");
```

作为结构体变量的成员，如 id、gender 及 birthday 和 birthday.year，其自身的意义和使用方式与不作为结构体成员时的普通变量完全相同，没有任何特殊性或改变，分别是字符数组、字符型变量和 Date 类型的变量，前缀 "stud." 和 "stud.birthday." 只说明了成员变量的所属关系。应注意结构体变量中的成员与代码中的其他同名变量无关，二者代表不同的对象，互不影响。

总体上，一个结构体变量是由若干个成员组成的聚合体，每个成员拥有自己的存储空间，成员之间以及成员与普通变量之间相互独立。一个结构体变量的存储空间等于各成员所占用的存储空间之和。例如，可以采用下述代码测试 Student 类型占用的存储空间数：

```
printf("%d %d", sizeof(Student), sizeof(stud));   /* VC6 中输出 84 84 */
```

9.3.2   结构体变量的初始化

在定义一个结构体变量时可对其进行初始化。因为结构体变量是包含了若干成员的集合，故初始化规则与数组类似，一般形式为：

struct   结构体名   结构体变量名 = { 初始值列表 };

定义中提供的各初始值之间要用逗号分隔，其类型与顺序应该与结构体成员的类型和顺序相对应。例如，下述代码定义了一个 Student 型变量 stud 并进行定义初始化：

```
Student  stud = { 20110203, "Tang W Y", 'F',
                  {1985, 6, 16}, "ShengYang LiaoNing"};
```

这里需要注意的是对 birthday 部分的初始化。由于成员变量 birthday 本身是一个结构体，其初始化部分作为一个独立的集合数据项出现，即{1985, 6, 16}。无论数据类型定义时嵌套的层数是多少，处理方法都是相同的，且内层括号可以省略。

与数组的初始化类似，可以对结构体做不完全的初始化，如：

```
struct  student  stud1 = { 20110203, "Tang W Y", 'F'};
struct  student  stud2 = { 20110203, "Tang W Y", 'F', {1985}};
```

第一个定义中成员的值不完整，而第二个定义中成员及成员 birthday 的成员都不完整。

为了给结构体变量提供正确的初始值，应保证每个初始值单独提供给其成员时也是正确的。例如，初始值中的字符串"Tang W Y"作为一个初始值的表达方式是正确的，因为它对应的成员是一个字符数组，而单独为字符数组的初始化可以采取如下形式：

```
char  str[10] = "Tang W Y";
```

因为字符数组还可以按如下方式初始化：

```
char  str[10] = {"Tang W Y"};
char  str[10] = {'T', 'a', 'n', 'g', ' ', 'W', ' ', 'Y', '\0'};
```

因此，在 stud 的初始化中，也可以将字符串"Tang W Y"换成上述两种表示方法。

对于一个自动属性的结构体变量，如果未经初始化，其值是未知的，所有成员的值都是不确定的。不过，在不完全初始化时，系统自动将那些没有得到初始值的成员清 0。

9.3.3   整体引用结构体变量

整体使用一个结构体变量的主要应用场合是变量之间的赋值和在函数之间传递结构体对象。下述代码演示了结构体变量的输入、输出和相互赋值。

```
Student  stud1, stud2;
printf("\nInput student ID:");
scanf("%s", stud1.id);  getchar();       /* 数组名 stud1.id 为指针 */
printf("\nInput student name:");
```

```
gets(stud1.name);
stud1.gender = 'F';
printf("\nInput student birthday (y m d):");
scanf("%d %d %d", &stud1.birthday.year, &stud1.birthday.month,
    &stud1.birthday.day);
stud2 = stud1;                                /* 结构体变量赋值 */
printf("\nName=%s, year of birthday=%d", stud2.name, stud2.birthday.year);
```

对于赋值操作，系统将变量 stud1 的所有数据按字节复制到 stud2 的存储空间中。

9.3.4 结构体对象在函数间的传递

在函数之间传递结构体成员与普通变量的传递方式相同，但也可以完整地传递一个结构体变量，包括用结构体变量作函数参数以及以结构体变量作为返回值两种情况。这是整体引用结构体变量的一般用法。不过，虽然结构体变量是由若干成员组成的集合，但结构体变量名仅代表值而不是地址，这与数组名代表地址明显不同。因此，不论是作为函数参数或者返回值，都是传递结构体变量的值。

> ✨ **提示**
> 结构体变量名代表值而不是指针。相对地，数组名代表指针而不是值。

例 9.1 输入 3 个学生的基本信息，输出成绩最高的学生信息。

为了突出语法现象，这里使用了一个简化的学生类型，撤销了部分成员，但为其增加了一个表示学习成绩的成员 score。

```
#include <stdio.h>
typedef  struct student
{
  char  id[10];
  char  name[20];
  double  score;                      /* 新增的成绩成员 */
} Student;
void  writeData(Student  stud);     /* 结构体输出函数 */
Student readData( );                 /* 结构体输入函数 */
void  main( )
{
  int  k;
  Student  stud, temp;
  double  score = -1;
  printf("Input students data:");
  for(k=0; k<3; ++k)
  {
    temp = readData( );              /* 读入学生数据 */
    if(temp.score > score)
    {
      stud = temp;                   /* 记录成绩最高的学生信息 */
      score = stud.score;
    }
  }
  writeData(stud);                    /* 输出成绩最高学生的信息 */
```

```
}
void writeData(Student stud)
{
  printf("\n%s,%s,%5.2lf", stud.id, stud.name, stud.score);
}
Student readData( )
{
  Student stud;
  printf("\nInput ID:");
  gets(stud.id);
  printf("\nInput name:");
  gets(stud.name);
  printf("\nInput score:");
  scanf("%lf", &stud.score);  getchar();
  return stud;
}
```

程序逐个输入 3 个学生的数据，找出其中成绩最高的学生，调用 writeData 函数输出此学生的信息。

示例说明，结构体变量在函数之间的传递与普通变量的传递形式和处理方法并无差异。不过，因为一个结构体变量通常包含很大的数据量，利用值传递明显会降低程序的效率，实际设计中一般会以传递指针代替传递变量。

9.4　结构体数组和指针

由于自定义数据类型与内置类型具有同样的效力，故可以按相同的方法定义结构体类型的数组和指针。

9.4.1　结构体数组

一个结构体变量只能描述一个对象，为了表示一个群体，如一个班的学生，可以使用结构体数组。此时，数组中的每个元素都是一个结构体变量。

1. 结构体数组的定义

定义结构体数组的方法与定义结构体变量的方法类似，可以先定义数据类型，再定义数组，也可以在定义类型的同时定义数组，一般方式为：

struct 结构体名 数组名**[整型常量表达式 expr] = [{初始化列表}];**

例如，下述代码定义了 Student 类型的数组 students，由 30 个元素组成：

```
Student students[30];
```

如果将类型和数组一起定义可采用如下代码：

```
struct student
{
  char id[10];
  ⋮
} students[30];
```

数组 students 由元素 students[0]～students[29]组成,都是 struct student 类型的变量,而数组名 students 是一个指向数组起始地址的指针常量。

与普通数组一样,可以在定义结构体数组的同时进行定义初始化,只要为其提供一个初始化列表。例如,下述代码定义了一个三角形数组并初始化:

```
Triangle  triangles[3] = {    {3.0,  4.0, 5.0},
                              {10.0, 7.0, 6.0},
                              {8.0,  5.0, 5.0}
                         };
```

根据初始值的已知情况,还可以做不完全的初始化,内层括号也可以省略,这是在特殊情况下才需要考虑的细节。

✤ **工程**

　　使结构体数组的每个元素的初始值单独占用一行有利于阅读和修改。

2. 结构体数组的引用

由于每个结构体数组元素等同于一个普通的结构体变量,故可以整体引用或通过圆点运算符来访问其成员。例如:

```
strcpy(stud[1].id, "20110204");
strcpy(stud[1].name, "Freud S");
stud[0] = stud[1];
stud[1].name[0] = '\0';                /* 为成员 name 数组的第一个元素赋值 */
```

最后一个赋值语句的作用是将 stud[1].name 置为空字符串。

9.4.2　结构体指针

一个结构体变量包含的数据量通常较大,使用结构体指针比直接使用变量有效率上的优势。

1. 结构体指针变量的定义

定义结构体指针变量的一般形式为:

struct　结构体名　*指针名 = [初始值];

例如,定义一个 Student 类型的指针变量:

```
Student  *pstud;
```

这里,Student 是指针变量 pstud 的基类型,即变量 pstud 指向 Student 类型的对象。当然,也可以在定义结构体类型的同时定义指针变量。

由于 pstud 是指针变量,只存储地址,占用固定大小的空间,与 Student 类型无关。

2. 结构体指针的使用方法

在引用一个结构体指针变量之前,首要的工作是将一个类型匹配的指针赋值给它。例如,定义变量和数组:

```
Student  *p1, *p2, stud1, stud2[3];
```

可以按如下方式进行指针变量的赋值和运算:

```
p1 = &stud1;                    /* p1 指向 stud1 */
p2 = p1;                        /* 结构体指针变量之间的赋值 */
p1 = stud2;                     /* p1 指向结构体数组，数组名 stud2 是指针 */
p1++;                           /* p1 指向 stud2[1] */
```

在一个结构体指针指向某个对象后，利用间接引用就可以访问此对象。例如，由于 p2 指向变量 stud1，因此，间接引用表达式*p2 和 p2[0]都等同于 stud1。

在不至于混淆时，一个结构体指针所指向的结构体对象的成员可以称为"结构体指针成员"。很明显，结构体指针成员应按如下语法引用：

(*结构体指针).成员名

在这种表示形式中，因为成员访问运算符（圆点）的优先级高于*运算，故圆括号是必需的，表达式"(*结构体指针)"就是该指针所指向的结构体对象。不过，这种表示方法使用了两个运算和一次括号，为了简化，C 语言采用了一种专门的运算来替换它：

结构体指针名->成员名

此处的"->"是一种专门用于引用结构体指针成员的运算符，优先级别很高。这与前一种表示方法具有完全相同的作用，但更简洁高效。例如，下述代码使指针 p1 指向数组 stud2 的元素 stud2[1]，并利用指针引用输出其成员 stud2[1].id：

```
p1 = stud2 + 1;
puts(p1->id);
puts((*p1).id);
puts(p1[0].id);
puts((&stud2[1])->id);
```

代码中给出了同一个成员的 4 种表示方法，其作用完全相同。此外，这些方式也都可以用于访问后文中的共用体指针成员。

⭐工程

> 尽量使用"->"运算表示结构体指针的成员，这比使用两个运算符.和()表示更加清晰和高效。

3. 在函数之间传递结构体指针

使用结构体指针代替结构体变量作函数的参数或返回值时，需要处理的数据量很小，可以提高代码的效率。

例 9.2　查找并输出若干学生中具有最好成绩的学生信息。

在例 9.1 中，利用一个简化的 Student 类型和结构体变量作函数参数计算了 3 个学生中的最好成绩，这里通过传递指针来解决类似的问题。

```
#include <stdio.h>
#define  COUNT  10
typedef  struct student
{
    char  id[10];
    char  name[20];
    double  score;
} Student;
Student *readData(Student *data);
```

```
   void writeData(Student *stud);
   int getMaxNumber(Student students[], int count);    /* 找最好成绩下标 */
   void main( )
   {
     Student students[COUNT];
     Student indata;                           /* 用于输入数据的变量 */
     int k, max;
     for(k=0; k<COUNT; ++k)                     /* 输入数组元素的值 */
       students[k] = *readData(&indata);
     max = getMaxNumber(students, COUNT);     /* 取得最好成绩的元素下标 */
     writeData(&students[max]);
   }
   void writeData(Student *stud)
   {
     printf("\n%s,%s,%5.2lf", stud->id, stud->name, stud->score);
   }
   Student *readData(Student *data)
   {
     printf("\nInput ID:");                    /* 提示输入学号 */
     gets(data->id);
     printf("\nInput name:");                  /* 提示输入姓名 */
     gets(data->name);
     printf("\nInput score:");                 /* 提示输入成绩 */
     scanf("%lf", &data->score); getchar( );     /*用 getchar 消除多余的输入字符*/
     return data;
   }
   int getMaxNumber(Student students[], int count)
   {
     int k, max = 0;
     for(k=1; k<count; ++k)
       if(students[k].score > students[max].score)
         max = k;
     return max;
   }
```

这里采用了比例 9.1 更有效的技术, 即用指针变量代替了结构体变量作函数参数, 且数据读取函数 readData 也返回结构体指针而非变量。新增的函数 getMaxNumber 用于查找最好成绩, 并返回其所在数组元素的下标。因为传递数组的本质是指针, 故函数原型可修改为:

```
   int getMaxNumber(Student *students, int count)
```

值得研究的是函数 readData。因为自动变量在函数调用结束后被销毁, 所以在调用函数 main 中定义了变量 indata, 并将其地址&indata 传递给 readData 的形参 data。readData 将读取的数据保存到实参变量 indata 中, 并再次返回实参变量 indata 的地址, 即表达式 readData(&indata)就是&indata, 自然地, 表达式*readData(&indata)等同于 indata。即便如此, for 循环中仍需要将*readData(&indata)赋值给 students[k], 更好的方式是直接将 students[k]的地址传递给函数, 即按如下方式输入数组的值:

```
   for(k=0; k<COUNT; ++k)
     readData(&students[k]);
```

9.5　结构体指针的应用——链表

在C语言中，数组在内存中占用连续的存储单元，且在其生存期内整体存在，直到被全部销毁。因此，数组被称为"静态存储结构"，其优点是可以随机访问每个元素，但在数组中插入和删除一个元素时，需要移动大量元素，效率较低。同时，由于数组的存储空间不能根据程序运行情况调整，消耗内存较多，可能使某些应用难以实现。

考虑一个输入若干个学生记录的问题。如果学生数已知，可以通过定义数组来存储。但在不能肯定需要输入的学生数量时，问题变得复杂。因为无论事先定义一个多大的数组，都存在着不能完全满足要求的可能，而定义过大的数组会导致严重的内存消耗。

一个有效的方法是采取"化整为零"的策略。每次仅动态地生成一个学生变量来存储当前输入的学生记录。在需要输入下一个学生信息时，再动态地生成一个新变量来存储。这种方式的优点是内存使用非常经济，缺点是不能保证逐个生成的变量得到连续的存储空间。为此，需要利用指针将其连接起来，以便能够找到它们。这种数据组织形式与数组有很大差异，因为它占用的空间动态变化，在逻辑上连续的数据对象，在内存中却不一定连续。这就是所谓的"动态存储结构"。

动态数据结构的最基本形式有链表和二叉树，在程序设计中有着广泛的应用。限于篇幅，本书只介绍有关简单链表的概念和基本操作。

9.5.1　单向链表及其支撑结构

"链表"也称"列表"，是一组对象的序列，所有对象具有相同的数据类型，称为"结点"。通常，每个结点由若干个数据项（域）组成，可分为数据域和指针域两类，其中的指针域使该结点能和其他结点相连，从而形成"链"。最简单的链表中每个结点只有一个指针域，用来存储下一个结点的地址，构成"单向链表"，可由图9.1来表示。

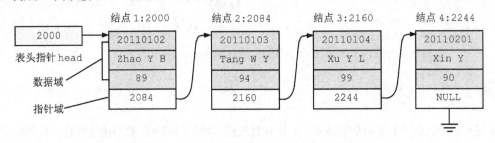

图9.1　由学生对象组成的单向链表示意图

所谓"单向"是指通过任意一个结点仅能找到其下一个邻接的结点，而不能找到除此之外的任何其他结点。因此，链表中第一个结点的地址十分重要，是访问链表中所有结点的基础，称为"表头指针"。表头指针实际上代表了整个链表。

表明链表结束的方法是将其最后一个结点（末结点）的指针域设置为无效指针NULL，含义是它不再指向任何结点。

在C语言中，链表的每一个结点恰好对应一个结构体变量，只是除了包含自身属性构成的数据域之外，还要增加一个指针作为成员，以存储下一个结点的位置，从而形成如下的一般定义形式：

```
struct  结构体名
{
```

```
      数据类型1   成员名1;
      数据类型2   成员名2;
         ⋮
      数据类型n   成员名n;
      struct  结构体名   *指针成员名;
   };
```

　　例如，为了存储例 9.2 中描述的简化学生对象，应在原结构体类型中增加一个指针变量属性，构成如下结构体类型：

```
typedef  struct  student
{
  char    id[10];
  char    name[20];
  double  score;
  struct  student  *next;            /* 指针域 */
} Student;
```

　　此数据类型是构造学生对象链表的支撑结构，它描述了链表中所有结点的共同类型，仍用 Student 来命名，但也可以明确地命名为 NODE。

　　新的 Student 仅比普通结构体多了一个指针成员 next，用于存储与其相连的下一个结点的地址。值得注意的问题是指针变量 next 的数据类型，因为它指向的对象与自己类型相同，故仍为 struct student 本身。不要将其理解为递归定义，因为指针变量 next 的存储与基类型无关。从理论上说，变量 next 可以用任何类型甚至 "void*" 来定义，但通过它访问下一个结点之前总要进行类型转换，复杂且不安全。

　　为了能够访问一个单向链表的结点，必须设计一个指针变量 head 来记录链表的表头指针，以便访问链表的所有元素，就像利用数组的起始地址访问数组一样。不过，链表是一种特别依赖操作顺序的数据组织形式，不能像数组一样随机访问，只能按由前到后的次序来访问结点，因为任何一个结点只用成员 next 保存了它的下一个相邻结点的地址。

　　链表的主要操作包括建立和遍历链表（访问链表的每个结点），在链表中插入、删除以及查找一个结点，还包括链表之间的关联操作，如合并、拆分等。这里仅讨论针对一个链表的基本操作。

9.5.2　链表的创建与访问

1. 建立链表

　　建立一个链表是根据需要逐个生成结点，并将其连接到已建立的部分链表末尾的过程。通常，建立链表使用 3 个指针变量，可依据其作用命名为 head、lastNode 和 newNode，这是因为必须使用一个表头指针 head 来记录第一个结点的地址，而每次新生成结点时要用 NewNode 来记录，还要将其连接到已建立的部分链表的末尾，此位置需用 lastNode 来保存。

　　实际建立链表的主要过程如下：

① 初始化表头指针 head 为 NULL。

② 生成第一个结点，将 head 和 lastNode 都指向此结点，因为它既是第一个结点，也是末结点。

③ 循环生成新结点，并用 newNode 记录其地址。

④ 将 newNode 连接到部分链表末尾：lastNode->next←newNode。

⑤ 更新 lastNode 为新的末结点：lastNode←newNode 或 lastNode←lastNode->next。参见图 9.2。

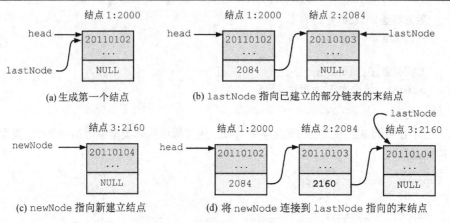

(a) 生成第一个结点　　　　　　(b) lastNode 指向已建立的部分链表的末结点

(c) newNode 指向新建立结点　　(d) 将 newNode 连接到 lastNode 指向的末结点

图 9.2　建立一个链表的过程

函数 listCreate 实现了链表创建过程：

```c
Student  *listCreate(void)
{
   char  id[100];                    /*临时存放 id */
   Student  *head = NULL, *lastNode, *newNode;
   do
   {
      printf("\nInput ID:");
      gets(id);                       /* 输入 id */
      if(id[0] == '\0')               /* id 为空时结束输入 */
         break;
      newNode = (Student*)malloc(sizeof(Student));    /* 生成新结点 */
      if(!newNode)
         break;                       /* 内存分配失败时结束输入 */
      strcpy(newNode->id, id);        /* 输入数据域的值 */
      printf("Input name:");
      gets(newNode->name);
      printf("Input score:");
      scanf("%lf", &newNode->score);  getchar();
      newNode->next = NULL;           /* 新的末结点指针域置空 */
      if(!head)                       /* head = NULL 时为第一个结点 */
         head = lastNode = newNode;   /* 第一个结点，也是末结点 */
      else
      {
         lastNode->next = newNode;    /* 新结点连接到部分链表末尾 */
         lastNode = newNode;          /* 使尾指针 lastNode 指向末结点 */
      }
   }while(1);
   return  head;                      /* 返回表头指针 */
}
```

　　将表头指针变量 head 初始化为 NULL 是重要的。一方面，置 head 为 NULL 可用于测试新结点是否为链表的第一个结点，同时，如果不能生成任何结点，也要返回 NULL 表示链表是空的。

函数中使用了一个字符数组 id 接收新输入的学号，如果在输入时直接回车，则 id 为空字符串，即 id[0]为'\0'，表示结束输入和链表创建。每次利用 malloc 函数动态生成一个新对象，如果分配内存失败则结束链表创建。

可利用一些简单的代码测试函数的工作过程：

```
void main( )
{
  Student  *head = listCreate();
}
```

为检验函数是否真正执行了期望的操作，需要采用跟踪调试技术，也可以采用下面将讨论的遍历函数。应注意上述测试程序存在的一个缺陷，即没有销毁链表的结点。

2. 遍历访问链表的结点

使用链表时的一个常用过程是逐个处理链表中的每个结点，称为链表的"遍历"。这里的"处理"假设为输出结点的学生成绩。

用一个指针变量 head 记录链表的表头指针。遍历链表的主要操作是循环检测 head 是否为 NULL，若非空表示指针指向一个正常的结点，否则表示已经访问到了链表的末尾。

```
void listScan(Student  *head)          /* head 为表头指针 */
{
  while(head)                          /* head != NULL */
  {
    printf("%s: %lf\n", head->name, head->score);
    head = head->next;                 /* 指向下一个结点 */
  }
}
```

每次访问结点后，head 指针移动到下一个结点，循环直到 head 的值为 NULL 结束。

可以建立一个类似的过程来销毁整个链表：

```
void listDestroy(Student  *head)
{
  Student  *current;
  while(head)
  {
    current = head;                    /* 暂存当前结点地址 */
    head = head->next;                 /* 指向下一个结点 */
    free(current);                     /* 销毁当前结点 */
  }
}
```

函数 listDestroy 每次循环先记住当前的结点地址，使 head 能指向其下一个结点，再销毁当前结点。此顺序不能颠倒，如果先销毁了当前结点，后续结点将无从查找。

9.5.3　链表结点的查找、插入与删除

1. 结点查找

根据指定的条件查找结点是一种经常性的工作。例如，为了解一个学生的成绩，通常要按学号或姓名定位到一个链表结点。查找也常常是插入和删除过程的第一个步骤。

在链表中查找一个结点可由遍历过程稍加修改完成：

```
Student *listSearch(Student *head, char *id)
{
    while(head)
    {
        if(!strcmp(head->id, id))          /* id相等表明已找到，返回 */
            return head;
        head = head->next;                 /* 指向下一个结点 */
    }
    return NULL;
}
```

查找函数的本质也是遍历链表，并在找到一个结点的 id 等于指定 id 时结束，否则返回 NULL，表示节点不存在。函数的返回值是 NULL 或指向满足条件结点的指针。

2. 在链表中插入一个结点

在链表中插入结点时，首先要确定新结点在链表中的位置。考虑到在链表中只能通过前一结点找到后一结点，故必须确定新结点要插入在哪个结点之后。一旦找到此结点 prior，即可按如下步骤将新结点插入其中：

① 先将 prior 的后一结点连接到新结点 newNode 之后：newNode->next←prior->next。

② 再令 prior 指向新结点：prior->next ← newNode。

插入结点的操作过程参见图 9.3。

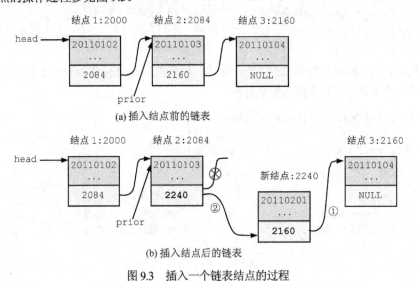

(a) 插入结点前的链表

(b) 插入结点后的链表

图 9.3   插入一个链表结点的过程

一个特例是：如果新插入的结点为链表的首结点，应该将其 next 成员指向原链表的第一个结点，并使 head 指向新结点。

这里假定链表的结点已按学号升序排列，新结点以保序方式插入链表。

```
Student *listInsert(Student *head, char *id, char *name, double score)
{
    Student *newNode, *prior = head, *current = head;
```

```
                 /* 定位到第一个 id 大于指定 id 的结点 current */
                 while(current != NULL && strcmp(current->id, id) < 0)
                 {
                   prior = current;                    /* 记录最后一个 id 小于指定 id 的结点 */
                   current = current->next;
                 }
                 newNode = (Student *)malloc(sizeof(Student));
                 if (!newNode)
                   return  head;                       /* 内存分配失败，不能插入新结点 */
                 strcpy(newNode->id, id);
                 strcpy(newNode->name, name);
                 newNode->score = score;
                 newNode->next = NULL;
                 if(current == head)                    /* 新结点为首结点 */
                 {
                   newNode->next = head;                /* 将新结点作为首结点 */
                   return  newNode;                     /* 返回新的表头指针 */
                 }
                 newNode->next = prior->next;           /* 将 prior 的后一结点连接到新结点之后 */
                 prior->next = newNode;                 /* 将新结点连接到 prior 之后 */
                 return  head;                          /* 返回原表头指针 */
               }
```

　　函数中增加了一个指针 current 用于比较当前结点的 id 是否大于新插入结点的 id。若是，新结点应插入到该结点之前。不过，由于从当前结点无法找到其前一个结点，因此，每次循环时都记录当前结点的前一个结点 prior，以便在循环停下时将新结点插入到 prior 之后。

3. 在链表中删除结点

　　在链表中删除一个结点 current 时，只要将它的后一结点的地址存入其前一结点 prior 的指针域即可，参见图 9.4。特别地，如果第一个结点被删除，应返回第二个结点的指针作为链表的表头指针。此外，需要销毁被删除的结点。

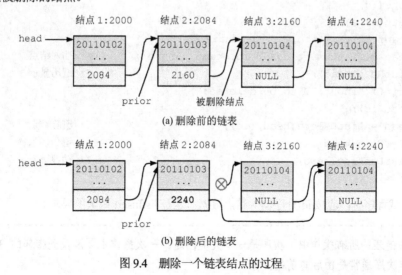

图 9.4　删除一个链表结点的过程

函数 listDelete 根据一个指定的 id 查找具有与之相同 id 的结点并将其删除。

```
Student *listDelete(Student *head, char *id)
{
  Student  *prior = head, *current = head;
  while(current != NULL && strcmp(current->id, id))
  {
    prior = current;
    current = current->next;
  }
  if(current == NULL)                 /* 无匹配结点 */
    return  head;
  if(current == head)                 /* 删除结点为首结点 */
    head = current->next;             /* 更新表头指针为第二个结点的地址 */
  else
    prior->next = current->next;      /* 前一结点的 next 指向后一结点 */
  free(current);                      /* 销毁被删除结点 */
  return  head;
}
```

这里是一个综合的测试程序。

```
#include <stdlib.h>
#include <stdio.h>
#include <string.h>
void  main( )
{
  char id[10], name[20];
  double score;
  Student *head = listCreate();                     /* 建立链表 */
  listScan(head);                                   /* 遍历显示 */
  printf("Input data to be inserted:");
  gets(id);
  gets(name);
  scanf("%lf", &score);  getchar();
  head = listInsert(head, id, name, score);         /* 插入结点 */
  listScan(head);                                   /* 遍历显示 */
  printf("Input ID to be deleted:");
  gets(id);
  head = listDelete(head, id);                      /* 删除结点 */
  listScan(head);                                   /* 遍历显示 */
  listDestroy(head);                                /* 销毁链表 */
}
```

在运行测试程序时，应按 id 升序输入结点数据，这是 listInsert 函数的要求。

⭐ 提示 -

在有关链表的所有操作中，次序是一个关键问题。一次操作主要涉及到相邻的 3 个以内的结点，操作次序通常是由后向前的。

9.6 位 段

C 语言主要通过两种方式实现对二进制位的操作，其一是位运算，其二是使用位段。按位操作在过程控制、参数检测和数据通信等领域应用广泛。

"位段"也称"位域"或"位字段"，是一种自定义的特殊形式的结构体类型。这种结构体中的成员可以按二进制位来使用存储空间。这里仅借助几个示例进行简要说明。

下述代码定义了一个位段结构体类型 BitField：

```
typedef struct bitfield
{
  unsigned int a: 1;
  unsigned int b: 4;
  unsigned int c: 3;
} BitField;
```

利用数据类型 BitField 定义位段结构体类型的变量 fd 和指针变量 pfd。

```
BitField fd, *pfd;
```

变量 fd 有 3 个成员 a、b 和 c，分别占用 1、4、3 个二进制位，合用 1 个字节。成员变量之后的":1"、":4"":3"用于说明其占用的二进制位数。

位段的引用方法与结构体成员的引用方法相同。如：

```
pfd = &fd;
fd.b = 3;
pfd->c = 2;
```

不过，由于位段的成员按位分配空间，故不能取一个成员的地址，也不能含有限制位数的成员数组。同时，位段成员只能被说明为 int 或 unsigned 类型。

存在一些有效的措施来灵活地处理一个字节中的位。例如，利用无名的位段可以跳过某些位不用，利用长度为 0 的无名字段可以跳过字节中所有剩余的位，使下一个位段从下一个新字节开始存放：

```
struct empty
{
  unsigned int i: 5;
  unsigned int : 3;              /* 跳过 3 位不用 */
  unsigned int j: 4;
  unsigned int : 0;              /* 跳过该字节剩余的位 */
  unsigned int k: 5;             /* k 从下一个字节开始存放 */
};
```

在一个结构体中可以混合使用位段和普通结构体成员，其目的主要是为了节省内存。如：

```
struct mixunit
{
  int num;                       /* 普通变量成员 */
  unsigned int age: 7;           /* 位段 */
  unsigned int gender: 1;        /* 位段 */
```

```
    double  score;                              /* 普通变量成员 */
};
```

位段在字节中的排列方向没有固定要求，应在实际使用前测试一下。

9.7 共 用 体

出于某些特殊需要，如节约存储空间、对数据进行拆分等，可能希望不同的变量能共用同一块存储区域，这种要求可以通过构造新的数据类型来满足。因为几个变量共用存储体的关系，故称其为"共用体类型"，一般定义形式为：

```
union   共用体名
{
  数据类型 1  成员 1;
  数据类型 2  成员 2;
      ⋮
  数据类型 n  成员 n;
};
```

例如，有如下定义：

```
union  value
{
    char  c;
    int   i;
    double  f;
};
```

代码定义了一个新的数据类型 union value。除了关键字的差别外，共用体与结构体在定义和引用上采用了完全相同的语法形式。例如，可以将数据类型和变量一起定义，可以与结构体或共用体嵌套定义，变量的成员通过圆点运算符访问，而指针的成员利用 "->" 运算符访问等。因此，可以完全按照结构体的形式来使用共用体。

然而，共用体类型与结构体有着本质的区别。一个结构体对象的各成员之间是独立无关的，各自被分配空间，结构体对象的存储空间等于所有成员占用的存储空间之和，而一个共用体对象的所有成员仅被分配一块存储空间，它们只是一个内存对象的不同表现，是彼此关联的。由于成员的数据长度可能不同，所以存储空间要按占用字节数最多的成员来分配。例如，定义如下共用体变量 data：

```
union  value  data;
```

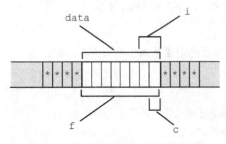

图 9.5　所有成员共用一块存储空间

系统仅依据成员 f 为 data 分配 8 字节存储空间，各成员根据自身的类型使用了不同的字节，其存储空间是交叠的，参见图 9.5。

由于同一块存储空间是属于所有成员的，因此任何一个成员的改变也都会引起所有其他成员的变化。

因为通过共用体指针访问其成员遵循着与结构体指针完全相同的语法，故可以采取如下两种方式：

(*共用体指针).成员
共用体指针->成员

下述代码说明了一个共用体对象的应用方法及成员之间的关系:

```
typedef union
{
  int x;
  char ch[2];                    /* ch[0]为低字节 */
} Spliter;
Spliter num, *ex;
ex = &num;
ex->x = 258;                     /*利用指针引用。258的二进制值为0000000100000010 */
printf("%d,%d", num.ch[0], num.ch[1]);    /* 利用变量引用。显示结果为2,1 */
```

这是一个使用共用体的常见示例,用于对两个字节组成的整数进行拆分,每个字节单独使用。共用体类型 Spliter 有两个成员,它们共同占用 2 字节的存储空间。因此,变量 ch[0]和 ch[1]就是分别由变量 x 的低字节和高字节构成的变量。因此,在变量 x 被赋值以后,ch[0]和 ch[1]也自然得到了这些值。

使用共用体的主要优点是节约内存,其典型的应用是使用系统寄存器,这些内容可在 dos.h 头文件中找到。

9.8 习　　题

9-1 阅读程序,说明其输出结果。

```
#include<stdio.h>
void main( )
{
  struct st
  {
    int x;
    unsigned a:2;
    unsigned b:2;
  };
  printf("\n%d", sizeof(struct st));
}
```

9-2 定义如下数据类型和变量:

```
struct st { int a, *b; } *p;
```

表达式*++p->b、*++((p++)->b)、*p->b++和(*(p++)->b)++都能使变量 p->b 的值增 1 吗?

9-3 定义如下数据类型和变量:

```
typedef struct st { int n; struct st *next; } ST;
ST a[3] = {5, &a[1], 7, &a[2], 9, '\0'}, *p = a;
```

表达式 p++->n、p->n++、(*p).n++和++p->n 的值是多少?

9-4 阅读程序,在画线处填入适当的语句使程序完整。

（1）下述程序的功能是输出学生的学号和姓名。

```
struct student
{
  int  id;
  char name[20];
} stu[2] = {{020101, "Tang W"}, {020302, "Xin Y"}};
void main( )
{
  _____ ;
  printf("ID        Name");
  for(p=stu; p<stu+2; p++)
  printf("%d  %s\n", p->id, p->name);
}
```

（2）以下函数 create 用来建立一个单向链表，新产生的结点总是插在链表的末尾。

```
#include <stdio.h>
struct list { char data; struct list *next; };
struct list *create( )
{
  struct list *h, *p, *q;
char ch;
h = (struct list *)malloc(sizeof(struct list));
p = q = h;
ch = getchar( );
h->data = ch;
while(ch != '\n')
{
   p = (struct list*)malloc(sizeof(struct list));
   _____①_____ ;
   q->next = p;
   q = p;
   ch = getchar( );
   p->data = ch;
}
p->next = NULL;
   _____②_____ ;
}
```

9-5　编写程序，分别用位段和共用体输出一个整数的高字节和低字节。

9-6　编写程序，定义一个表示日期（包括年、月、日）的结构体，并从键盘接收一个日期，计算出该日期是本年中的第几天。

9-7　试编写一个程序完成如下功能：

（1）用单向链表存储一个按降幂排列的一元多项式（含系数和幂次数据项）；

（2）插入一项；

（3）删除一项；

（4）输出多项式。

9.9　编程实战

E9-1　题目：学生信息管理的简单实现

内容：定义由学号、姓名和成绩组成的表示学生信息的结构体类型，分别编写函数对若干名学生的信息实现下列操作：

（1）从键盘输入所有学生信息；

（2）统计所有学生成绩的平均值；

（3）查找具有最高成绩的学生情况；

（4）输出一个学生的全部信息。

最后，编写 main 函数，定义一个学生类型的数组。通过调用上述函数实现信息的输入和统计，输出成绩平均值、具有最高成绩的学生信息和所有学生的信息。

目的：掌握结构体类型的定义与使用方法，掌握在函数间传递结构体对象的指针方法。

思路：定义一个学生类型并在 main 函数中定义一个学生类型的数组 students 及学生个数，输入学生数。

（1）确定函数参数为结构体数组和学生数，实参数为数组名 students。循环读入数据并保存到数组的每个元素。

（2）使用与（1）中函数相同的形式参数和实参数，但函数返回浮点型平均成绩。循环累计成绩之和，除以学生数得到均值。

（3）使用与（1）中函数相同的形式参数和实参数，但函数返回一个整数值表示具有最高成绩的元素下标。通过循环逐个比较学生成绩即可实现。

（4）以结构体指针作形式参数，以结构体数组元素的地址作实参数。

E9-2　题目：基于循环链表的游戏

内容：若用序号 1 到 n 表示有 n 个人围坐一圈，按 1 至 3 报数，凡报到 3 的人退出圈子，此过程一直进行到只剩下一个人为止，问此人原来的序号是多少？

目的：了解单向链表的结构，以及构建、访问及结点删除的实现方法。

思路：在正文中实现的链表为普通单向链表，它的最后一个结点的指针域 next 为 NULL，表示不指向任何结点。为了能够实现由最后一人到第一人的顺利过渡，可将最后一个结点接到第一个结点，须通过操作 lastNode->next = head 实现，这样就构成了"循环链表"。

用一个计数变量 count，其初始时为 1。每次访问一个链表结点时，使该变量增 1，并判断是否已到达 3。若是，删除当前结点并恢复 count 的初始值 1。循环直到头指针 head 与其 next 域指针相等时结束。

第 10 章　文　　件

在计算机上，所有需要永久保留的文字、图表、声音、影像等数据资料，通常都要用文件来存储，程序设计中使用文件则意味着执行一种输入/输出操作。通过文件操作，可以将内存中的数据输送到外部介质（如磁盘）或其他设备上，也可以将磁盘上存储的数据再读入内存中使用。本章从文件系统的基本概念开始，介绍标准 I/O 系统中文件的打开、关闭和基本读写技术，还简要说明了文件的随机读写方法和其他相关函数。

10.1　文　件　概　述

10.1.1　文件的概念

在前文的设计中，程序所处理的所有数据或者来自于用户输入，或者来自于源程序代码中的常数，程序运行所产生的结果也只是输出到显示器上。但是，绝大多数的应用需要永久保存计算的结果，目标数据也常来自于数据文件，这就需要以文件操作技术作为支撑。

"文件"是指一组存储在外部介质上的相关数据集合，存储在磁盘上的文件称为"磁盘文件"。事实上，在 C 语言中，文件是一个逻辑概念，既可以应用于磁盘，也可以应用于其他设备，如显示终端或打印机等。在设计中，每个与操作系统进行数据交互的输入/输出设备都被视为文件。对文件的操作包括读和写，称之为"I/O"（Input/Output）操作。一般来说，"写操作"是指将数据记录到外部媒体上，如从计算机内存中将数据输出到磁盘，形成磁盘文件。"读操作"则是指将外部文件中的数据载入计算机内存，重新使用和处理。

对于操作系统来说，不同文件的操作方式存在着一定差异。例如，磁盘文件可以随机存取，但终端设备文件只能按顺序访问。为了避开细节，以统一的方式操作文件，C 语言对不同种类的文件进行统一抽象，形成了一致的逻辑概念——"流"（stream）。流是指数据如流体一样在系统或设备之间流动，如从文件流向内存，或者从内存流向磁盘及其他输出设备，因此输入和输出也常被称为"输入/输出流"。

流反映了 C 语言以连续字节而非记录为单位处理文件的特点，它不考虑行的界限，数据（行）之间不自动加入分隔符，输入和输出的开始和结束仅受程序控制而非物理符号（如回车、换行符）控制。这是一种支持用同一种方式操作所有文件，而不必为不同的文件单独设计操作例程的技术。流是对文件的包装和抽象。在一般应用中，不必深究流的含义。不过，依据流的技术，我们能够以完全一致的方式操作各种各样的设备文件，程序直接操纵的对象是流而不是文件，流与某个特殊文件的对应由系统自动地维系着。因此，可以不严格地认为文件和流是一回事。

在实际应用中，磁盘文件是最为重要的一类文件。从内容上看，文件不同于数组，没有固定的长度，也不限制所包含的数据的种类。或者说，文件中数据的类型既可以相同，也可以不同。此外，任何一个文件都需要有一个文件名，操作系统借助文件名进行文件的组织和查找。

10.1.2　文本流与二进制流

文本流是指一个字符序列。在文本流中，通常将数据组织成以换行符结尾的行，而且在读写时，可能要根据设备环境的要求进行转换。例如，一个内存中的换行符（'\n'）总要被转换成两个字符，即回车符（'\r'）和换行符，然后再写入磁盘文件。因此，内存中存储的内容与其被写到外部设备中的字符内容和个数不是一一对应的。这种组织方式常用于形成"文本文件"，即用换行符和回车符分行、每个字节均为一个 ASCII 码的文件，也称为"ASCII 码文件"。文本文件主要包括可见字符，比较注重表现形式，一般用".txt"作为文件扩展名。

二进制流是一个字节序列，内存中的数据与存储在外部设备上的文件中的数据一一对应，读写时不进行字符转换。因此，在二进制流中，读写的字节内容和数量与外部设备中的字节一致，仅在极特殊的情况下，二进制流式文件可能需要在序列尾部加上若干空字节用作填充信息，如充满磁盘的扇区等。这种方式一般用于组织"二进制文件"，其内容来自于内存的直接映像，文件中的字节并不代表一个 ASCII 码字符。图像、音频及视频等数据文件均属此类，这样的文件更注重内容而非表现形式。

通常，可以选择文本（流）控制方式和二进制（流）控制方式中的任何一种进行文件的读写操作，但因为存在转换的关系，应该以文本控制方式对应文本文件，而以二进制控制方式对应二进制文件。这两种控制方式在对待文件内容和操作速度上都有一定差异。例如，一个整数 5876，在内存中占用 2 字节存储。在二进制流读写文件中，存储的数据与内存中的内容完全相同，而在文本流式的文件写入时，它被转换成'5'、'8'、'7'、'6'这 4 个字符，占 4 字节存储。这种转换使得文本流式的输入/输出花费更多的时间。不过，因为已经转换成了字符数据，文本文件的可读性是良好的，适合对文字的编辑处理。

10.1.3 标准 I/O 和系统 I/O

考虑到操作层次不同，C 语言提供了两大类文件系统，分别是"标准 I/O"和"系统 I/O"。

由于磁盘与内存在存取速度上的巨大差异，为提高效率，操作系统对磁盘文件的读写要借助于"磁盘缓冲区"，这是内存中的一块区域。从内存向磁盘写入的数据必须先送入磁盘缓冲区，并在缓冲区满、或清刷缓冲区、或关闭文件时系统才将数据一起写入磁盘。如果从文件读入数据，也要先将若干数据一次性读入缓冲区，再从缓冲区中为程序提供所需的数据。参见图 10.1。

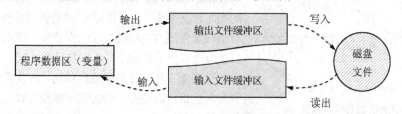

图 10.1 文件的读写缓冲

标准 I/O 是指由系统自动为每个打开的文件开辟一个缓冲区并缓存输入/输出数据，以减少编程者负担的文件系统。因此，标准 I/O 也称为"缓冲型文件系统"或"高层文件系统"。流就是建立在标准 I/O 上的概念。标准 I/O 系统支持文本流和二进制流两种控制方式，一般应用中使用标准 I/O 系统实现所有的 I/O 操作。

在系统 I/O 中，文件磁盘缓冲区必须由程序自行设计，并实现相关的数据缓冲算法，相对较为复杂。系统 I/O 也称为"非缓冲型文件系统"或"低层文件系统"，只提供二进制控制方式。除了使用上的难易差别之外，与缓冲型文件系统相比，非缓冲型文件系统更接近系统底层，程序的可移植性较差。因此，C 语言建议使用缓冲型文件系统，并有可能在今后放弃非缓冲型文件系统。

本章只介绍缓冲型文件系统的操作方法，其主要内容由几个相互关联的数据结构和库函数组成，定义于头文件 stdio.h。

10.2　文件的打开与关闭

10.2.1　文件类型与文件指针

在标准 I/O 系统中，文件操作是由一种特殊定义的类型——文件类型和一组相关的库函数来实现的，其中的关键概念是文件类型 FILE，以及据此定义的指向文件类型的指针，即"文件指针"。

为了能够为每个文件开辟相应的缓冲区，记录与其相关的信息，如文件名、操作方式和指针位置等，C 语言定义了一个结构体类型，用来生成"文件信息区"，以描述文件。此结构体类型名为 FILE，称为"文件类型"。下述代码列出了 VC 6 的头文件 stdio.h 中所定义的 FILE 类型，注释中对各成员的含义进行了简单的解释。

```
typedef struct _iobuf {
    char *_ptr;              /* 文件的读写位置 */
    int  _cnt;              /* 当前缓冲区的相对位置 */
    char *_base;             /* 文件的起始位置 */
    int  _flag;             /* 文件标志 */
    int  _file;             /* 文件的有效性验证 */
    int  _charbuf;          /* 检查缓冲区状况，无缓冲区时不读取 */
    int  _bufsiz;           /* 缓冲区大小 */
    char *_tmpfname;         /* 临时文件名 */
} FILE;
```

一般很少需要了解有关 FILE 类型的细节，各 C 语言版本中的定义也有很大差异，但一般都包含一个成员 _ptr，称为"文件的读写位置指针"或简称"位置指针"，它代表着文件的当前读写位置，也反映了文件读写的一般方法。事实上，所有文件都可被视为由一系列字节组成的集合。在对文件读写时，FILE 对象利用指针 _ptr 记录其下一次将要读写的位置，初始时为文件头（或文件尾）。随着读写操作的进行，指针自动向文件尾方向移动相应的字节数，以保证整个文件可以被顺序读出或按顺序写入，参见图 10.2。如果需要，程序可以控制文件指针向前或后移动，再从指定位置读出或者写入数据，以改变一般的顺序操作方式，实现文件的随机读写。

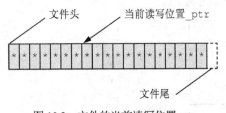

图 10.2　文件的当前读写位置 _ptr

通常，在程序设计中，使用文件类型的唯一方式就是定义一个文件指针变量，形式为：

FILE ***指针变量名;**

例如：

```
FILE *fp;
```

定义文件指针的目的是使其指向所要操作的文件，因为每一个文件都需要通过文件指针才能进行数据的读写。如果同时操作文件的数量较多，自然可以定义若干个文件指针变量，也可以考虑定义文件指针数组等。

10.2.2　文件的打开

无论读出或是写入，实现文件操作的第一个步骤是打开文件。打开文件需要使用 fopen 函数，原型为：

```
FILE *fopen(char *filename, char *mode)
```

其中的参数 filename 和 mode 是两个字符串，分别代表文件名和操作方式。

例如，为了读取一个磁盘文件 TEST.TXT，可以按如下方式打开：

```
FILE  *fp;
fp = fopen("TEST.TXT", "rt");
```

函数 fopen 返回一个指向文件的指针，获取它是调用 fopen 函数打开文件的目的，必须将其赋给一个文件指针变量。只要文件被成功打开，此文件指针就代表了被打开的文件，以后对文件的操作将全部依赖此文件指针实现，不再涉及文件名等其他信息，由系统自动维系着文件指针与磁盘文件的对应。简言之，文件指针 fp 就代表了利用 fopen 函数打开的文件。

1. 返回值测试

打开文件操作并不是总能成功的。如果失败，fopen 函数返回无效指针 NULL。例如，当以读出为目的打开文件 TEST.TXT 时，如果文件不存在，则 fopen 函数操作失败，并返回无效指针 NULL，这意味着程序将不能使用此指针访问文件。因此，调用 fopen 函数后总需进行如下测试：

```
FILE  *fp = fopen("TEST.TXT", "rt");
if(!fp)                        /* fp 为 NULL, 打开失败 */
{
   puts("Can not open file.");
   return;
}
```

这几乎是打开文件的标准操作步骤。在文件不能被正确打开时，可按实际问题做相应处理，这里只是简单地给出一个提示并从函数返回。当然，也可以将打开和测试操作一起进行，如：

```
FILE  *fp;
if((fp = fopen("TEST.TXT", "rt")) == NULL)
{
   puts("Can not open file.");
   return;
}
```

有诸多因素可能使打开文件操作失效，如文件不存在、文件位置错误、磁盘错误等。

> **工程**
> 无论如何，检查打开文件是否成功是一个好的习惯。

2. 文件名

文件名参数 filename 是一个字符指针，调用函数时应指定一个表示文件名的字符串。任何一个文件都必须有一个文件名，但为了使系统能够找到它，还应该包括文件的存放地点，即 filename 的实参数应该是一个表示文件的"路径名"。

一个文件的路径名是指由文件的存放位置和文件名构成的字符串，而文件名又包括文件主名和扩展名两部分，用圆点分隔。文件的存放位置一般称为"路径"，由磁盘名和一系列文件夹名组成，用"\"分隔。图 10.3 给出了一个"完整的文件名"示例。

通常，文件主名说明了文件的内容，扩展名则说明了文件的种类。需要特别注意的是，"E:\MYC\

USER\TEST.TXT"是操作系统中的路径写法，而C语言中必须写成"E:\\MYC\\USER\\TEST.TXT"的
形式。

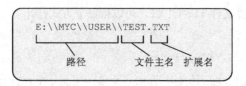

图10.3　用路径名表示完整的文件名

✦**工程**
　　小心文件名中的分隔符，必须用"\\"来表示"\"。

3. 打开方式

　　参数 mode 代表文件的打开方式，也称为操作或控制方式。这是一个由不超过 3 个字符组成的字符串，用于表达两方面内容，其一说明操作目的是读出还是写入，其二说明以文本方式还是二进制方式操作。

　　具体说，参数 mode 有 3 种写法，分别是"om"、"o+m"和"om+"，且前两种写法作用相同。其中，字符"o"可以是"r"、"w"和"a"三者之一，分别来自于单词 **read**、**write** 和 **append**，表示"读"、"写"和"追加"。字符"m"只能是"t"或"b"，分别表示文本控制方式（text）和二进制控制方式（binary）。因此，可以产生如表 10.1 所示的 12 种打开方式。

表 10.1　文件读写方式

文件操作方式	含　义	文件操作方式	含　义
r+t（同 rt）	文本模式只读	rt+	文本模式读写
w+t（同 wt）	文本模式只写	wt+	文本模式读写
a+t（同 at）	文本模式追加	at+	文本模式读写
r+b（同 rb）	二进制模式只读	rb+	二进制模式读写
w+b（同 wb）	二进制模式只写	wb+	二进制模式读写
a+b（同 ab）	二进制模式追加	ab+	二进制模式读写

　　模式字符串的差别很小，中间的加号"+"可省略，且中间有或没有加号时表示仅允许一种操作，如"r+t"或"rt"均表示以文本模式打开文件只读。如果含有后面的加号，表示允许两种操作，如"ab+"表示以二进制模式打开文件追加且读出。

　　本质上，任何一种打开方式都应该至少由两部分组成，其一是表明打开文件的读写方式的 r、w 或 a，其二是表明控制方式的 t 或 b，但 C 语言也允许省略 t 和 b。例如，"r"是正确的打开方式，但它代表"rt"还是"rb"由头文件 fcntl.h 中定义的变量 _fmode 决定，缺省时为文本方式，即省略格式的"r"代表"rt"。

　　为了防止混淆，建议不使用缺省的方式，总用 t 或 b 来明确指定操作的格式。

✦**工程**
　　不要依赖缺省的设置，明确用 t 或 b 指明采用文本控制方式还是二进制控制方式。

　　每种打开文件方式都涉及到一些操作上的细节。

（1）r 方式

以只读方式打开，被操作的文件必须存在，否则 fopen 函数调用失败。打开后，只能从文件中读出数据。

（2）w 方式

以只写方式打开。若被操作的文件不存在则创建该文件；否则，原文件的内容将被覆盖，或者说删除。打开后，只能将数据写入文件。

（3）a 方式

以追加方式打开文件。若文件不存在则生成该文件。在原文件存在时，不删除已有的内容，新写入的数据追加到原文件末尾。打开后，只能将数据写入文件。

表 10.1 中的后 6 种操作方式在 10.4 节中介绍。

4．文件的位置指针

打开文件的模式 mode 不仅决定了文件读写及控制方式的种类，也决定了对文件中数据的读写顺序，即文件位置指针的移动方式。

无论控制方式是 t 或 b，以 r、w、a 方式打开文件后只能按顺序读写文件中的数据。因此，在以 r 和 w 方式打开一个文件时，系统自动将位置指针指向文件头，以 a 方式打开时则指向文件尾。随着数据的读出或写入，文件指针向文件尾方向移动相应的字节数，以保证能够处理整个文件。

5．标准文件指针

在程序运行后，系统会自动打开 5 个标准文件，并形成相应的文件指针，包括：

① stdin：标准输入设备文件；

② stdout：标准输出设备；

③ stderr：标准出错设备文件；

④ stdprn：标准打印设备文件；

⑤ stdaux：标准辅助设备。

系统隐含的标准输入文件是键盘，标准输出文件和标准出错文件是显示器。程序可以直接使用这些指针进行读写操作，而不用（也不能）对它们执行打开和关闭操作。

✦ 提示

虽然 stdout 和 stderr 都隐含表示显示器，但输出到 stdout 的信息可以被重定向，如用 "TEST.EXE > X.TXT" 命令可将 TEST.EXE 输出的信息写入文件 X.TXT 而不是显示器，但输出到 stderr 的信息不能重定向。

10.2.3 文件的关闭

打开文件之后，要借助各种 I/O 函数读写文件中的数据。如果操作结束，需要关闭被打开的文件。关闭文件的库函数为 fclose，其原型如下：

```
int  fclose(FILE  *fp)
```

函数的参数就是被关闭文件的文件指针。通常利用函数调用语句的方式使用 fclose 函数。例如，对于前述打开的文件 TEST.TXT，应以如下方式关闭：

```
fclose(fp);
```

调用 fclose 函数关闭文件后，文件指针 fp 与其指向的文件 TEST.TXT 脱钩，不再代表该文件，也不应该再使用，除非再次用它打开一个文件。

　　文件的关闭有助于防止对文件的误操作。在以写方式打开文件时，如果不关闭文件，可能导致数据丢失。这是因为被写入的数据总是先存储在缓冲区中，关闭文件才会使系统将缓冲区中的剩余数据写到磁盘上。另外，关闭文件也会释放掉不再使用的文件控制块，使这些内存可以被再利用。

　　如果程序运行正常终止，所有的文件将被自动关闭。

　　函数 fclose 用一个整数返回值作为标志，在关闭成功时返回 0，否则返回非零值。很少需要测试此标志。

10.3　文件的顺序读写

　　由于读写是成对的操作，支持这些操作的库函数也是成对的。无论如何，因为文件的顺序操作特性，每次读出或者写入，I/O 函数会控制文件的位置指针自动向文件尾方向移动读出或写入的字节数，以保证可以按顺序访问整个文件。此时，无需手工控制文件指针。

　　不同的文件 I/O 函数的使用方法和特点都有一定差异，但对一次具体任务来说，几乎使用哪一对库函数都可以达到目的，且在文本或二进制控制方式下均可使用。不过，由于文件性质不同，选择适当的控制方式以及读写函数仍是重要的任务。通常，文本文件较注重表现形式，应按文本方式打开，所有源程序文件均属此类。图像、音频、视频以及科学计算产生的数据文件等都注重数据的正确性，应以二进制方式打开和读写，避免在内存与文件之间的字符转换。

　　一个特殊的细节是，有关字符数据读取库函数中的字符型量多使用 int 类型来表示，完全可以作为 char 型量来使用它们。

10.3.1　字符读写函数 fgetc 和 fputc

　　这是一对以字节为单位的文件读写函数。函数 fgetc 的功能是从文件指针 fp 的当前位置读出一个字节的值，原型为：

```
int fgetc(FILE *fp)
```

　　函数 fgetc 的返回值代表读出的字符。在达到文件尾或产生错误操作时，函数返回值为 EOF（参见 10.3.2 节）。

　　函数 fputc 的功能是向文件写入一个字节的值，原型为：

```
int fputc(int ch, FILE *fp)
```

　　参数 ch 是被写入的字符，指针 fp 代表目的文件。若字符正常写入文件，函数返回值为 ch，产生错误时返回 EOF（参见 10.3.2 节）。

　　还有一对库函数 getc 和 putc，其功能和用法分别与 fgetc 和 fputc 相同。本质上，它们是用 fgetc 和 fputc 函数定义的带参数的宏。

　　通常利用函数调用语句来使用 fputc 函数，表达式 fgetc(fp) 的值则应保存到字符变量中。下述程序说明了它们的用法，重点体现了文本操作格式时所产生的字符转换。

　　例 10.1　编写程序创建一个文件 TEST.TXT，将字符 A、B、C 分 3 行写入该文件。再从文件中读出并显示文件的所有内容。

```
#include <stdio.h>
void main( )
{
    char cx, k;
```

```
    FILE  *fp;
    if(!(fp=fopen("E:\\TEST.TXT","wt")))           /* 文本方式打开文件只写 */
        return;                                     /* 打开失败，结束 */
    fputc('A', fp);    fputc('\n', fp);             /* 写入字符 A 及换行符 */
    fputc('B',fp);     fputc('\n', fp);             /* 写入字符 B 及换行符 */
    fputc('C', fp);                                 /* 写入字符 C */
    fclose(fp);                                     /* 关闭文件 */
    fp=fopen("E:\\TEST.TXT","rt");                  /* 文本方式打开文件只读 */
    if(!fp)
        return;
    for(k=0; k<5; ++k)                              /* 读出并显示 5 个字符 */
    {
        cx = fgetc(fp);
        putchar(cx);
    }
    fclose(fp);                                     /* 关闭文件 */
}
```

虽然 fputc 函数向文件中写入了 5 个字符，但由于以文本格式操作，一个字符'\n'被转换为两个字符'\r'和'\n'。因此，文件 TEST.TXT 的长度是 7 而不是 5。在读出时，连续的两个字符'\r'和'\n'又被转换为一个字符'\n'。因此，程序中仅调用 fgetc 函数 5 次就读出了文件的所有内容。

如果将文件的打开方式修改为"wb"，以二进制格式操作，重新运行程序会发现，所生成的文件长度为 5 而不是 7，这说明不存在字符转换。

10.3.2 文件尾检测

无论从文件中读出还是向文件写入，文件位置指针自动移动，有时需要了解其位置以保证操作的正确性。特别地，对于完整文件的读操作，总要检测文件位置指针是否移过了文件尾。一旦位置指针移过了文件尾，所读出的数据将不是文件的真实内容。

> ★提示
> 文件尾并不是指文件的最末一个字节，而是指最末字节之后的位置。

有两种方法判别文件位置指针是否已移过了文件尾。

1. 用 EOF 常量实现的文件尾检测

在以文本控制方式按字节读一个文本流时，可以使用 EOF 判别文件指针是否移过了文件尾。EOF 是 stdio.h 文件中定义的一个宏，其值为-1：

```
#define  EOF  (-1)
```

设计程序时，可以将每次从文件中读出的字符与 EOF 比较，若相等，则表明位置指针已移过了文件尾，前一次读取出的值是文件尾标志。一般称 EOF 为文件结束符，它是一个虚拟的字符，不属于文件的真实内容。

例 10.2 编制程序，用于显示一个文本文件的内容。

```
#include <stdio.h>
void  main( )
{
```

```
FILE  *file;
char  x,  filename[200];
puts("Input file name:");
gets(filename);
file = fopen(filename, "rt");
if(!file)
{
  puts("Cannot open file.");
  return;
}
do
{
  x = fgetc(file);
  if(x == EOF)
    break;                /* 是文件结束符，终止 */
  putchar(x);
} while(1);
fclose(file);
}
```

由于结束符不是有效字符，故上述代码中先做文件结束检测而后显示。

使用 EOF 来判定文件是否结束有较大的局限性。首先，这种检测要求目标文件中的每个字节都是 ASCII 码，不能含有 EOF，即−1。因此，它仅对标准文本文件有效。其次，需要按字节读取文件，在处理一般的二进制文件中这是一种很难采取的方式。

2. 用 feof 函数实现的文件尾检测

一种代替 EOF 的文件结束检测技术是利用库函数 feof 实现的。不管文件的内容和打开模式如何，总可以调用 feof 函数来判别文件是否结束，其函数原型为：

```
int  feof(FILE  *fp)
```

若文件指针已移到文件尾并执行了读写操作，此函数返回一个非零值，表示逻辑真，否则返回 0。

应重点强调的是，只有在文件位置指针达到文件尾并再次读数据后，函数 feof 的返回值才是真。这就是说，当文件位置指针指向最末一个数据项时，feof(fp)为 0。如果利用函数读出最末的数据项，则位置指针移过该数据，达到文件尾，feof(fp)仍为 0。只有再次进行读操作后，表达式 feof(fp)的值才为 1（逻辑真）。参见图 10.4。

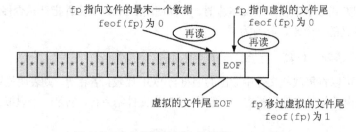

图 10.4　文件指针移过文件尾使 feof(fp)为 1

⭐**工程**

在位置指针处于文件尾时，表达式 feof(fp)并不为真，只有再调用一次读写函数才能使其值为真，且最后一次读出的数据是一个无效的数据。

例 10.3 编写程序，实现文件的复制。

```c
#include <stdio.h>
void fcopy(FILE *fout, FILE *fin)
{
  char x;
  do
  {
    x = fgetc(fin);
    if(feof(fin))
      break;
    fputc(x, fout);
  }while(1);
}
void main()
{
  FILE *fin, *fout;
  char src[200], target[200];
  puts("Input source file:");      /* 原文件必须存在 */
  gets(src);
  puts("Input target file:");      /* 新文件被创建 */
  gets(target);
  fin = fopen(src, "rb");          /* 二进制方式打开原文件只读 */
  if(!fin) return;
  fout = fopen(target, "wb");      /* 二进制方式打开目标文件只写 */
  if(!fout)
  {
    fclose(fin);                   /* 关闭已打开的文件 */
    return;
  }
  fcopy(fout, fin);                /* 复制 */
  fclose(fin);                     /* 关闭文件 */
  fclose(fout);
}
```

函数 main 负责接收文件名，并按二进制方式打开文件，这是"忠实地"实现文件复制的正确方法。函数 fcopy 实现真正的拷贝操作，它从原文件中逐个读出字符 x，再写入到目标文件中。

10.3.3 getw 函数和 putw 函数

这是一对以整数为单位的文件读写函数，原型如下：

```c
int getw(FILE *fp)
int putw(int w, FILE *fp)
```

除了一次能读出和写入一个整数之外，getw 与 putw 函数同 fgetc 和 fputc 函数的使用格式完全相同。

使用这两个函数时应该以二进制方式操作文件，因为文本方式下的字符转换会影响数据的正确性。例如：

```
FILE  *fp = fopen("E:\\TEST.TXT", "wt");
putw(2625, fp);
fclose(fp);
```

这是一个较为极端的例子，因为整数 2625 在内存中的映像为 "00001010 01000001"，高字节恰好为 10，即字符 '\n' 的 ASCII 码值。于是，上述代码将其转换成了 3 个字节，并存储到文件 TEST.TXT 中。

10.3.4　读写字符串函数 fgets 和 fputs

函数 fgets 的功能是从文件中读出若干个字符到内存，构成字符串，原型为：

```
char *fgets(char *str, int  n, FILE  *fp)
```

函数 fgets 从文件指针 fp 中读出 n–1 个字符，存储到起始地址为 str 的内存中，并在末尾加上字符串结束符。注意，str 一般应是一个定义长度不小于 n 的字符数组名。如果函数调用成功，返回读出字符串的起始地址 str，失败时返回 NULL。

在文件中已无足够长度的字符可读时，此函数读到文件尾结束。如果在指定长度内有换行符 '\n'，则函数 gets 在读完换行符后结束。一个应该注意的细节是，若 fgets 因读到换行符结束，则换行符 '\n' 将成为 str 的一部分。在需要时可用如下代码删除此换行符：

```
str[strlen(str)-1] = '\0';
```

函数 fputs 的功能是向文件中写入一个字符串，原型为：

```
int  fputs(char  *str, FILE  *fp)
```

函数 fputs 将字符串 str 写入文件 fp，但字符串的结束符不写入。若操作成功，返回写入文件的最后一个字符，失败时返回 EOF。

通常情况下，用这一对函数读写文本文件较为适宜。

例 10.4　建立一个文件并分两行写入字符串 "Hello" 和 "Tom."，再从文件中读出并显示。

```
#include <stdio.h>
void  main( )
{
  char  str[20] = "Hello\nTom.";          /* 组成文件的两行内容 */
  FILE  *fp;
  fp = fopen("E:\\TEST.TXT", "wt");
  if(!fp)
    return;
  fputs(str, fp);
  fclose(fp);
  fp = fopen("E:\\TEST.TXT","rt");
  if(!fp)
    return;
  printf(fgets(str, 20, fp));             /* 读第一行, str[5]是'\n' */
  printf(fgets(str, 20, fp));             /* 读第二行 */
  fclose(fp);
}
```

程序的输出结果为：

```
Hello
Tom.
```

输出结果中两字符串的分行显示是因为第一次读取时遇到'\n'字符而结束，且 str[5]的值为'\n'。

如果文件中的各行长度不一致，为了操作简单，可以像例 10.4 那样定义一个足够长的数组来存储读出的字符串，并将此长度作为 fgets 函数的字符个数参数，这相当于同时利用最长行的字符数和换行符来限制字符串的读取。

10.3.5　格式化读写函数 fscanf 和 fprintf

可以像对标准设备的格式化输入和输出一样，实现对文件的格式化输入和输出，相应的库函数为 fscanf 和 fprintf，称为文件的格式化读写函数，一般使用格式如下：

> **fscanf(FILE　*fp**，格式控制串，地址列表)；
> **fprintf(FILE　*fp**，格式控制串，表达式列表)；

除了增加一个文件指针 fp 参数之外，这对函数的使用格式与标准格式化输入/输出函数 scanf 和 printf 函数完全相同，所增加的参数用于指定目的文件。事实上，printf 函数相当于利用 fprintf 向标准输出文件 stdout 写入，而 scanf 函数等同于用 fscanf 从标准输入文件 stdin 读出：

> **scanf ≡ fscanf(stdin，**　格式控制字符串，地址列表)
> **printf ≡ fprintf(stdout，**　格式控制字符串，表达式列表)

fscanf 和 fprintf 是一对典型的文本方式读写函数，不管以何种方式打开文件，也不论何种类型的数据，在写入时都被转换成字符，而在读出时再按格式控制转换成指定类型的数据。同时，在文本格式下的换行符转换也依然存在。

下述程序说明了 fprintf 函数的文本特性。

```
#include <stdio.h>
void main( )
{
    FILE  *fp = fopen("E:\\TEST.TXT", "wt");
    if(fp == NULL)
      return;
    fprintf(fp, "%d%d%lf", 3, 155, 2.5);
    fclose(fp);
}
```

用操作系统的 TYPE 命令或 Windows 的记事本等工具查看，生成文件 TEST.TXT 的内容为：

```
31552.500000
```

这说明数据都已按指定的格式被转换成了相应的字符，即使将 "wt" 换成 "wb" 也不会产生变化。

使用格式化读写函数时，正确描述数据格式十分关键。例如，TEST.TXT 文件中的数据需要按如下形式读出：

```
fscanf(fp, "%1d%3d%lf", &x, &y, &z);
```

如果没有位宽限制将不可能得到正确的数据。因此，一般要在写入文件时增加数据分隔符，如逗号等，而在读出时也要增加相应的分隔符，从而避免对位宽的要求，如：

```
fprintf(fp, "%d,%d,%lf", 3, 155, 2.5);        /* 写入 */
fscanf(fp, "%d,%d,%lf", &x, &y, &z);          /* 读出 */
```

利用在控制格式中增加输入抑制符"*"还可以"跳过"某些数据，如：

```
fscanf(fp, "%d,%*3d,%lf", &x, &z);
```

对于文件中的数据"31552.500000"，此语句将 3 读入变量 x，跳过整数 155，再将 2.5 读入变量 z。由于对所有数据进行转换，这两个函数的处理速度稍慢一些。

10.3.6　按块读写函数 fread 和 fwrite

这是一对按数据块进行读写的函数，也称为"按记录读写"函数。利用这两个函数可以将几乎所有类型的数据，如数组、结构体等作为整体（数据块）直接写入文件或从文件中整体读出。函数原型为：

```
int fread(void *ptr, int size, int n, FILE *fp)
int fwrite(void *ptr, int size, int n, FILE *fp)
```

函数中的文件指针参数 fp 仍代表目的文件，另外 3 个参数具有如下含义。

（1）指针 ptr

在 fread 函数中，ptr 代表用于存储读出数据块的起始内存地址；在 fwrite 函数中，ptr 代表被写入文件的数据块的起始地址。

（2）整数 size

参数 size 表示读出或写入文件的数据块的字节数。

（3）整数 n

参数 n 为数据块的块数，表示要连续读出或写入多少个 size 字节的数据块，通常为 1。

函数成功执行后，返回读出或写入的数据块的数目，较少用到。

按数据块读写函数提供了一种快速读写复杂对象的有用技术，也使得在内存与文件之间交换具有复杂结构的数据变得简单。例如，定义如下数组：

```
double data[10] = { ... };                    /* 定义数组并初始化 */
```

可以一次性将所有元素写入文件 fp：

```
fwrite(data, 10*sizeof(double), 1, fp);
```

也可以连续写入 10 个 double 类型的数据块：

```
fwrite(data, sizeof(double), 10, fp);
```

反之，可以一次性读出所有元素到数组 data：

```
fread(data, 10*sizeof(double), 1, fp);
```

对于包含大量成员的结构体对象来说，按块读写是最经济便利的方法。例如，定义如下结构体类型和数组：

```
typedef struct employee              /* 描述雇员工资的结构体类型 */
{
    char name[20];                   /* 姓名 */
    char gender;                     /* 性别 */
    double wage;                     /* 工资 */
} Employee;
Employee employees[50];
```

如果要将整个数组 employees 写入文件 fp，可以使用如下语句：

```
fwrite(employees, sizeof(Employee)*50, 1, fp);
```

也可以直接按数组的存储长度改写成如下形式：

```
fwrite(employees, sizeof(employees), 1, fp);
```

还可以采取连续写入 50 个数据块的方式：

```
fwrite(employees, sizeof(Employee), 50, fp);
```

若只需要写入第 2、3、4 个雇员的记录，可以采取如下方法：

```
fwrite(&employees[1], sizeof(Employee), 3, fp);
```

对于用 fwrite 函数写入文件的复杂数据，应尽量采用 fread 函数以同样方式读出。此外，利用 fread 和 fwrite 函数读写文件时应以二进制方式打开文件。

例 10.5　创建一个文件，写入一批学生信息，再从文件中读出并统计他们的平均成绩、显示成绩最高的学生信息。每个学生的信息包括学号、姓名、出生日期和成绩。

```c
#include <stdio.h>
#include <string.h>
typedef  struct  {  int  year, month, day;  } Date;
typedef  struct
{
  char    id[10];
  char    name[20];
  Date    birthday;
  double  score;
} Student;
void  fileLoad(char  *file), fileSave(char  *file);   /* 函数声明 */
void  main( )
{
  char *fileName = "E:\\TEST.DAT";
  fileSave(fileName);
  fileLoad(fileName);
}
void  fileSave(char  *file)              /* 接收输入并写入文件 */
{
  Student  student;
  FILE  *fp = fopen(file, "wb");
  if(!fp)
    return;
  do
  {
    printf("\nInput ID:");
    gets(student.id);
    if(student.id[0] == '\0')            /* 直接回车时结束输入 */
      break;
    printf("\nInput name:");
```

```
        gets(student.name);
        printf("\nInput birthday (year, month, day):");
        scanf("%d,%d,%d", &student.birthday.year,
                        &student.birthday.month, &student.birthday.day);
        fflush(stdin);                                  /* 清理输入缓冲区 */
        printf("\nInput score:");
        scanf("%lf", &student.score);
        fflush(stdin);
        fwrite(&student, sizeof(Student), 1, fp);    /* 写一个记录 */
    } while(1);
    fclose(fp);
}
void  fileLoad(char  *file)
{
    Student  student, maxScore;                       /* 记录最高成绩的学生 */
    double  sum = 0.0;                                 /* 记录成绩总和 */
    int  count = 0;                                    /* 记录学生人数 */
    FILE *fp = fopen(file, "rb");
    if(!fp)
      return;
    do
    {
        fread(&student, sizeof(Student), 1, fp);      /* 读出一个记录 */
        if(feof(fp))
          break;
        sum += student.score;                         /* 累计成绩 */
        ++count;                                       /* 累计人数 */
        if(count == 1)
          maxScore = student;                         /* 记录第一人数据到 maxScore */
        else
          if(student.score > maxScore.score)
            maxScore = student;                       /* 更新最高成绩的记录 */
    }while(1);
    fclose(fp);
    printf("\nAverage score is %lf.", sum/count);
    printf("\nThe student is <%s, %s, <%d,%d,%d>, %lf>",
          maxScore.id, maxScore.name,
          maxScore.birthday.year, maxScore.birthday.month,
          maxScore.birthday.day, maxScore.score);
}
```

以下是一次运行程序的输入数据：

```
Input ID:20110101↙
Input name:Xin Yu↙
Input birthday (year, month, day):1992,3,3↙
Input score:94↙
Input ID:20110102↙
```

```
Input name:Xu YanLing↙
Input birthday (year, month, day):1991,10,20↙
Input score:97↙
Input ID:20110103↙
Input name:Tang WeiYuan↙
Input birthday (year, month, day):1992,7,1↙
Input score:90↙
Input ID:↙
```

程序输出如下结果：

```
Average score is 93.666667.
The student is <20110102, Xu YanLing, <1991,10,20>, 97.000000>
```

代码中引入了一个新的库函数 fflush，语句 "fflush(stdin);" 的功能是清除输入缓冲区中的多余字符。

10.4　文件的随机读写

按顺序从文件中读取数据并不总能满足应用的要求，因为程序可能只需要读取文件中的部分数据而不是全部，也可能要把部分旧数据换成新数据。另外，打开一次文件可能既读出数据又要写入数据。这需要采取新的文件打开方式，并能够随机定位文件的位置指针。

10.4.1　以读/写方式打开文件

系统将设备、磁盘甚至内存等都抽象为文件主要是为了考虑概念上的一致性，但允许对不同文件施加的操作存在着很大差异。有些文件只能进行读操作而不能进行写操作，如标准输入文件 stdin，也有些文件恰好相反，如 stdout，但磁盘文件同时支持读写两种操作。如果需要在一次打开文件后，既执行读操作，又执行写操作，文件必须以表 10.1 中的后 6 种方式打开。

（1）r+方式

包括 "rt+" 和 "rb+"，表示为读出或写入打开一个已存在的文件，若文件不存在则打开失败。打开后，文件的位置指针指向文件头。

（2）w+方式

包括 "wt+" 和 "wb+"，表示为写入或读出打开一个文件，如果文件存在则原内容被覆盖（删除），若不存在则建立新文件。打开后，文件的位置指针指向文件头。在向文件写入数据后，可以通过移动位置指针读出新写入的数据。

（3）a+方式

包括 "at+" 和 "ab+"，表示为追加或读出打开一个文件，如果文件不存在，生成此文件。此方式不会改变原有的文件内容，打开后，文件的位置指针指向文件尾。

尽管上述 3 种方式都以读写模式打开文件，但其侧重点和允许采取的操作不尽相同。例如，如果是先写入数据，应选择 "w+" 方式，如果向已存在的文件中追加数据应选择 "a+" 方式，如果先读取文件而后再修改则可选择 "r+" 方式。

一个重要的问题是：在对文件的操作由读出转换为写入或由写入转换为读出之前，必须对文件的位置指针进行重新定位，依赖于下文中的 fseek 和 rewind 函数。

10.4.2　fseek 函数与读写位置的随机定位

为了直接读出或写入文件中某个位置上的数据，需要先采用函数 fseek 将文件的位置指针定位到目的位置。此函数称为文件指针的"随机定位函数"，原型为：

```
int fseek(FILE *fp, long offset, int sp)
```

函数中的参数 fp 是被读/写文件的文件指针，而参数 sp 和 offset 共同确定了目的位置。其中，参数 sp 用于指定一个供参照的基点，共有 3 种可能的取值，在 stdio.h 中被定义为符号常量，其意义参见表 10.2。

表 10.2　文件指针随机定位的基点

基点	符号常量	含　义
0	SEEK_SET	文件头
1	SEEK_CUR	文件位置指针的当前位置
2	SEEK_END	文件尾

长整型参数 offset 表示相对于基点 sp 的偏移量。若 offset 为正数，表示以 sp 为基点向文件尾方向移动 offset 字节；若 offset 为负数，表示以 sp 为基点向文件头方向移动-offset 个字节。可见，若文件位置指针相对于 SEEK_SET 偏移，offset 应为正数；若相对于 SEEK_END 偏移，offset 一定为负数；若相对于 SEEK_CUR 偏移，则 offset 可正可负。下述代码提供了几种可能的随机定位示例：

```
fseek (fp, 20L, 0);            /* 定位到距文件头 20 字节处 */
fseek (fp, 50L, SEEK_CUR);     /* 定位到距当前位置 50 字节处，文件尾方向 */
fseek (fp, -50L, SEEK_CUR);    /* 定位到距当前位置 50 字节处，文件头方向 */
fseek (fp, -20L, SEEK_END);    /* 定位到距文件尾 20 字节处 */
```

在函数 fseek 执行成功时返回 0，否则返回非零值。

例 10.6　编写一个文本文件修改程序，实现如下功能：程序循环读入一个长整数，用于表示相对文件头的偏移量。根据此位置读出文件中的字符，并询问是否修改。若修改，将新输入的字符写入对应位置，否则进行下一次循环。若输入值为-1 则结束循环。

```
#include <stdio.h>
void main()
{
  FILE  *fp;
  long  offset;
  char  ch, filename[200];
  puts("Input filename:");
  gets(filename);                              /* 读入文件名 */
  fp = fopen(filename, "rb+");
  if(!fp)
    return;
  do
  {
    puts("\nInput a offset:");
    scanf("%ld", &offset);  fflush(stdin);     /* 读入偏移量 */
    if(offset == -1L)                          /* 输入-1 表示结束编辑 */
      break;
    fseek(fp, offset, SEEK_SET);               /* 定位到偏移量处 */
    ch = fgetc(fp);                            /* 读出原字符 */
    if(feof(fp))
```

```
            continue;
            /* 显示原字符并询问是否修改 */
            printf("\nThe char is %c, and modify it?", ch);
            ch = getchar( );    fflush(stdin);
            if(ch == 'y' || ch == 'Y')                    /* 按 y 或 Y 表示修改 */
            {
                printf("\nInput a new char:");
                ch = getchar( );    fflush(stdin);        /* 输入新的字符 */
                fseek(fp, offset, SEEK_SET);              /* 重新定位 */
                fputc(ch, fp);                            /* 写入新字符 */
            }
    }while(1);
    fclose(fp);
}
```

运行程序，输入正常的偏移量和超过文件长度的偏移量进行测试。可以发现，如果 offset 超过了文件长度，"fseek(fp, offset, SEEK_SET);"语句将使位置指针移到文件尾，再读取数据后表达式 feof(fp) 为 1，程序利用 continue 语句直接进入下一次循环。

C 语言中还提供了几个与文件位置指针有关的函数，其中，rewind 函数将位置指针重新移到文件头，原型为：

```
    void rewind(FILE *fp)
```

参数 fp 代表指向文件的文件指针。函数 rewind 所实现的功能与如下语句相同：

```
    fseek(fp, 0L, SEEK_SET);                /* rewind(fp); */
```

另一个函数 ftell 能够检测出文件指针相对于文件头的偏移量，原型为：

```
    long ftell(FILE *fp)
```

参数 fp 代表指向文件的文件指针。表达式 ftell(fp)就是位置指针相对于文件头的偏移量（字节数）。

10.5　相 关 函 数

1. 文件操作出错检测

在 C 语言中，文件的打开、关闭以及读写都由库函数实现，而一次函数调用总有成功和失败两种可能。调用标准 I/O 函数时，每个函数都有返回值，在操作成功时函数的返回值意义明确，但操作失败或出错时返回值的意义模糊。为了确定函数执行是否成功，C 语言提供了一个错误检测函数 ferror，原型为：

```
    int ferror(FILE *fp)
```

参数 fp 代表指向文件的文件指针。函数 ferror 需要紧跟在一次标准 I/O 函数的调用之后，如果返回值为 0，表示前面的操作成功，否则返回非零值，程序可以根据该值采取相应的处理措施。如：

```
    FILE *stream;
    char x;
    stream = fopen("DUMMY.FIL", "rt");
    x = getc(stream);
```

```
    if(ferror(stream))                          /* 测试 getc 操作是否出错 */
    {
        printf("Error reading from DUMMY.FIL\n");
        clearerr(stream);                       /* 清除错误标志和文件结束标志 */
    }
```

每次调用文件操作函数时，系统会在内部设置一个标志。函数 ferror 通过检测此标志判断上次操作是否成功，并在检测后调用 clearerr 函数将文件错误标志置为 0。

2. 清刷缓冲区

通常，文件缓冲区内的剩余数据只在缓冲区满或关闭文件时才被写入文件，但可以在需要时利用 fflush 函数强行将缓冲区的数据写入文件。fflush 函数的原型为：

```
    int  fflush(FILE  *fp)
```

参数 fp 代表指向文件的文件指针。当 fflush 函数用于标准输入流时，功能是清刷键盘缓冲区，可以清除一些函数如 scanf、getchar 等留下的多余字符。如：

```
    scanf("%d", &x);
    fflush(stdin);
```

如果操作成功，fflush 函数返回 0，否则返回 EOF。例 10.5 和例 10.6 均使用了此函数。

> **⚡工程**
>
> C 语言的 stdio.h 和 dir.h 库还提供了一些与操作系统命令具有相同功能的函数，可以在不打开文件的情况下，实现文件的删除、重命名以及目录的建立和切换等操作，包括文件操作函数 remove 和 rename、文件夹操作函数 mkdir 和 chdir，以及遍历文件夹操作函数 findfirst 和 findnext 等，此外还定义了与这些操作相关的数据类型。

10.6　习　　题

10-1　简述下列问题。

（1）为什么要使用文件存储数据？

（2）标准 I/O 与系统 I/O 的主要区别是什么？

（3）文件指针有什么功能？

（4）若用 "a+" 方式打开磁盘上不存在的文件，C 语言将如何处理？

（5）文件打开的控制方式 "r+t" 和 "rt+" 有什么不同？

（6）fseek 函数的功能是什么？

（7）文本流和二进制流控制方式的主要区别是什么？

（8）对文件操作必须先打开文件吗？打开文件的功能是什么？

（9）C 语言中系统的标准输入文件指什么？标准错误输出设备指什么？

（10）库函数 fgets(str, n, fp) 的功能应如何描述？

（11）若 fp 是指向某文件的文件指针，读出文件的最后一个数据后，表达式 feof(fp) 的值是什么？

（12）若要打开一个已存在的非空文件 IMAGE.DAT 修改其中的部分数据，应该使用什么模式？

10-2　假设文件 A.DAT 和 B.DAT 中的字符都按降序排列。下述程序将这两个文件合并，生成一个仍保持字符降序排列的文件 C.DAT。阅读程序，在画线处填上适当的内容使其完整。

```c
#include <stdio.h>
void main( )
{
    FILE *in1, *in2, *out;
    int flag1 = 1, flag2 = 1; char a, b, c;
    if(!(in1 = fopen("A.DAT", "rt"))) return;
    if(!(in2 = fopen("B.DAT", "rt"))) return;
    if(!(out = fopen("C.DAT", "wt"))) return;
    do
    { if(!feof(in1) &&    ①    )
      {
        a = fgetc(in1);
        if(   ②   ) break;
      }
      if(!feof(in2) && flag2)
      {
        b = fgetc(in2);
        if(   ③   ) break;
      }
      if(a>b)
      { c=a; flag1=1; flag2=0; }
      else
      { c=b; flag1=0; flag2=1; }
      fputc(   ④   );
    }while(1);
    fclose(in1); fclose(in2); fclose(out);
}
```

10-3　从键盘接收若干字符直到按回车键，将接收到的内容写入一个文件。再用"wt"和"wb"两种方式打开文件，观察生成文件的区别。

10-4　将整数 100、200、300 分行写入文件，使用不同的读写函数，比较生成的文件。

10-5　编写一个函数，接收若干个文件名，将第二个以后的所有文件逐个连接到第一个文件的末尾。

10-6　编写程序，从键盘接收 20 个浮点数，保存到磁盘文件 TEST.DAT。再从文件中取出并显示。

10-7　从习题 10-6 的 TEST.DAT 文件中查找最大的元素，并利用随机定位将其修改为原数的 2 倍。

10.7　编 程 实 战

E10-1　题目：学生文件的建立

内容：编写函数，从键盘输入若干名学生数据，每个学生数据包括学生号、姓名、性别、年龄和成绩，按成绩按降序将全部数据写入文件 Student.dat。

目的：掌握创建文件的方法，以及数据块的文件输出方法。

　　思路：定义一个学生类型和一个学生类型的数组，接收键盘输入数组数据；利用气泡排序或选择排序将数组元素按成绩降序排列；以二进制只写方式打开文件；利用 fwrte 函数一次性将所有数组元素写入文件，关闭文件。

　　E10-2　题目：学生数据的显示

　　内容：编写函数，从文件 Student.dat 中将所有学生数据按顺序读出并显示。

　　目的：掌握文件打开方法、数据按块读取方法以及文件结束测试方法。

　　思路：定义文件指针 fp 和学生型变量；以二进制只读方式打开文件；利用学生变量循环读取每个学生对象数据，采用 feof(fp) 为真来测试文件是否读完，最后一次读取的数据无效。

　　E10-3　题目：修改文件内容

　　内容：在文件 Student.dat 的基础上，增加一个新学生数据，将其插入到文件中，要求仍保持成绩降序排列。

　　目的：掌握文件的读写打开方式和随机定位操作方法。

　　思路：用读写方式打开文件；按编程实战 E10-2 的思路读出所有元素，并将新学生数据插入到数组的适当位置 pos；用 pos 确定偏移量，定位文件的位置指针；将新学生数据及以后的数据写入磁盘文件；关闭文件。

附录 A　常用字符与 ASCII 码对照表

值	字符	值	字符	值	字符	值	字符	值	字符	值	字符	值	字符	值	字符
000		032		064	@	096	`	128	Ç	160	á	192	└	224	α
001	☺	033	!	065	A	097	a	129	ü	161	í	193	┴	225	β
002	☻	034	"	066	B	098	b	130	é	162	ó	194	┬	226	Γ
003	♥	035	#	067	C	099	c	131	â	163	ú	195	├	227	π
004	♦	036	$	068	D	100	d	132	ä	164	ñ	196	─	228	Σ
005	♣	037	%	069	E	101	e	133	à	165	Ñ	197	┼	229	σ
006	♠	038	&	070	F	102	f	134	å	166	ª	198	╞	230	μ
007	●	039	'	071	G	103	g	135	ç	167	º	199	╟	231	τ
008	▫	040	(	072	H	104	h	136	ê	168	¿	200	╚	232	Φ
009	○	041	)	073	I	105	i	137	ë	169	⌐	201	╔	233	Θ
010	◙	042	*	074	J	106	j	138	è	170	¬	202	╩	234	Ω
011	♂	043	+	075	K	107	k	139	ï	171	½	203	╦	235	δ
012	♀	044	,	076	L	108	l	140	î	172	¼	204	╠	236	∞
013	♪	045	-	077	M	109	m	141	ì	173	¡	205	═	237	φ
014	♫	046	.	078	N	110	n	142	Ä	174	«	206	╬	238	ε
015	☼	047	/	079	O	111	o	143	Å	175	»	207	╧	239	∩
016	►	048	0	080	P	112	p	144	É	176	░	208	╨	240	≡
017	◄	049	1	081	Q	113	q	145	æ	177	▒	209	╤	241	±
018	↕	050	2	082	R	114	r	146	Æ	178	▓	210	╥	242	≥
019	‼	051	3	083	S	115	s	147	ô	179	│	211	╙	243	≤
020	¶	052	4	084	T	116	t	148	ö	180	┤	212	╘	244	⌠
021	§	053	5	085	U	117	u	149	ò	181	╡	213	╒	245	⌡
022	▬	054	6	086	V	118	v	150	û	182	╢	214	╓	246	÷
023	↨	055	7	087	W	119	w	151	ù	183	╖	215	╫	247	≈
024	↑	056	8	088	X	120	x	152	ÿ	184	╕	216	╪	248	°
025	↓	057	9	089	Y	121	y	153	Ö	185	╣	217	┘	249	∙
026	→	058	:	090	Z	122	z	154	Ü	186	║	218	┌	250	·
027	←	059	;	091	[	123	{	155	□	187	╗	219	█	251	√
028	∟	060	<	092	\	124	|	156	£	188	╝	220	▄	252	ⁿ
029	↔	061	=	093	]	125	}	157	¥	189	╜	221	▌	253	²
030	▲	062	>	094	^	126	~	158	Pts	190	╛	222	▐	254	■
031	▼	063	?	095	_	127	⌂	159	ƒ	191	┐	223	▀	255	

注：ASCII 码值位于 0～127 之间的字符为标准字符，值位于 128～255 之间的字符为扩展码字符，后者是 IBM-PC 上的专用字符。

附录 B　运算符的优先级与结合性

优先级	运算符	含　义	类　型	结合方向
1	( )	函数或优先运算	单目	由左至右
	[ ]	数组下标		
	->	结构体、共用体指针成员引用		
	.	结构体、共用体成员引用		
2	+ -	取正和取负	单目	由右至左
	!	逻辑非		
	~	按位取反		
	++ --	自加和自减		
	(类型)	强制类型转换		
	*	指针间接引用		
	&	取地址		
	sizeof	求字节数		
3	* / %	乘法、除法和取余	双目	由左至右
4	+ -	加法和减法	双目	由左至右
5	<< >>	按位左移和右移	双目	由左至右
6	> >= < <=	大于、大于等于、小于、小于等于	双目	由左至右
7	== !=	等于、不等于	双目	由左至右
8	&	按位与	双目	由左至右
9	^	按位异或	双目	由左至右
10	|	按位或	双目	由左至右
11	&&	逻辑与	双目	由左至右
12	||	逻辑或	双目	由左至右
13	?:	条件运算	三目	由右至左
14	= += -= *= /= %= >>= <<= &= ^= |=	赋值类运算	双目	由右至左
15	,	逗号运算	双目	由左至右

附录 C　C++ Builder 编程环境的使用

C++ Builder 6.0（以下简称 CB6）是 Borland 公司的一款可视化程度很高的集成化编程环境，对标准 C 和 C++的支持比较全面，提供的程序调试器功能强而且十分易用。CB6 对待使用者的态度是温和而非强制的。例如，你可以选择自己的显示式样，可以在仅需要保存时才给程序起一个名字，根据自己的需要定制快捷工具条等，维持自己的个性要比 VC6 容易得多。不过，由于这里的介绍以学习 C 语言语法为目的，仅讨论控制台程序的设计，各种环境的差异并不十分明显。

CB6 系统安装与 VC6 类似，基本上遵循向导的提示即可正常安装。不过，直接安装 CB6 环境后，程序的编译速度会有些慢，尤其是多文档组成的项目，建议到网上搜索并安装一个名为 bcc32pchSetup 的编译器加速器。

C.1　在 CB6 中建立一个项目

首先，启动 CB6 集成化环境，如图 C.1 所示。屏幕最上方是系统菜单和功能窗口，所有操作都可以通过菜单项选择或单击快捷按钮实现。这里主要由 4 个工具条组成。最上面的是主菜单，只是被放在工具条中了，其次是与文本编辑有关的工具条和与窗口控制有关的工具条，最后是一个以 Standard 开始的多页标签式的工具条，仅用于窗口程序设计，编写控制台程序时不用。如果不喜欢这种摆放次序，可以随意拖动一个工具条左侧的竖线把手，将其拖曳到自己喜欢的地方。

图 C.1　CB6 启动后的主界面图

选择菜单项 File→New→Other，参见图 C.2。系统弹出一个新建项目选择窗口，如图 C.3 所示。

单击"Console Wizard"（控制台向导）图标和 OK 按钮，或双击 Console Wizard 图标，表示创建一个控制台项目，系统弹出如图 C.4 所示的对话窗口。

如果弹出窗口与图 C.4 不同，按图 C.4 所示设置，就是只在 Console Application 上打钩选中并选择 C 源程序类型，然后单击 OK 按钮。系统会生成一个缺省的项目，如图 C.5 所示。

图 C.2　菜单上的 Other 选项

图 C.3　新项目选择窗口

图 C.4　控制台项目向导

图 C.5　缺省程序框架

　　这里所说的"项目（Project）"也称为工程，是指 CB6 对一个应用的管理方式。即便只是编写一个简单的程序，CB6 也要求将其容纳到一个项目中，并在上述过程中自动生成一个缺省的项目文件，如 Project1.bpr 和一个程序文件 Unit1.c。

　　通常应先保存项目，以防止发生意外情况导致程序丢失。单击工具条上的""快捷图标，或者选择菜单项 File→Save Project As，系统弹出如图 C.6 所示的对话窗口。

　　由于一个项目至少包含两个文件，分别是程序单元文件（.c）和项目管理文件（.bpr），此窗口先保存源程序文件。选择一个文件夹，输入文件名如 UTest.c，单击"保存"按钮，系统会重新弹出一个与图 C.6 类似的窗口，用于保存整个项目。在同样的位置输入项目文件名如 PTest.bpr，单击"保存"按钮。注意项目文件的扩展名是".bpr"。实际上，一个项目至少会产生 4 个文件，分别

图 C.6　保存 C 程序文件窗口

是.bpr、.res、.bpf 和.c 文件，只是 res 和 bpf 都是自动生成的，主文件名都是 PTest。

　　再次打开此项目时，应选择菜单项 File→Open Project，并选择或输入此项目文件名。

C.2　编辑、编译和运行程序

C.2.1　编辑源程序

　　在图 C.5 所示由系统生成的缺省程序框架中，除了一个 main 函数外还有两行代码#pragma hdrstop 和#pragma argsused，这是对编译器的指示，原样保留即可。在一般的 C 语言语法学习时，仅依赖这一

个单元文件即可实现完整的程序。通常，可以将函数定义在 main 函数之后，并在 main 函数之前声明，利用 main 函数进行测试。简单情况下，直接在 main 函数的函数体中插入代码即可。图 C.7 是一个简单的程序示例。

图 C.7　一个加暂停语句的示例程序

当程序在集成化环境中运行时，系统会调用控制台输出信息，但程序运行结束后控制台窗口也被立即关闭。为了使输出屏幕能够停顿一下，查看运行结果，可以在 return 语句之前增加一个如下的语句：

```
system("pause");                            //暂停
```

这个语句的作用是调用 system 函数（定义于 stdlib 头文件的库函数）执行操作系统的 PAUSE 命令使程序运行暂停。在出现暂停提示时，按任意键可以使程序继续运行。

当然，也可以通过在程序中安排输入语句的方式使程序能够等待与用户的交互。

C.2.2　编译和运行程序

编制好程序后，有几种处理程序的方法。

① 最简单的方法是单击工具条上的"![icon]"图标，系统将按编译、链接和运行三个步骤处理程序，简单说就是直接运行程序。

② 如果只是为检查语法错误，可以单独编译程序或项目中的某个单元，这需要选择菜单项 Project→Compile。

③ 如果需要检查链接错误可以执行链接功能，这需要选择菜单项 Project→Make 或 Project→Build。

除了工具条上的编译、运行程序快捷按钮外，还可以选择菜单项 Run→Run 运行程序。

如果仅是编译或链接程序，系统会出现类似图 C.8 所示的提示。如果在编译或链接过程中出现错误，系统也会显示相应的提示。此时，需要修改源程序后再重新编译和运行程序。

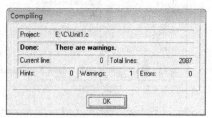

图 C.8　编译结果

C.3　CB6 环境下的程序调试

C.3.1　源程序的编译、链接及错误修正

在输入程序代码后，应该先编译程序，检查代码中是否含有语法错误。编译程序需要利用菜单项 Project→Compile Unit，如图 C.9 所示。也可以选择菜单项 Project→Make PTest 或 Project→Build PTest

（其中的 PTest 随项目名变动）创建项目，它包括编译和链接两个过程。其中，Make 选项只编译和链接修改过的文件，Build 选项会重新编译链接所有文件。当然，还可以直接选择某一种运行程序方式，包括 Run、Run to Cursor、Trace into 和 Step over，此时会包括代码的编译和链接过程。

图 C.9　Project 菜单

编译和链接出现的错误提示显示在屏幕底部的窗格里，可以通过鼠标或光标控制键（↑、↓、←、→）移动窗格中的亮条，以浏览这些错误信息。双击某条错误信息，系统自动将文字光标移动到检测到的错误代码处，以便进行修改。

C++语言的编译错误分为警告（Warning）和错误（Error）两大类。事实上，系统将错误更详细地划分成了许多类，用户可以自己决定是否显示某些类型的错误信息。警告（Warning）主要是仅定义但未使用变量、未初始化变量和指针、不可到达代码和恒为真的逻辑表达式等，是初学者容易产生的问题。尽管这些问题不会阻止系统生成可执行文件和程序运行，但通常反映了设计者对某些概念的理解存在偏差，很可能使程序存在隐患。编译时的错误（Error）主要是语法错误，如"missing }"意味着缺少配对的右括号}，"'}' expected"说明复合语句或数组初始化缺少结尾括号等。

C.3.2　配置和使用程序调试功能

为了提高效率，可以先配置一下程序的调试环境，将常用功能以快捷图标方式集成到工具条 ToolBar 上，以避免总是在菜单中查找。

在 CB6 系统中选择菜单项 View→Toolbars→Customize，系统弹出一个定制（Customize）窗口。选择其中的 Commands 页，如图 C.10 所示。此处主要针对与程序运行、调试有关的命令项进行设置。单击左窗格中的 Run 项，右窗格就会列出与其相关的命令项，如图 C.11 所示。

图 C.10　快捷命令图标定制

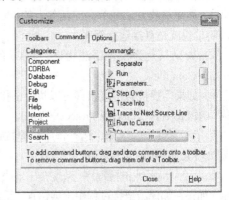

图 C.11　与程序运行、调试相关的命令

在这里，可以直接将右窗格中的任意一个命令图标拖动到系统的顶端与程序运行有关的工具条上（也可以是其他工具条）。例如：

以下是一些主要应增加到快捷工具栏的图标，也是程序调试时需要使用的主要功能：

　：运行当前项目，包括编译和链接过程。

　：运行到光标处，程序处于调试状态。

　　 、 ：单步执行程序，程序处于调试状态。

　　 ：取消调试状态，结束程序运行。

　　 ：求值与修改，用于查询表达式的值和修改内存变量的值。

　　 ：设置监视表达式。

　　 ：设置或取消断点（在程序单元窗体左侧的灰色条上用鼠标单击即可设置或取消）。

　　上述程序调试功能与 VC6 环境基本一致。其中，设置断点后运行程序、Run to Cursor、Trace into 和 Step over 都可运行和跟踪程序代码，或者说使程序处于被调试（跟踪）的运行状态。Evaluate/Modify 及 Inspect 功能用于计算、显示表达式的值，或者为变量临时赋上一个新值。Add Breakpoint 和 Add Watch 中的选项可以设置程序断点、增加监视表达式以随时显示变量或表达式的值等。

　　总是调出 Evaluate 窗口来查询一个表达式的值会有点慢，当程序处于调试状态时，将鼠标移到一个变量上就可以查看它的当前值。

附录 D   DEV-C++编程环境简介

Dev-C++是一个 C&C++开发工具，使用 Delphi/Kylix 开发，是一款自由软件，遵守 GPL 协议，可以从很多网站下载，还可以从工具支持网站上取得最新版本的各种工具支持。与庞大的可视化编程环境不同，DEV-C++是一个纯依赖手工编码而非生成工具设计程序的环境，不需要引入类似其他语言环境中的额外支持。单独的 C、C++语言源程序文件可直接编译执行，而不必建一个项目去包含它，但建议通过项目方式建立应用程序。

这里采用的环境是 5.11 版本，有对应的汉化版，压缩包不足 50MB，非常短小，可以在互联网上利用关键字搜索和下载。压缩包只有一个安装文件，直接执行此文件，设置安装路径即可安装到系统中。

D.1   在 DEV-C++中建立一个项目

找到安装目录下的 DEVCPP.EXE 程序，双击启动该程序。也可以双击桌面上的 DEV-C++快捷图标启动 DEV-C++环境，参见图 D.1。

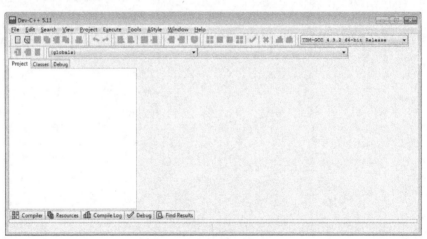

图 D.1   DEV-C++的主界面

如前所述，DEV-C++可以支持单文件程序，也可以按项目来组织一个应用。若为前者，选择菜单项 File→New→Source File，则系统生成一个空白代码页，可以直接输入源程序；如果按项目方式来组织，选择菜单项 File→New→Project，系统显示如图 D.2 所示的对话框。

单击 Console Application 图标，在 Name 域中输入项目名或者使用其缺省名，选中 C Project 单选钮，单击 OK 按钮，系统将弹出一个新的对话框，要求确认项目名。输入项目名后，生成一个包含 main.c 源文件的项目，参见图 D.3。

自动生成的项目和单元文件可以通过菜单项 File→Save Project As 和 File→Save As 重新调整名称并存盘。文件 main.c 单元中已经填写了 stdio.h 和 stdlib.h 的文件包含指令和一个 main 函数框架，用户可以直接输入和编辑自己的程序。

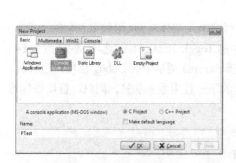

图 D.2　新建项目对话框

图 D.3　生成一个项目

D.2　程序运行与调试

与其他环境一样，DEV-C++环境也提供了程序编辑、编译、连接、运行和调试等功能。

D.2.1　编译与运行程序

DEV-C++中与编译和运行相关的功能集成在"Execute"菜单，参见图 D.4。选择 Compile 可单独编译项目，Compile&Run 可编译并运行项目，Run 直接运行项目。对修改过的程序系统会询问是否重新编译。

上述功能在工具条上都有相应的快捷按钮　、　、　和　，它们分别对应着编译、运行、编译加运行和编译链接所有的项目，对应的快捷键分别是 F9、F10、F11 和 F12。

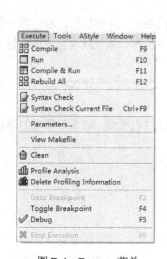

图 D.4　Execute 菜单

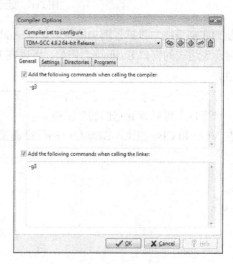

图 D.5　设置增加调试信息的选项

D.2.2　设置调试器

DEV-C++提供了必要的调试功能，但使用前应该先对环境进行简单设置，因为 DEV-C++缺省的安装方式是不生成调试信息的。

选择菜单项 Tools→Compile Options，在图 D.5 所示弹出对话窗口中的两个"Add ..."项上打钩选中。此外，设置 Settings 页的"support all ANSI Standard C Programms (-ansi)"功能为 Yes。

D.2.3　程序调试

　　程序调试需要先设置好断点，方法与 CB6 相同，也是在程序单元窗体左侧（用数字表示的行号上）单击鼠标，也可以用鼠标单击某个行，再选择 Execute 菜单中的 Toggle Break Point 选项。快捷键为 F4。设置好断点后，可以单击窗口工具条上的 ✔ 按钮，或者选择 Execute 菜单中的 Debug 选项。运行时，程序将执行到第一个断点处，并处于调试状态，且将要执行的下一行用蓝条加亮。同时，窗口底部窗格中与程序调试有关的按钮被激活，参见图 D.6。

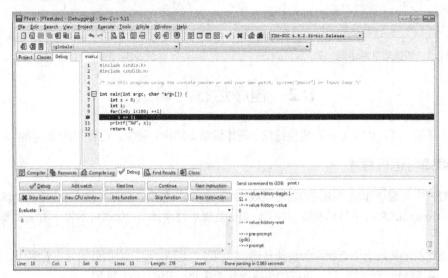

图 D.6　处于调试状态的程序

　　窗口底部窗格中包括了增加监视表达式 Add Watch、执行下一行 Next Line 等按钮，还包括一个计算与显示表达式的窗口 Evaluate。例如，可以在 Evaluate 域中输入 i 并回车，系统就会显示出变量 i 的当前值。

　　如果设置了监视表达式，它们将被显示在左侧的 Debug 标签中。当程序处于调试状态时，将鼠标移到一个变量上可以查看它们的当前值。

　　与 VC6 和 CB6 相比，DEV-C++的程序调试功能要弱一些，方便性也稍差，这是该环境的弱点。

参 考 文 献

[1] 牛连强，冯海文，侯春光. C 语言程序设计——面向工程的理论与应用. 北京：电子工业出版社，2013.

[2] 牛连强，蒙会民，华顺刚，等. C 语言程序设计. 大连：大连理工大学出版社，2002.

[3] King K K. C 语言程序设计现代方法. 吕秀峰，黄倩，译，第2版. 北京：人民邮电出版社，2010.

[4] Peter van der Linden. C 专家编程. 徐波，译. 北京：人民邮电出版社，2008.

[5] Steve A M. 编程精粹：编写高质量 C 语言代码. 北京：人民邮电出版社，2008.

[6] 牛连强. 标准 C++程序设计. 北京：人民邮电出版社，2008.

[7] Clovis L T, Scott E G. C 程序设计语言第2版习题解答. 杨涛，译. 北京：机械工业出版社，2008.

[8] 牛连强. 二级 C 语言程序设计——全国计算机等级考试题典. 大连：大连理工大学出版社，2006.

反侵权盗版声明

　　电子工业出版社依法对本作品享有专有出版权。任何未经权利人书面许可，复制、销售或通过信息网络传播本作品的行为；歪曲、篡改、剽窃本作品的行为，均违反《中华人民共和国著作权法》，其行为人应承担相应的民事责任和行政责任，构成犯罪的，将被依法追究刑事责任。

　　为了维护市场秩序，保护权利人的合法权益，我社将依法查处和打击侵权盗版的单位和个人。欢迎社会各界人士积极举报侵权盗版行为，本社将奖励举报有功人员，并保证举报人的信息不被泄露。

举报电话：（010）88254396；（010）88258888
传　　真：（010）88254397
E-mail：　dbqq@phei.com.cn
通信地址：北京市海淀区万寿路 173 信箱
　　　　　电子工业出版社总编办公室
邮　　编：100036